제4판

집합과 논리

이석종 지음

KYOWOO

머리말

현대는 정보 사회다. 방대한 정보 자료의 홍수 속에서 자신이 필요한 정보를 조사하고 분석하고 그 결과를 타인에게 전달하기 위해서는 분류와 비교, 커뮤니케이션을 제대로 할 수 있어야 한다.

분류와 비교에 사용되는 기초적인 수학 도구가 바로 집합과 함수이다. 집합을 사용하면 사회학, 심리학, 생물학, 공학 등 많은 분야에서 나타나는 여러 가지 상황을 적절히 분류하여 수학적 모델을 만들 수 있게 해준다. 개인의 과업 향상도를 알아보거나, 기업과 조직의 발전이나 변화 등을 알아보기 위해서는 두 개의 자료를 비교하여야 한다. 지난 번의 실적과 비교하는 시간적인 비교나, 다른 기업 등과 비교하는 두 개체 사이의 비교에서 가장 기본적인 도구가 함수이다. 분류의 수학적 개념인 동치관계와 분할, 함수 등의 개념은 수학 분야는 물론 필적이나 서명 등의 패턴 인식과 지문, 얼굴, 정맥, 동공 등 생체 인식에 관련된 공학 분야에서도 중요하게 사용된다. 각 개인에게서 취득한 생체 정보를 표준화하여 저장하고, 분석하고, 비교하여야 한다. 동일인과 타인의 정보를 구분하기 위해서는 동치관계에 의한 분할이 이루어지도록 처리를 하여야 하기 때문이다. 이 책의 제3장, 제4장, 제5장에서 다루는 집합, 관계, 분할, 함수 등의 개념은 여러 가지 형태의 자료로부터 수학적 모델을 구성하는 강력한 도구가 될 것이다.

한편 커뮤니케이션을 위해서는 논리적 서술이 필수적인데, 이를 위해서는 기초 논리의 개념이 필요하다. 논리는 자신의 생각이나 학술적인 연구 결과를 기술하기 위한 기본적인 언어이다. 아무리 중요한 결과도 논리적으로 기술되지 않을 경우 공정한 평가를 받을 수 없고, 소통이 어려워지며, 심지어는 사장되기도 한다. 이 책의 제1장 기초논리와 제2장 증명법은 자신이 얻어낸 중요 결과들을 논리적으로 기술하고 분석할 때나 타인과 소통하기 위한 커뮤니케이션 등에서 유용한 도구가 될 것이다. 특히 의료 분야와 자동차 진단 분야의 전문가 시스템에서의 응용 예를 통해 기초 논리와 증명법이 어떻게 활용되는지 알아 볼 수 있을 것이다.

집합론이란 무한의 개념을 체계적으로 정리하고 연구하는 수학의 분야이다. 중세 이전에는 무한의 개념은 신의 영역으로 간주되었다. 하지만 근세에 들어와서 여러 수학자들이 미적분과 수열 등 무한의 개념이 포함된 수학적 개념들을 생각하기 시작하였다. 19세기 말에 칸토어가 무한의 개념에도 여러 가지 유형이 있으며 유한처럼 여러 가지 연산이 가능하다는 것을 보여주었다. 이와 같은 이론적 토대가 마련됨으로써 수학의 영역이 무한의 개념을 포함하도록 확장되었다. 현대 수학의 많은 이론이 무한집합을 기본으로 하여 전개하기 때문에 무한의 개념은 수학 전공자에게 필수적인 개념이다. 이 책의 제6장부터는 가부번집합, 비가산집합 등의 기본적인 무한의 개념은 물론, 기수와 순서수 등의 체계화되고 확장된 무한의 개념을 다룬다. 이들 무한의 개념은 수학과 학생 뿐만이 아니라 현대 수학에 관심있는 인문사회나 자연, 공학 계열 전공자들에게도 많은 흥미를 제공할 것으로 생각된다.

이 책에서 사용하는 수학 용어는 대한수학회에서 발행한 "표준 수학용어집"을 따랐다. 아직도 우리말 용어가 일반화되지 않았기 때문에 처음으로 용어가 나오는 곳에 영문 용어를 같이 병기했으며 필요할 경우 한글 및 영문 찾아보기를 이용할 수 있을 것이다. 또한 학생들의 입장에서도 영문 용어를 알아두면 나중에 전공 분야의 원서를 읽을 경우 많은 도움이 될 것이다.

이번 개정판에서는 2장에서 한정기호와 명제함수로 주어지는 추론의 타당성을 조사하는 내용의 2.3절을 새로 추가하였고, 4장에서 동치관계와 분할의 대응을 다룬 4.4절을 분리, 보강하였다. 또한 연습문제들을 수정, 보완하고 진도에 맞도록 위치 조정을 하였으며 여러 오류들을 수정하였다. 제3판의 1장부터 7장까지의 저자의 강의 동영상이 YouTube에 공개 되어 있으므로 혼자서 학습하는 학생들의 경우 참고하면 좋을 것이다. 제4판에서 수정된 부분에 대한 강의 동영상도 추후 공개할 예정이다.

이 책이 현대 수학의 토대인 집합론의 이해를 돕고, 나아가 각 전공 분야에서 활용할 수 있는 수학적 개념을 습득하는데 도움이 된다면 저자로서 더 이상의 바람이 없을 것이다.

2023년 8월

이 석 종

차 례

Chapter 1

기초 논리

현대는 정보 사회이다. 개인적으로 혹은 업무상 필요에 의해 여러 가지 정보를 수집하고 분석, 평가하거나 자신이 알아낸 정보를 타인에게 전달할 필요가 발생한다. 특히 스스로 분석한 정보와 연구 결과를 타인에게 효과적으로 전달하기 위해서는 논리적 서술이 필수적인데, 이를 위해서는 기초 논리의 개념이 필요하다. 논리는 학술적인 연구 결과를 기술하기 위한 기본적인 언어이다. 아무리 좋은 연구 결과도 논리적으로 기술되지 않을 경우 그 내용의 전달이 어려워지고 심지어는 사장되기도 한다.

여기서 배우는 기초 논리는 전공 관련 이론들을 이해하고, 분석하고, 논리적으로 기술하는 데만이 아니라 일상 생활에서 자신의 생각을 타인에게 전달하는 데에도 좋은 도구가 될 것이다.

이 장에서는 이러한 기초논리에 대해 아래와 같은 내용들을 중심으로 알아본다.

- 명제와 연결사
- 항진명제, 모순명제
- 연역적 추론
- 한정기호

1.1 명제와 연결사

수학의 중요한 결과들은 증명으로 완성된다. 증명에서 사용되는 원리와 방법을 이해하기 위해서는 명제에 대한 이해가 필요하다. 이 절에서는 명제와 연결사에 대해 알아본다.

- 명제(statement): 참과 거짓을 구별할 수 있는 식이나 문장
- 단순명제(simple statement): 한 가지 사실을 주장하는 명제
- 합성명제(compound statement): 연결사를 사용해서 몇 개의 단순명제를 이어서 만든 명제. 단순명제일 경우 보통 $p, q, r, \ldots$ 등으로, 합성명제일 경우 $P, Q, R, \ldots$ 등으로 나타낸다.
- 연결사(connectives): 단순명제를 이어서 합성명제로 만들어 주는 기호로서 $\sim, \wedge, \vee, \rightarrow, \leftrightarrow$ 등이 있다.
- 명제함수(propositional function): "$x > 0$" 과 같이 변수 x에 어떤 값을 대입하면 명제가 되는 문장이나 식으로서, $p(x)$로 표시한다.

예 **1.1** 아래 문장은 모두 명제이다.

(1) 서울은 한국의 수도이다.

(2) $2 + 1 = 5$.

(3) π의 소수점 이하 10000번째 자리 수는 3이다.

(4) 우주에는 지구 외에도 생물이 살고 있는 혹성이 있다.

(5) 지금 비가 내린다.

(1)은 참인 명제이고 (2)는 거짓인 명제이다. (3)과 (4)는 지금 우리가 잘 알지 못하지만 분명히 참이거나 거짓 중 하나이다. (5)의 명제는 지금의 상황에 따라 참과 거짓을 정할 수 있다.

예 **1.2** 아래 문장은 모두 명제가 아니다.

(1) 이번 주말에 놀러가자.

(2) 하늘이 파랗다.

(3) 안녕하세요?

정의 **1.3** 명제 p의 부정(negation)은

$$\sim p$$

로 나타내고 "p가 아니다(not p)"라고 읽는다. p가 참(true, T)일 때 $\sim p$의 진리값(truth value)은 거짓(false, F)이 되고 p가 거짓일 때 $\sim p$의 진리값은 참이 된다. 이것을 진리표(truth table)로 나타내면 아래와 같다.

p	$\sim p$
T	F
F	T

예 **1.4** 명제 p를 "서울은 한국의 수도이다"라 하면 p의 부정인 $\sim p$는 "서울은 한국의 수도가 아니다"가 된다.

정 의 1.5 명제 p와 q의 논리합(disjunction) 또는 선언(選言)은

$$p \vee q$$

으로 나타내고, "p 또는 q (p or q)"라 읽는다. 논리합 $p \vee q$의 진리표는 아래와 같이 정의한다.

p	q	$p \vee q$
T	T	T
T	F	T
F	T	T
F	F	F

예 1.6 p : 이 자동차는 배터리가 불량이다.
q : 이 자동차는 시동모터가 불량이다.
$p \vee q$: 이 자동차는 배터리가 불량이거나 시동모터가 불량이다.

정 의 1.7 명제 p와 q의 논리곱(conjunction) 또는 연언(連言)은

$$p \wedge q$$

으로 나타내고, "p 그리고 q (p and q)"라 읽는다. 논리곱 $p \wedge q$의 진리표는 아래와 같이 정의한다.

p	q	$p \wedge q$
T	T	T
T	F	F
F	T	F
F	F	F

예 **1.8** p : 이 자동차는 배터리가 불량이다.

q : 이 자동차는 시동모터가 불량이다.

$p \wedge q$: 이 자동차는 배터리가 불량이고 시동모터도 불량이다.

예제 **1.9** $\sim [(\sim p) \wedge (\sim q)]$의 진리표를 작성하여라.

【풀이】

p	q	$\sim$	$[(\sim p)$	$\wedge$	$(\sim q)]$
T	T	T	F	F	F
T	F	T	F	F	T
F	T	T	T	F	F
F	F	F	T	T	T
1	1	4	2	3	2

위 진리표의 제일 마지막 행은 진리표 작성에 참고하기 위해 작성 순서를 나타낸 것으로서, 실제로는 작성하지 않아도 된다.

정 의 **1.10** 모든 경우에 대해 명제 P와 Q의 진리값이 같을 때 "P는 Q와 논리적 동치(logically equivalent)이다" 또는 간단히 "동치(equivalent)이다"라고 하며

$$P \equiv Q$$

로 나타낸다.

예 **1.11** (1) $p \equiv \sim (\sim p)$.

(2) $p \vee q \equiv \sim [(\sim p) \wedge (\sim q)]$.

정 의 1.12 조건문(conditional)은

$$p \to q$$

로 나타내고 "p이면 q이다(if p then q)"라고 읽는다. 조건문 $p \to q$의 진리표는 아래와 같이 정의한다.

p	q	$p \to q$
T	T	T
T	F	F
F	T	T
F	F	T

참 고 1.13 위 조건문에서 p 부분을 조건문의 가정(hypothesis) 또는 전제(premise) 또는 전건부(antecedent)라 하고, q 부분을 결론(conclusion) 또는 후건부(consequent)라 한다.

참 고 1.14 전건부 p가 거짓이면 후건부 q의 참과 거짓에 관계없이 명제 $p \to q$는 항상 참이다. 또한 전건부가 참이면서 후건부가 참이면 명제는 참이다. 따라서 조건문 $p \to q$는 전건부가 참이면서 후건부가 거짓일 경우에만 거짓이 된다.

참 고 1.15 괄호의 사용을 줄이기 위해 연결사의 결합에 아래와 같이 우선 순위를 부여하자. $\sim$이 가장 강하고, 다음에 $\wedge$과 $\vee$, 그리고 다음에 $\to$의 결합을 하기로 하자. 예를 들어, $p \to \sim q \wedge \sim r$은 $p \to [(\sim q) \wedge (\sim r)]$와 같은 표현이다.

예 제 **1.16** 조건문 연결사 $\to$는 $\sim$과 $\wedge$ 만을 사용해서 표현가능하다. 즉,

$$p \to q \equiv \sim (p \wedge \sim q)$$

이다. 이를 보여라.

【풀이】

p	q	$p \to q$	$\sim$	$(p$	$\wedge$	$\sim q)$
T	T	T	T	T	F	F
T	F	F	F	T	T	T
F	T	T	T	F	F	F
F	F	T	T	F	F	T

따라서 $p \to q \equiv \sim (p \wedge \sim q)$이다.

참 고 **1.17** 위 예제에 의하면 $p \to q$의 의미가 $\sim (p \wedge \sim q)$와 같은 뜻이 된다. 즉, "p이면 q이다"라는 뜻은 "p이면서 q가 아니라는 것은 참이 아니다," 다시 말해 "p이면서 q가 아닌 경우는 없다"는 것이다.

예 **1.18** p : 이 자동차는 시동이 잘 걸린다.

q : 이 자동차는 배터리가 양호하다.

$p \to q$: 이 자동차가 시동이 잘 걸리면 배터리는 양호하다.

$\sim (p \wedge \sim q)$: 이 자동차가 시동이 잘 걸리면서 배터리가 불량이라는 것은 사실이 아니다. 즉, 시동이 잘 걸리면서 배터리가 불량일 경우는 없다.

아래 정리는 $\sim$과 $\vee$ 만을 사용해서 조건문이 더욱 간단히 표현이 가능하다는 것을 보여준다. 일상 언어로 표현하면 위 예제가 자연스럽지만 수식의 계산에서는 아래 정리를 사용하는 것이 편리하다.

정 리 **1.19** [조건문 변환]

$$p \to q \equiv \sim p \vee q.$$

즉, 조건문 연결사 →는 ~과 ∨ 만을 사용해서 나타낼 수 있다.

【증명】

p	q	$p \to q$	$\sim p$	$\vee$	q
T	T	T	F	T	T
T	F	F	F	F	F
F	T	T	T	T	T
F	F	T	T	T	F

위 진리표에서 모든 경우에 대하여 $p \to q$ 와 $\sim p \vee q$의 진리값이 일치한다. 따라서 $p \to q \equiv \sim p \vee q$이다. □

예 **1.20** 예를 들어 살펴보기로 하자. 명제 p와 q를,

p : 이 자동차는 시동이 잘 걸린다

q : 이 자동차는 배터리가 양호하다

라고 하면

$p \to q$: 이 자동차가 시동이 잘 걸리면 배터리가 양호하다가 되고

$\sim p \vee q$: 이 자동차는 시동이 잘 걸리지 않거나 배터리가 양호하거나 둘 중 하나가 성립한다.

이 예에서는 두 명제 $p \to q$와 $\sim p \vee q$의 의미가 같다는 것을 예제 1.18과 같이 직관적으로 알 수는 없지만, 분명히 논리식으로는 동치이다.

참 고 **1.21** 예제 1.16과 정리 1.19에 의하면 조건문이 여러 가지로 표현된다는 것을 알 수 있다. 명제 계산을 할 경우 조건문 변환 정리 1.19를

사용하여 조건문 연결사 $\to$를 $\sim$과 $\vee$ 을 사용해서 변환시키면 계산이 간단해진다.

정 의 1.22 쌍조건문(biconditional)은

$$p \leftrightarrow q$$

로 나타내고 "p이면 그리고 그 때에만 q이다(p if and only if q)"라고 읽으며 진리값은 아래와 같다.

p	q	$p \leftrightarrow q$
T	T	T
T	F	F
F	T	F
F	F	T

예 제 1.23 쌍조건문 $p \leftrightarrow q$가 $(p \to q) \wedge (q \to p)$와 동치임을 보여라.

【풀이】

p	q	$p \leftrightarrow q$	$(p \to q)$	$\wedge$	$(q \to p)$
T	T	T	T	T	T
T	F	F	F	F	T
F	T	F	T	F	F
F	F	T	T	T	T

진리표에 의해 동치임을 알 수 있다.

연습문제 1.1

1. 아래 문장이 명제인지 판별하고, 명제인 경우 진리값을 구하여라.

    (a) 현존하는 제일 오래된 금속활자 인쇄물은 청주에서 1377년에 찍어낸 "직지"이다.

    (b) 명의 허준은 세종대왕의 병을 고쳤다.

    (c) 음주운전은 범법행위이다.

    (d) 빌 게이츠는 세계 제일의 부자다.

    (e) 강의 시간에는 휴대전화를 무음으로 하세요.

    (f) 수 $3^{987654321} + 17$은 소수이다.

    (g) 사다리꼴은 한 쌍의 대변이 평행이다.

    (h) $x^3 > 8$이면 $x > 2$이다.

2. p를 "이 자동차는 배터리가 양호하다", q를 "이 자동차는 시동이 잘 걸린다"라는 명제라 할 때 다음 각 명제를 문장으로 표현하여라.

    (a) $q \leftrightarrow p$

    (b) $p \rightarrow \sim q$

    (c) $q \vee \sim p$

    (d) $\sim p \wedge \sim q$

    (e) $p \leftrightarrow q$

    (f) $p \wedge q \rightarrow p$

3. 진리표를 사용하여 아래 명제 중에서 서로 동치인 명제를 찾아라.

    (a) $p \wedge q$

    (b) $q \vee \sim p$

(c) $\sim(p\vee \sim q)$

(d) $\sim(\sim p\vee \sim q)$

(e) $\sim p \wedge q$

(f) $(\sim q) \rightarrow (\sim p)$

(g) $q \leftrightarrow p$

(h) $(p \wedge q)\wedge \sim p$

4. 진리표를 사용하여 아래 명제 중에서 서로 동치인 명제를 찾아라.

(a) $p \wedge (q \vee r)$

(b) $(p \wedge q) \vee (p \wedge r)$

(c) $p \vee (q \wedge r)$

(d) $(p \vee q) \wedge (p \vee r)$

5. 다음과 같이 주어진 합성명제를 단순명제와 연결사를 써서 나타내어라.

(a) 그녀가 천사라면 그녀에게 날개가 있다.

(b) 닭고기값이 내리면 닭고기의 수요를 충족시키지 못한다.

(c) 정유사가 휘발유 가격을 내리거나 정부가 개입할 것이다.

(d) 소고기의 수입을 늘리거나 소를 더 많이 사육하지 않으면 소고기의 가격은 오를 것이다.

6. 두 명제 $p \vee q$와 $p \vee r$의 진리표를 작성하여라. 두 명제가 동치인가? 왜 그런지 설명하여라.

7. 하나의 명제 p에 대해 논리 연결사로 만들어지는 명제는

$$p \rightarrow \sim p, \quad (p \vee p) \rightarrow p$$

등 여러 가지가 있다. 이 중에서 동치가 아닌 상이한 명제는 몇 가지가 있는가? 그 상이한 명제들에 대해 진리표를 구하여라.

8. 두 개의 명제 p, q에 대해 논리 연결사로 만들어지는 동치가 아닌 상이한 명제는 모두 16개 있다. 왜 16개 밖에 없는지 설명하고 이들을 모두 찾아내어라.

9. 위 문제의 결과를 이용하여, n개의 명제 $p_1, p_2, \cdots, p_n$ 에 대해서 동치가 아닌 상이한 명제는 몇 가지 있는지 알아보아라.

1.2 항진명제와 모순명제

이 절에서는 명제에서 중요한 역할을 하는 항진명제, 모순명제, 추론 규칙 등에 대해서 알아보기로 하자. 항진명제와 모순명제는 명제 연산에서 항등원의 역할을 하기도 한다.

정 의 1.24 모든 경우에 항상 참인 명제를 항진명제(tautology)라 하고 "t"로 나타낸다. 모든 경우에 항상 거짓인 명제를 모순명제(contradiction)라 하고 "c"로 나타낸다.

예 1.25 (1) 명제 $p\vee \sim p$는 항진명제이다. 따라서

$$p\vee \sim p \equiv t.$$

(2) 명제 $p\wedge \sim p$는 모순명제이다. 따라서

$$p\wedge \sim p \equiv c.$$

참 고 1.26 항진명제와 모순명제는 성분이 되는 명제의 진리값과 상관이 없고 명제 자체가 가지고 있는 구조에 의해 결정된다. 예를 들어 항진명제

$$p\vee \sim p$$

의 성분 p 대신에 $r \to s$를 대입하여 얻어진 명제

$$(r \to s)\vee \sim (r \to s)$$

도 항진명제가 된다. 뿐만 아니라 p 대신 어떤 명제를 대입하여도 항진명제가 된다.

예 제 **1.27** 명제 $[(p \to q) \to r] \vee \sim [(p \to q) \to r]$가 항진명제가 됨을 보여라.

【풀이】 항진명제 $p \vee \sim p$ 에서 p 대신에 $(p \to q) \to r$을 대치한 명제이므로 항진명제가 된다.

정 의 **1.28** 조건문 $P \to Q$가 항진명제가 될 때, 명제 P는 Q를 "함의(implies)한다" 또는 "함축한다"라고 하고

$$P \Longrightarrow Q$$

로 나타낸다. 쌍조건문 $P \leftrightarrow Q$가 항진명제가 될 때, P는 Q와 "동치(equivalent)이다"라고 하고

$$P \iff Q$$

로 나타낸다.

참 고 **1.29** 쌍조건문의 진리표를 살펴보면 $P \leftrightarrow Q$가 항진명제가 되려면 모든 경우에 대해 P와 Q의 진리값이 일치하여야 한다. 따라서

$$P \iff Q \quad \text{와} \quad P \equiv Q$$

는 같은 의미가 된다. 즉, 정의 1.10에서 정의한 "논리적 동치"와 여기서 정의한 "동치"는 같은 개념이다.

참 고 **1.30** 명제 P, Q에 대해 아래 네 가지 사실은 모두 같은 의미이다.

(1) $P \Longrightarrow Q$

(2) $P \to Q$가 항진명제이다.

(3) $\sim P \vee Q$가 항진명제이다.

(4) $P \wedge \sim Q$가 모순명제이다.($\because$ 예제 1.16)

정 의 **1.31** $P \Longrightarrow Q$일 때, P를 Q가 되기 위한 충분조건(sufficient condition) 또는 Q를 P가 되기 위한 필요조건(necessary condition)이라 한다. 필요조건과 충분조건이 동시에 될 때 필요충분조건(necessary and sufficient condition)이라 한다.

참 고 **1.32** $P \iff Q$일 때, P는 Q가 되기 위한 필요충분조건이다.

논리적 추론에서는 특히 다음과 같은 함의 형태의 규칙이 중요한 역할을 한다.

정 리 **1.33** 임의의 명제에 대해 아래 사실이 성립한다.

(1) 단순화법칙(law of simplification)

$$p \wedge q \Longrightarrow p, \quad p \wedge q \Longrightarrow q.$$

(2) 합의 법칙(law of addition)

$$p \Longrightarrow p \vee q, \quad q \Longrightarrow p \vee q.$$

(3) 추이법칙(transitive law)

$$(p \to q) \wedge (q \to r) \Longrightarrow (p \to r).$$

(4) 선언지제거법(disjunctive syllogism)

$$(p \vee q) \wedge \sim p \Longrightarrow q,$$
$$(p \vee q) \wedge \sim q \Longrightarrow p.$$

(5) 삼단긍정법(modus ponens)

$$(p \to q) \wedge p \Longrightarrow q.$$

(6) 삼단부정법(modus tollens)

$$(p \to q) \wedge \sim q \Longrightarrow \sim p.$$

【증명】 대응하는 조건문 명제가 항진명제임을 보이면 된다. 예를 들어, (4)의 경우 명제 $[(p \vee q) \wedge \sim p] \rightarrow q$가 항진명제임을 보이면 된다.

p	q	$[(p \vee q)$	$\wedge$	$\sim p]$	$\rightarrow$	q
T	T	T	F	F	T	T
T	F	T	F	F	T	F
F	T	T	T	T	T	T
F	F	F	F	T	T	F
1	1	2	3	2	4	1

위 진리표에서 $[(p \vee q) \wedge \sim p] \rightarrow q$가 항진명제이므로 $(p \vee q) \wedge \sim p \Longrightarrow q$이다. □

예 **1.34** 위 논리 법칙은 많은 분야에서 응용되고 있는데 특히 자동차 진단 시스템 및 의료 진단 전문가 시스템에서 몇 가지만 예를 들어보자.

5) $p \rightarrow q$: 이 자동차가 시동이 잘 걸리면 배터리가 양호하다.
p : 이 자동차는 시동이 잘 걸린다.
위 두 가지 사실은
q : 이 자동차는 배터리가 양호하다.
라는 사실을 함의한다.(즉 이와 같은 결론을 이끌어 낼 수 있다.)

6) $p \rightarrow q$: 이 자동차가 시동이 잘 걸리면 배터리가 양호하다.
$\sim q$: 이 자동차는 배터리가 불량이다.
따라서
$\sim p$: 이 자동차는 시동이 잘 걸리지 않는다.

6) $p \rightarrow q$: 이 환자가 위암 환자라면 체중 감소가 나타난다.
$\sim q$: 이 환자는 체중 감소가 없다.
따라서
$\sim p$: 이 환자는 위암은 아니다.
나머지 경우에 대해서는 각자 예를 들어보자.

논리식을 계산할 때는 다음과 같은 규칙을 적용할 수 있다.

정 리 **1.35** 임의의 명제에 대해 아래 사실이 성립한다.

(1) 이중부정(double negation)

$\sim (\sim p) \equiv p.$

(2) 멱등법칙(idempotent law)

$p \wedge p \equiv p, \quad p \vee p \equiv p.$

(3) 대우법칙(contrapositive law)

$p \to q \equiv \sim q \to \sim p.$

(4) 배리법(reductio ad absurdum)

$p \to q \equiv (p \wedge \sim q \to c).$

(5) 교환법칙(commutative law)

$p \wedge q \equiv q \wedge p, \quad p \vee q \equiv q \vee p.$

(6) 결합법칙(associative law)

$(p \wedge q) \wedge r \equiv p \wedge (q \wedge r),$

$(p \vee q) \vee r \equiv p \vee (q \vee r).$

(7) 분배법칙(distributive law)

$p \wedge (q \vee r) \equiv (p \wedge q) \vee (p \wedge r),$

$p \vee (q \wedge r) \equiv (p \vee q) \wedge (p \vee r).$

(8) 드모르간 법칙(De Morgan's Law)

$\sim (p \wedge q) \equiv \sim p \vee \sim q,$

$\sim (p \vee q) \equiv \sim p \wedge \sim q.$

【증명】 대응하는 쌍조건문 명제가 항진명제임을 보이면 된다. 예를 들어 몇 가지만 보이기로 하자.

(3) 명제 $(p \to q) \leftrightarrow (\sim q \to \sim p)$가 항진명제임을 보이면 된다.

p	q	$(p \to q)$	$\leftrightarrow$	$(\sim q$	$\to$	$\sim p)$
T	T	T	T	F	T	F
T	F	F	T	T	F	F
F	T	T	T	F	T	T
F	F	T	T	T	T	T
1	1	2	4	2	3	2

위 진리표에서 $(p \to q) \leftrightarrow (\sim q \to \sim p)$가 항진명제이므로
$p \to q \equiv \sim q \to \sim p$이다.

(8) 명제 $\sim (p \wedge q) \leftrightarrow (\sim p \vee \sim q)$가 항진명제임을 보이면 된다.

p	q	$\sim$	$(p \wedge q)$	$\leftrightarrow$	$(\sim p$	$\vee$	$\sim q)$
T	T	F	T	T	F	F	F
T	F	T	F	T	F	T	T
F	T	T	F	T	T	T	F
F	F	T	F	T	T	T	T
1	1	3	2	4	2	3	2

위 진리표에서 $\sim (p \wedge q) \leftrightarrow (\sim p \vee \sim q)$가 항진명제이므로
$\sim (p \wedge q) \equiv \sim p \vee \sim q$이다. □

예 **1.36** 위 정리가 의미하는 예를 들어보자.

3) $p \to q$: 시동이 잘 걸리면 배터리가 양호하다.
$\sim q \to \sim p$: 배터리가 불량이면 시동이 잘 걸리지 않는다.
위 두 명제는 동치이다.

4) $p \to q$: 시동이 잘 걸리면 배터리가 양호하다.
$p \wedge \sim q \to c$: 시동이 잘 걸리는데 배터리가 양호하지 않다는 것은 모순이다 (말이 안 된다).
위 두 명제는 동치이다.

나머지 경우에 대해서는 각자 예를 들어보자.

참 고 **1.37** 위 정리에서 대우법칙과 배리법은 증명에서 많이 사용하는 추론 방법이다. 조건문 형태의 명제 $p \to q$를 직접 증명하기 어려울 경우 대우명제 $\sim q \to \sim p$를 증명하거나, $p \wedge \sim q$를 가정하면 모순이 생긴다는 것, 즉 $p \wedge \sim q \to c$를 보이면 된다.

정 리 **1.38** 명제 t를 항진명제, c를 모순명제, p를 임의의 명제라 할 때 아래 사실이 성립한다.

(1) $p \wedge t \equiv p, \quad p \vee t \equiv t.$

(2) $p \vee c \equiv p, \quad p \wedge c \equiv c.$

(3) $c \Longrightarrow p, \quad p \Longrightarrow t.$

【증명】 (1) 아래 진리표에서 $p \wedge t \leftrightarrow p$가 항진명제이므로
$p \wedge t \equiv p$가 된다.

p	t	$(p$	$\wedge$	$t)$	$\leftrightarrow$	p
T	T	T	T	T	T	T
F	T	F	F	T	T	F
1	1	1	2	1	3	1

또한 $p \vee t \equiv t$도 마찬가지로 보일 수 있다.
(2) 연습문제

(3) 아래 진리표에서 $c \to p$가 항진명제이므로 $c \Longrightarrow p$이다.

p	c	c	$\to$	p
T	F	F	T	T
F	F	F	T	F

또한 아래 진리표에서 $p \to t$가 항진명제이므로 $p \Longrightarrow t$이다.

p	t	p	$\to$	t
T	T	T	T	T
F	T	F	T	T

□

참고 **1.39** 위 정리에서 $p \wedge t \equiv p$의 의미는 논리곱 연산에서 항진명제가 항등원 역할을 한다는 것이고, $p \vee c \equiv p$의 의미는 논리합 연산에서 모순명제가 항등원 역할을 한다는 것이다.

연습문제 1.2

1. 정리 1.33을 증명하여라.

2. 정리 1.35를 증명하여라.

3. 정리 1.33의 각 법칙에 대해 일상 언어로 나타낸 예를 들어라. (예 1.34 참고)

4. 정리 1.35의 각 법칙에 대해 일상 언어로 나타낸 예를 들어라. (예 1.36 참고)

5. 임의의 명제 p, q에 대하여, $(p \leftrightarrow q) \equiv (p \wedge q) \vee (\sim p \wedge \sim q)$을 증명하여라.

6. 임의의 명제 p, q, r에 대하여, $(p \to q) \Longrightarrow (p \land r \to q \land r)$을 증명하여라.

7. 임의의 명제 p, q, r에 대하여, $(p \to q) \Longrightarrow (p \lor r \to q \lor r)$을 증명하여라.

8. 다음은 세 명제 p, q, r에 대한 드모르간 법칙이다. 이것을 증명하여라.

   (a) $\sim (p \land q \land r) \equiv \sim p \lor \sim q \lor \sim r$

   (b) $\sim (p \lor q \lor r) \equiv \sim p \land \sim q \land \sim r$

9. 다음 흡수법칙(absorptive law)을 증명하여라.

   (a) $p \land (p \lor r) \equiv p$

   (b) $p \lor (p \land r) \equiv p$

10. 다음을 증명하여라.

    (a) $p \lor t \iff t$

    (b) $p \land c \iff c$

11. 다음을 증명하여라.

    (a) $\sim t \iff c$

    (b) $\sim c \iff t$

12. 다음 배리법을 증명하여라.

    $(p \land \sim q \to c) \iff (p \to q)$

13. $p \land (p \to q) \land (p \to \sim q) \iff c$을 증명하여라.

14. 두 명제 $p \land \sim p$와 $q \land \sim q$는 동치인가? $p \lor \sim p$와 $q \lor \sim q$는 동치인가? 왜 그런지 설명하여라.

15. 모든 모순명제는 서로 동치인가? 모든 항진명제는 서로 동치인가? 왜 그런지 설명하여라.

16. 동시부정(joint denial) 연결사 $p \downarrow q$(p nor q라 읽는다)는 p도 아니고 q도 아님을 뜻한다. 즉 $p \downarrow q$에 대한 진리표가 아래와 같이 정의된다.

p	q	$p \downarrow q$
T	T	F
T	F	F
F	T	F
F	F	T

세 개의 연결사 $\wedge$, $\vee$ 와 $\sim$은 연결사 $\downarrow$를 사용하여 다음과 같이 표현할 수 있음을 밝혀라.

(a) $\sim p \equiv p \downarrow p$

(b) $p \wedge q \equiv (p \downarrow p) \downarrow (q \downarrow q)$

(c) $p \vee q \equiv (p \downarrow q) \downarrow (p \downarrow q)$

1.3 연역적 추론

앞 절의 정리 1.33, 1.35, 1.38에서 다룬 법칙들은 논리적 동치나 함의를 보이는데 매우 유용하다. 이 법칙들을 추론 규칙(rules of inference)이라 한다. 이 추론 규칙들은 인용의 편리를 위해 선택한 것들로서 서로 독립성을 유지하는 것은 아니다. 예를 들어 아래 예제와 같이 다른 규칙을 가지고 증명이 가능한 경우도 있다.

예제 1.40 추론 규칙을 이용하여 대우명제의 법칙

$$(p \to q) \equiv \sim q \to \sim p$$

을 증명하여라.

【풀이】

$$\begin{aligned} p \to q &\equiv \sim p \vee q && (\because \text{조건문 변환}) \\ &\equiv \sim p \vee \sim(\sim q) && (\because \text{이중부정}) \\ &\equiv \sim (\sim q) \vee (\sim p) && (\because \text{교환법칙}) \\ &\equiv \sim q \to \sim p && (\because \text{조건문 변환}) \end{aligned}$$

이와 같이 진리표를 사용하지 않고 추론 규칙을 사용하여 연역적 방법(deductive method)으로 추론하는 것을 연역적 추론(deductive reasoning)이라 한다.

예제 1.41 연역적 방법으로 선언지제거법

$$(p \vee q) \wedge \sim p \Longrightarrow q$$

을 증명하여라.

【풀이】

$$
\begin{aligned}
(p \vee q) \wedge \sim p &\equiv \sim p \wedge (p \vee q) && (\because \text{ 교환법칙}) \\
&\equiv (\sim p \wedge p) \vee (\sim p \wedge q) && (\because \text{ 분배법칙}) \\
&\equiv c \vee (\sim p \wedge q) && (\because p \wedge \sim p \equiv c) \\
&\equiv \sim p \wedge q && (\because \text{ 모순명제의 성질}) \\
&\Longrightarrow q && (\because \text{ 단순화})
\end{aligned}
$$

$\therefore (p \vee q) \wedge \sim p \Longrightarrow q$

예 제 1.42 연역적 방법으로 추출의 법칙(exportation law)

$$(p \wedge q \rightarrow r) \equiv [p \rightarrow (q \rightarrow r)]$$

을 증명하여라.

【풀이】 우변의 식이 복잡하므로 우변을 간단히 해서 좌변을 유도하자.

$$
\begin{aligned}
[p \rightarrow (q \rightarrow r)] &\equiv [p \rightarrow (\sim q \vee r)] && (\because \text{조건문 변환}) \\
&\equiv [\sim p \vee (\sim q \vee r)] && (\because \text{조건문 변환}) \\
&\equiv [(\sim p \vee \sim q) \vee r] && (\because \text{ 결합법칙}) \\
&\equiv [\sim (p \wedge q) \vee r] && (\because \text{드모르간 법칙}) \\
&\equiv [(p \wedge q) \rightarrow r] && (\because \text{조건문 변환})
\end{aligned}
$$

예 제 1.43 연역적 방법으로

$$(p \rightarrow r) \vee (q \rightarrow s) \equiv (p \wedge q) \rightarrow (r \vee s)$$

을 증명하여라.

【풀이】

$$\begin{aligned}(p \to r) \vee (q \to s) &\equiv (\sim p \vee r) \vee (\sim q \vee s) \quad (\because \text{조건문 변환}) \\ &\equiv (\sim p \vee \sim q) \vee (r \vee s) \\ &\qquad (\because \text{ 결합, 교환, 결합법칙}) \\ &\equiv \sim (p \wedge q) \vee (r \vee s) \quad (\because \text{드모르간 법칙}) \\ &\equiv (p \wedge q) \to (r \vee s) \quad (\because \text{조건문 변환})\end{aligned}$$

진리표를 사용해서 위 증명을 할 경우 $2^4 = 16$가지의 진리표를 계산하여야 하므로 많은 시간과 노력이 들지만 추론 규칙을 이용하여 간단히 계산할 수 있었다.

참 고 **1.44** 위 논리식 계산에서 알 수 있듯이 연역적 추론에서는 조건문 형태의 명제 $p \to q$를 동치인 명제 $\sim p \vee q$로 고쳐서 계산하면 매우 편리하다.

연습문제 1.3

아래 문제 1부터 13까지의 규칙을 연역적 방법으로 증명하여라.

1. 삼단긍정법 $(p \to q) \wedge p \Longrightarrow q$

2. 삼단부정법 $(p \to q) \wedge \sim q \Longrightarrow \sim p$

3. 배리법 $(p \to q) \iff (p \wedge \sim q \to c)$

4. 선언지제거법 $(p \vee q) \wedge \sim p \Longrightarrow q$

5. $c \Longrightarrow p$

6. $(p \to q) \iff (p \to p \wedge q)$

7. $(p \to q) \iff (p \vee q \to q)$

8. $(p \to r) \wedge (q \to r) \iff (p \vee q \to r)$

9. $(p \to r) \vee (q \to r) \iff (p \wedge q \to r)$

10. $(p \to q) \wedge (p \to r) \iff (p \to q \wedge r)$

11. $(p \to q) \vee (p \to r) \iff (p \to q \vee r)$

12. $(p \to q) \wedge (p \to \sim q) \iff \sim p$

13. 긍정형 양도논법(constructive dilemmas)을 연역적 방법으로 증명하여라.

    (a) $(p \to q) \wedge (r \to s) \Longrightarrow (p \vee r \to q \vee s)$

    (b) $(p \to q) \wedge (r \to s) \Longrightarrow (p \wedge r \to q \wedge s)$

14. 부정형 양도논법(destructive dilemmas)을 연역적 방법으로 증명하여라.

    (a) $(p \to q) \wedge (r \to s) \Longrightarrow (\sim q \vee \sim s \to \sim p \vee \sim r)$

    (b) $(p \to q) \wedge (r \to s) \Longrightarrow (\sim q \wedge \sim s \to \sim p \wedge \sim r)$

15. 함의 형태의 추론규칙 6 가지를 쓰고 각각의 예를 들어라.

1.4 한정기호

명제 "모든 사람은 죽는다"를 생각하여 보자. 모든 사람의 집합을 전체집합 U로 생각할 때, 이 명제는 다음과 같이 나타낼 수 있다.

U에 속한 모든 x에 대해, x는 죽는다.

이제 "U에 속한 모든 x에 대해서"라는 구절을 전칭기호(universal quantifier)를 사용하여 $(\forall x)$로 나타낸다. 그러면 $p(x)$를 "x는 죽는다"라는 명제함수라 할 때,

$$(\forall x)(p(x)) \quad \text{또는} \quad \forall x,\ p(x) \quad \text{또는} \quad \forall x\ p(x)$$

와 같이 쓸 수 있다. 전칭기호가 들어 있는 명제를 전칭명제라 한다.

"x에 관계없이",

"임의의 x에 대해"

등의 표현은 모두 전칭기호로 나타낼 수 있다.

전칭기호는 가끔 생략할 경우가 있다. 예를 들어 대수적 항등식

$$(a+b)(a-b) = a^2 - b^2$$

은 모든 실수(혹은 복소수)에 대해 성립하는데, 이 식은 전칭기호가 생략된 것이다.

다음으로 "어떤 뱀은 독이 있다"라는 명제를 생각해보자. 모든 뱀의 집합을 전체집합 U로 생각할 때, 이 명제는 다음과 같이 나타낼 수 있다.

U에 속한 어떤 x에 대해, x는 독이 있다.

"U에 속한 어떤 x에 대해"라는 구절을 존재기호 (existential quantifier)를 사용하여 $(\exists x)$로 나타낸다. 그러면 위 명제는

$$(\exists x)(p(x)) \quad \text{또는} \quad \exists x,\ p(x) \quad \text{또는} \quad \exists x\ p(x)$$

로 쓸 수 있다. 존재기호가 들어 있는 명제를 존재명제 또는 특칭명제라 한다.

"적어도 한 개의 x에 대해",

"...인 x가 있다",

"...인 x가 존재한다"

등의 표현은 모두 존재기호로 나타낼 수 있다.

전칭기호와 존재기호를 통틀어 한정기호 (quantifier)라 한다.

참 고 **1.45** 명제함수를 명제로 만드는 방법에는 2가지가 있다. 먼저 명제함수의 변수에 어떤 값을 대입하면 명제가 된다. 또 한가지 방법은 명제함수에 한정기호를 붙이는 방법이다. 예를 들어 $p(x)$를 "x는 양수이다"라는 명제함수라 하면, $p(x)$는 참인지 거짓인지 정해지지 않지만,

$$\forall x \ p(x)$$

는 거짓인 명제가 되어 진리값을 갖는다. 또한

$$\exists x \ p(x)$$

는 참인 명제가 된다.

예 **1.46** "모든 삼각형은 다각형이다"라는 명제는
"x가 삼각형이면, x는 다각형이다"로 나타낼 수 있다. 따라서

$$\forall x(x\text{가 삼각형이다} \to x\text{는 다각형이다})$$

와 같이 전칭기호를 이용하여 나타낼 수 있다.

'이 세상에 있는 모든 뱀은 독이 있다'라는 사실의 부정을 생각하면 '어떤 뱀은 독이 없다'가 될 것이다. 이와 같이 일반적으로 모든 경우에 성립하는 명제를 부정할 경우, 한가지만 성립하지 않아도 되므로 논리에서도 다음과 같이 약속한다.

정 의 **1.47** [한정기호 부정법(rule of quantifier negation)]
$p(x)$가 명제함수라 할 때, 아래와 같이 한정기호 부정의 규칙을 정의한다.

$$\sim [(\forall x)(p(x))] \equiv (\exists x)(\sim p(x))$$

$$\sim [(\exists x)(p(x))] \equiv (\forall x)(\sim p(x))$$

참 고 **1.48** 전체집합 U가 유한집합 $\{a_1, a_2, \ldots, a_n\}$일 경우를 생각하면,

$$(\forall x)(p(x)) \equiv p(a_1) \ \wedge \ p(a_2) \ \wedge \ \ldots \ \wedge \ p(a_n)$$

$$(\exists x)(p(x)) \equiv p(a_1) \ \vee \ p(a_2) \ \vee \ \ldots \ \vee \ p(a_n)$$

가 된다. 이 경우

$$\begin{aligned} \sim [(\forall x)(p(x))] &\equiv \ \sim [p(a_1) \ \wedge \ p(a_2) \ \wedge \ \ldots \ \wedge \ p(a_n)] \\ &\equiv \ \sim p(a_1) \vee \sim p(a_2) \ \vee \ \ldots \ \vee \ \sim p(a_n) \quad (\because \text{드모르간 법칙}) \\ &\equiv \ (\exists x)(\sim p(x)) \end{aligned}$$

따라서 한정기호 부정법은 드모르간 법칙의 일반화가 된다.

참 고 **1.49** 전체 집합 U 중 일부분인 A에 대한 전칭기호가 있는 명제는 아래와 같이 변형된다.

$$\begin{aligned} (\forall x \in A)(p(x)) &\equiv (\forall x \in U)(x \in A \to p(x)) \\ &\equiv (x \in A \to p(x)) \quad (\because \text{전칭기호의 생략}) \end{aligned}$$

또한 존재기호가 들어있을 경우는 아래와 같이 변형된다.

$$\begin{aligned} (\exists x \in A)(p(x)) &\equiv (\exists x \in U)(x \in A \ \wedge \ p(x)) \\ &\equiv (\exists x)(x \in A \ \wedge \ p(x)) \end{aligned}$$

참 고 **1.50** 논리합이나 논리곱으로 이루어진 경우 한정기호의 영향을 받지 않는 명제는 한정기호의 영향 범위 안이나 밖으로 이동이 가능하다. 예를 들어 논리합으로 이루어진 명제에 대해 아래 사실이 성립한다.

(1) $(\forall x\ p(x)) \lor q \equiv \forall x\ (p(x) \lor q)$.

(2) $p \lor (\forall x\ q(x)) \equiv \forall x\ (p \lor q(x))$.

(3) $(\exists x\ p(x)) \lor q \equiv \exists x\ (p(x) \lor q)$.

(4) $p \lor (\exists x\ q(x)) \equiv \exists x\ (p \lor q(x))$.

논리곱에 대해서도 마찬가지 사실이 성립한다.

(1) $(\forall x\ p(x)) \land q \equiv \forall x\ (p(x) \land q)$.

(2) $p \land (\forall x\ q(x)) \equiv \forall x\ (p \land q(x))$.

(3) $(\exists x\ p(x)) \land q \equiv \exists x\ (p(x) \land q)$.

(4) $p \land (\exists x\ q(x)) \equiv \exists x\ (p \land q(x))$.

그러나 조건문의 전건부에 한정기호가 있을 경우에는 아래 정리에서 보는 것처럼 한정기호가 바뀐다.

정 리 **1.51** 한정기호가 있는 명제함수에 대해 아래 사실이 성립한다.

(1) $(\forall x\ p(x)) \to q \equiv (\exists x\ )(p(x) \to q)$.

(2) $(\exists x\ p(x)) \to q \equiv (\forall x\ )(p(x) \to q)$.

(3) $p \to (\forall x\ q(x)) \equiv (\forall x\ )(p \to q(x))$.

(4) $p \to (\exists x\ q(x)) \equiv (\exists x\ )(p \to q(x))$.

【증명】 조건문을 논리합으로 변형한 후 계산하면 간단히 보일 수 있으므로 (1) 번의 경우만 보이기로 하자.

$$
\begin{aligned}
(\forall x\ p(x)) \rightarrow q \ &\equiv [\sim (\forall x\ p(x))] \vee q \quad (\because \text{조건문 변환}) \\
&\equiv [\exists x\ (\sim p(x))] \vee q \quad (\because \text{한정기호 부정법}) \\
&\equiv [\exists x\ (\sim p(x) \vee q)] \quad (\because \text{참고 } 1.50) \\
&\equiv [\exists x\ (p(x) \rightarrow q)] \quad (\because \text{조건문 변환})
\end{aligned}
$$

□

참 고 **1.52** 위 정리의 (1)이나 (2)는 얼핏 보기에 어색하게 보이지만 증명과 같이 논리적으로 동치임이 확실하다. 실제 이들의 사용 예는 예제 3.51에서 알아볼 것이다.

예 제 **1.53** 아래 명제의 부정을 구하고 진리값을 구하여라.

모든 실수 x에 대해 $x^2 + 2x + 1 \geq 0$이다

【풀이】

$$
\begin{aligned}
\sim [\forall x\ (x^2 + 2x + 1 \geq 0)] \ &\equiv \ \exists x\ (\ \sim (x^2 + 2x + 1 \geq 0)) \\
&\equiv \ \exists x\ (\ x^2 + 2x + 1 < 0)
\end{aligned}
$$

따라서 부정명제는 "어떤 실수 x에 대해 $x^2 + 2x + 1 < 0$"가 되며 거짓이다.

예 제 **1.54** 아래 명제의 부정을 구하고 진리값을 구하여라.

모든 실수 x에 대해, $x^2 < 1$이면 $x < 1$이다.

【풀이】

$$
\begin{aligned}
&\sim [\forall x\ (x^2 < 1 \to x < 1)] \\
&\equiv \exists x\ [\sim (x^2 < 1 \to x < 1)] && (\because \text{한정기호 부정법}) \\
&\equiv \exists x\ [\sim [\sim (x^2 < 1)\ \vee\ (x < 1)]] && (\because \text{조건문 변환}) \\
&\equiv \exists x\ [(x^2 < 1) \wedge \sim (x < 1)] && (\because \text{드모르간 법칙}) \\
&\equiv \exists x\ [(x^2 < 1)\ \wedge\ (x \geq 1)]
\end{aligned}
$$

따라서 부정명제는 거짓이다.

참 고 **1.55** 한정기호가 두 개 이상 나올 경우, 영향이 미치는 범위를 정확히 구분하려면 괄호를 사용해야 하지만 기술의 편리를 위해 생략하기도 한다. 예를 들어

$$\forall x(\exists y(x + y = 1)) \equiv \forall x \exists y(x + y = 1)$$

이다.

예 제 **1.56** 아래 명제는 "$x = a$에서 연속"이라는 정의이다. 이 명제의 부정을 구하여라.

$$\forall \epsilon\ \exists \delta\ [\ (\forall x)(|x - a| < \delta \to |f(x) - f(a)| < \epsilon)]$$

【풀이】 한정기호 부정법을 사용하여 부정명제를 구하면

$$
\begin{aligned}
\sim\ & [\forall \epsilon\ \exists \delta\ [(\forall x)(|x - a| < \delta \to |f(x) - f(a)| < \epsilon)]] \\
\equiv\ & \exists \epsilon\ \forall \delta\ [\sim (\forall x)(|x - a| < \delta \to |f(x) - f(a)| < \epsilon)] && (\because \text{한정기호 부정법}) \\
\equiv\ & \exists \epsilon\ \forall \delta[(\exists x)\ \sim [\sim (|x - a| < \delta)\ \vee\ (|f(x) - f(a)| < \epsilon)]] && (\because \text{조건문 변환}) \\
\equiv\ & \exists \epsilon\ \forall \delta\ [(\exists x)(|x - a| < \delta) \wedge \sim (|f(x) - f(a)| < \epsilon)] && (\because \text{드모르간 법칙}) \\
\equiv\ & \exists \epsilon\ \forall \delta\ [(\exists x)(|x - a| < \delta)\ \wedge\ (|f(x) - f(a)| \geq \epsilon)]
\end{aligned}
$$

연습문제 1.4

1. 명제 "방정식 $x^2 - 3x + 2 = 0$ 에는 해가 존재한다" 를 한정기호를 써서 논리적으로 나타내어라. 또 변수 x가 속하는 전체집합을 구하여라.

2. 아래 문장을 적당한 명제와 한정기호를 사용해서 나타내어라.

   (a) x가 자연수이면, x는 정수이다.

   (b) 모든 자연수는 홀수이거나 짝수이다.

   (c) 소수(prime)이면서 짝수인 수가 존재한다.

   (d) $\int_a^b f(x)dx = (b-a)f(c)$인 c가 (a,b)에 존재한다.

   (e) 임의의 p에 대해 $pq = 32$가 되는 q가 존재한다.

   (f) 모든 x에 대해 $x + y = 0$이 되는 y가 존재한다.

   (g) 모든 x와 모든 y에 대해 $x + y = y + x$이다.

   (h) $1 < 2$이면 어떤 x에 대해 $x < 2$가 된다.

3. 다음 문장을 한정기호를 사용해서 명제 형태로 나타낸 후, 부정인 명제를 구하여라.

   (a) 모든 뱀은 파충류이다.

   (b) 정치인 중에서 순수한 사람은 없다.

   (c) 수학자 중에는 사교적인 사람도 있다.

   (d) 모든 연예인은 재능이 있거나 매력이 있다.

   (e) 귀엽지 않은 아기는 없다.

   (f) 내가 너에게 친절하지 않는 경우는 없다.

4. $A = \{1, 2, 3, 4, 5\}$라 할 때, 다음 각 명제의 진리값을 구하여라.

   (a) $(\exists\, x \in A)(x + 5 = 7)$

(b) $(\forall\ x \in A)(x+5<7)$

(c) $(\exists\ x \in A)(x+5<7)$

(d) $(\forall\ x \in A)(x+5 \leq 7)$

5. 다음 각 명제의 부정을 구하여라.

(a) $(\forall x\ p(x))\ \wedge\ (\exists y\ q(y))$

(b) $(\exists x\ p(x))\ \vee\ (\forall y\ q(y))$

6. 집합 {1,2,3}을 전체집합이라 할 때 다음 각 명제의 진리값을 구하여라.

(a) $\exists x\ \forall y\ (x^2 < y^2 + 1)$

(b) $\forall y\ \exists x\ (x^2 < y^2 + 1)$

(c) $\forall x\ \exists y\ (x^2 + y^2 > 10)$

(d) $\exists y\ \forall x\ (x^2 + y^2 > 10)$

(e) $\forall x\ \forall y\ \exists z\ (x^2 + y^2 < 2z^2)$

(f) $\exists x\ \exists y\ \forall z\ (x^2 + y^2 \leq 2z^2)$

7. 자연수의 집합 $\mathbb{N} = \{1, 2, 3, \ldots\}$을 전체집합이라 할 때 위 6번 각 명제의 진리값을 구하여라.

8. 실수의 집합 $\mathbb{R}$을 전체집합이라 할 때 위 6번 각 명제의 진리값을 구하여라.

9. 실수의 집합 $\mathbb{R}$을 전체집합이라 할 때 다음 각 명제의 진리값을 구하여라.

(a) $\exists x\ \forall y\ \forall z\ (x + y = z)$

(b) $\exists x\ \forall y\ \exists z\ (x + y = z)$

(c) $\exists x\ \exists y\ \exists z\ (x + y = z)$

(d) $\forall x\ \forall y\ \exists z\ (x + y = z)$

(e) $\forall x\ \exists y\ \forall z\ (x + y = z)$

(f) $\forall x\ \exists y\ \exists z\ (x + y = z)$

10. 다음 각 명제의 부정을 구하여라.

(a) $\exists x\ \ \forall y\ (p(x, y))$

(b) $\forall x\ \ \forall y\ (p(x, y))$

(c) $\forall x\ \ \forall y\ (p(x) \lor q(y))$

(d) $\exists x\ \ \forall y\ (p(x, y) \to q(x, y))$

(e) $\exists y\ \ \exists x\ (p(x) \land \sim q(y))$

(f) $\exists y\ \ \exists x\ \forall z\ (p(x, y, z))$

11. 다음 각 명제가 참이 되는 $f(x, y)$의 예를 들어라.

(a) $\forall x\ \exists y\ (f(x, y) = 0)$

(b) $\exists y\ \forall x\ (f(x, y) = 0)$

12. $A(x, y)$가 명제함수일 때

$$\forall x\ \forall y\ A(x, y) \equiv \forall y\ \forall x\ A(x, y),$$

$$\exists x\ \exists y\ A(x, y) \equiv \exists y\ \exists x\ A(x, y)$$

는 성립하나 일반적으로

$$\forall x\ \exists y\ A(x, y) \equiv \exists y\ \forall x\ A(x, y)$$

는 성립하지 않는다. 예를 들어 설명하여라.

13. 수열 $< a_1, a_2, \cdots\ a_n, \cdots >$의 극한이 0임을 아래와 같이 정의하였을 때 이 문장의 부정을 구하고, 미적분학에서의 실제 예를 들어 설명하여라.

$$\forall \epsilon\ \exists n_0\ [\forall\ n\ (n > n_0 \to\ |a_n - 0| \le \epsilon)]$$

14. 함수 $f : \mathbb{R} \to \mathbb{R}$에 관한 아래 명제가 성립하는지 알아보아라.

    (a) $\forall f$(f는 연속이다 $\to$ f는 미분가능이다).

    (b) $\forall f$(f는 미분가능이다 $\to$ f는 연속이다).

    (c) $\forall f$(f는 유계함수이다 $\to$ f는 연속이다).

Chapter 2

여러 가지 증명법

여러 분야에서 관습적으로 사용되는 논리적 추론을 이해하고, 분석하기 위해서는 추론을 간단히 기술하는 방법이 필요하다. 앞 장에서 배운 논리기호를 사용하면 복잡한 추론을 간단히 나타내고, 분석할 수 있어서 전체적인 추론의 흐름을 쉽게 이해할 수 있다.

어떤 추론의 전제가 모두 참일 때 결론도 항상 참이 되는 추론을 타당한 추론이라 한다. 어떤 추론이 논리적으로 타당한지 아닌지를 확인하기 위해서는 증명이 필요하다.

이 장에서는 아래와 같은 내용들을 중심으로 추론의 타당성과 증명법에 대해 알아본다. 특히 무한한 경우에 대해 성립하는 명제의 증명에서 자주 사용하는 수학적 귀납법에 대해서도 알아보기로 한다.

- 추론의 타당성
- 직접 증명법
- 간접 증명법
- 수학적 귀납법

2.1 추론의 타당성

어떤 사실에서 새로운 사실을 함의하는 논리의 법칙에 대한 예를 앞에서 들어 보았는데, 이와 같은 과정을 추론이라 한다. 논리의 중요한 과제 중 하나는 추론을 점검하는 것이다. 이제 추론에 대해 자세히 알아보자.

정의 2.1 추론(argument) 또는 논증이란 몇 개의 전제인 명제

$$p_1, p_2, \ldots, p_n$$

으로부터 결론인 명제

$$q$$

를 이끌어 내는 과정이다. 이와 같은 추론을 기호

$$p_1, p_2, \ldots, p_n \ / \therefore q$$

또는

$$p_1, p_2, \ldots, p_n \vdash q$$

로 나타낸다.

정의 2.2 추론 $p_1, p_2, \ldots, p_n \ / \therefore q$가 타당(valid)하다는 것은

$$p_1 \wedge p_2 \wedge \ldots \wedge p_n \Longrightarrow q$$

인 경우를 말한다. 타당하지 않은 추론을 오류(fallacy)라 한다.

참 고 **2.3** 추론 $p_1, p_2, \ldots, p_n$ / $\therefore q$가 타당한 추론이다.
$\Longleftrightarrow$ 명제 $p_1 \wedge p_2 \wedge \ldots \wedge p_n \to q$가 항진명제이다.
$\Longleftrightarrow$ 전제 부분의 성분 명제 $p_1, p_2, \ldots, p_n$이 모두 참이면 결론 q도 참이다.

예 제 **2.4** 추론 "그가 절도범이라면, 그는 현장에 있었을 것이다. 그는 현장에 없었다. 따라서 그는 절도범이 아니다."의 타당성을 알아보아라.

【풀이】 p : 그는 절도범이다
q : 그는 현장에 있었다
라고 하자. 그러면 주어진 추론은

$$\begin{array}{l} p \to q \\ \sim q \quad / \therefore \sim p \end{array}$$

가 된다. 따라서 주어진 명제의 결합

$$[(p \to q) \wedge \sim q] \to \sim p$$

의 진리표를 알아보면 된다. 실제로 이 명제는 삼단부정법에 의해 항진명제가 된다. 따라서 타당한 추론이다.

예 제 **2.5** 추론 "그가 수학을 잘 한다면, 그는 머리가 좋을 것이다. 그는 수학을 잘한다. 따라서 그는 머리가 좋다."의 타당성을 알아보아라.

【풀이】 p : 그는 수학을 잘한다
q : 그는 머리가 좋다
라고 하자. 그러면 주어진 추론은

$$\begin{array}{l} p \to q \\ p \quad / \therefore q \end{array}$$

가 된다. 따라서 주어진 명제의 결합

$$[(p \to q) \wedge p] \to q$$

의 진리표를 알아보면 된다. 실제로 이 명제는 삼단긍정법에 의해 항진명제가 된다. 따라서 주어진 추론은 타당하다.

참 고 **2.6** 타당한 추론이란 전제가 모두 참일 때 결론이 참이 된다는 것만을 보장하는 것이다. 주어진 전제가 거짓일 경우 엉뚱한 결론이 유도될 수도 있다. 즉 추론의 타당성은 주어진 성분명제의 참, 거짓과는 관계가 없고 주어진 추론의 형식이 가지고 있는 타당성이다. 특히 어떤 추론에서 결론이 거짓일 경우, 전제 명제가 거짓이거나 잘못된 추론(오류)이다.

아래의 예를 살펴보자.

예 제 **2.7** 추론 "이광수가 노벨 문학상을 받았다면 그는 한국 최초의 노벨 문학상 수상자이다. 이광수는 노벨 문학상을 받았다. 따라서 그는 한국 최초의 노벨 문학상 수상자이다."의 타당성을 알아보아라.

【풀이】 p : 이광수가 노벨 문학상을 받았다
q : 이광수는 한국 최초의 노벨 문학상 수상자이다
라고 하자. 그러면 주어진 추론은

$$p \to q$$
$$p \quad / \therefore q$$

가 되는데 삼단긍정법에 의해 $[(p \to q) \land p] \Longrightarrow q$가 성립한다. 따라서 주어진 추론은 타당하다.

위 예제에서 타당한 추론인데도 결론이 참이 아닌 이유는 전제가 잘못되었기 때문이며, 추론 자체의 타당성에 문제가 있는 것은 아니다. 이제 좀 더 복잡한 추론을 생각해 보자.

예 제 **2.8** 다음 추론의 타당성을 알아보아라:
철수가 의대를 다녔다면 그는 부유한 생활을 할 것이다. 철수가 예술대를 다녔다면 그는 멋있는 인생을 보낼 것이다. 철수가 부유한 생활을 하거나 멋

있는 인생을 보내고 있다면 등록금을 낭비한 것이 아니다. 철수는 등록금을 낭비했다. 따라서 철수는 의대도 예술대도 다니지 않았다.

【풀이】 위의 추론을 아래와 같이 나타내자.

p : 철수가 의대를 다녔다.

q : 철수는 부유한 생활을 한다.

r : 철수가 예술대를 다녔다.

s : 철수는 멋있는 인생을 보낸다.

m : 철수는 등록금을 낭비했다.

위와 같이 정의하면 주어진 추론은

H1: $p \to q$

H2: $r \to s$

H3: $(q \vee s) \to \sim m$

H4: m

C: $\therefore \sim p \wedge \sim r$

가 된다.

이 추론의 타당성을 보이려면 주어진 명제의 결합인

$$[(p \to q) \wedge (r \to s) \wedge [(q \vee s) \to \sim m] \wedge m] \to [\sim p \wedge \sim r]$$

가 항진명제임을 보이면 된다. 이 명제는 5개의 성분명제로 이루어져 있어서 타당성을 보이려면 $2^5 = 32$ 행을 가진 진리표를 작성하여야 한다. 그러나 연역적 추론을 이용하면 몇 단계만에 증명이 끝난다.

타당성의 증명을 형식적으로 아래와 같이 나타낼 수 있다. 왼쪽에 가정과 거기에서 유도되는 명제들을 나열하고 오른쪽에 각 단계의 정당성을 적으면 된다. 여기서 정당성이란 앞에서 얻어진 명제이거나 추론 규칙을 말한다. 이와 같은 증명을 형식적 증명(formal proof)이라 한다.

(1) 형식적 증명:

1.	$p \to q$	가정
2.	$r \to s$	가정
3.	$(q \vee s) \to \sim m$	가정
4.	$m \quad / \therefore \sim p \wedge \sim r$	가정 / 결론
5.	$\sim (q \vee s)$	3, 4, 삼단부정법
6.	$\sim q \wedge \sim s$	5, 드모르간 법칙
7.	$\sim q$	6, 단순화
8.	$\sim s$	6, 단순화
9.	$\sim p$	1, 7, 삼단부정법
10.	$\sim r$	2, 8, 삼단부정법
11.	$\sim p \wedge \sim r$	9, 10, 논리곱

따라서 이 추론은 타당하다.

위 형식적 증명에 반해 아래와 같은 증명을 비형식적 증명(informal proof)이라 한다. 복잡한 논리학의 증명에서는 형식적 증명을 사용하고, 나머지 대부분의 수학에서는 비형식적 증명을 사용한다.

(2) 비형식적 증명:
우선 삼단부정법을 이용하여 가정 H3, H4로부터 $\sim (q \vee s)$을 얻어낸다. 여기에 드모르간 법칙을 적용하면 $\sim q \wedge \sim s$을 얻을 수 있다. 또한 단순화 법칙에 의해 $\sim q$와 $\sim s$를 얻을 수 있다. $\sim q$와 가정 H1으로 부터 삼단부정법을 이용하여 $\sim p$를 얻어낸다. 마찬가지로 $\sim s$와 가정 H2로부터 삼단부정법을 이용하여 $\sim r$을 얻어낸다. 따라서 $\sim p \wedge \sim r$이라는 결론을 얻을 수 있다. 따라서 이 추론은 타당하다.

예 제 **2.9** 형식적 증명을 이용하여 아래 추론의 타당성을 알아보아라: 시동이 잘 걸리지 않으면 배터리나 연료나 기타 부품이 불량이다. 배터리가 불량이면 에어컨이 시원하지 않다. 연료가 불량이면 매연이 많이 나온다. 이 자동차는 시동이 잘 걸리지 않는다. 이 자동차는 매연이 없다. 이 자동차는 에어컨도 시원하다. 따라서 이 자동차는 배터리와 연료가 양호하고 기타 부품이 불량이다.

【풀이】 고장이 없는 양호한 상태를 나타내는 것을 단순명제로 택하여 아래와 같이 정의하자.

b : 이 자동차는 배터리가 양호하다.
a : 이 자동차의 에어컨은 시원하다.
g : 이 자동차의 연료가 양호하다.
p : 이 자동차는 매연이 없다.
s : 이 자동차는 시동이 잘 걸린다.
e : 이 자동차는 기타 부품이 양호하다.

이렇게 정의하면 주어진 추론은 아래 1-6 단계와 같이 나타낼 수 있고, 이를 증명하면 7-15 단계와 같다.

1.	$\sim s \to [\sim b \vee \sim g \vee \sim e]$	가정
2.	$\sim b \to \sim a$	가정
3.	$\sim g \to \sim p$	가정
4.	$\sim s$	가정
5.	p	가정
6.	$a / \therefore b \wedge g \wedge \sim e$	가정 / 결론
7.	$a \to b$	2, 대우법칙
8.	$p \to g$	3, 대우법칙
9.	g	5, 8, 삼단긍정법
10.	b	6, 7, 삼단긍정법

11.	$\sim b \vee \sim g \vee \sim e$	1, 4, 삼단긍정법
12.	$\sim b \vee (\sim g \vee \sim e)$	11, 결합법칙
13.	$\sim g \vee \sim e$	10, 12, 선언지제거법
14.	$\sim e$	9, 13, 선언지제거법
15.	$b \wedge g \wedge \sim e$	9, 10, 14, 논리곱

따라서 이 추론은 타당한 추론이다.

참 고 **2.10** 추론의 타당성을 증명할 경우, 일단 같은 문자(명제)가 있는 두 식을 찾아서 정리 1.33의 6가지 함의규칙을 적용하여 새로운 결과를 도출하면 쉽게 증명할 수 있다. 특히 1개 문자(명제)로 이루어진 식과 그 문자(명제)가 들어 있는 다른 식을 찾으면 간편하게 계산할 수 있다.

참 고 **2.11** 추론이 타당하다는 것을 보이려면 추론 규칙을 사용하여 전제조건들로부터 연역적으로 결론을 이끌어 내면 된다. 하지만 추론이 타당하지 않다는 것을 보이려면 어떤 추론 규칙을 사용하여도 전제조건으로부터 결론이 연역적으로 도출되지 않다는 것을 보여야 한다. 경우에 따라서는 이를 보이는 것이 어려우므로 참고 2.3을 사용하여 항진명제가 되지 않음을 보이는 것이 간단할 수도 있다.

예 제 **2.12** 아래 추론이 타당한지 알아보아라:
그가 집합론 강의를 수강신청하고 열심히 공부를 했다면 집합론 학점이 좋다. 집합론 학점이 좋으면 장학생이 될 수 있다. 그는 장학생이 아니다. 따라서 그는 집합론 공부를 열심히 하지 않았다.

【풀이】

a: 그는 집합론 수강신청을 했다.
b: 그는 집합론 공부를 열심히 했다.
c: 그는 집합론 학점이 좋다.

d: 그는 장학생이다.

라고 하면 주어진 추론은 아래와 같이 나타낼 수 있다.

$$a \wedge b \to c$$
$$c \to d$$
$$\sim d \quad / \therefore \sim b$$

전제조건 $c \to d$와 $\sim d$에 삼단부정법을 사용하면 $\sim c$가 된다. 이제 $\sim c$와 $(a \wedge b) \to c$에 삼단부정법을 사용하며 $\sim (a \wedge b)$가 얻어진다. 이는 $\sim a \vee \sim b$이다. 여기서 어떤 추론규칙을 사용하여도 $\sim b$를 얻어낼 수는 없다. 따라서 타당한 추론이 아니다.

실제로

$$[[(a \wedge b) \to c] \wedge (c \to d) \wedge \sim d] \to (\sim b)$$

의 진리값을 계산하면 항진명제가 아님을 알 수 있다.

연습문제 2.1

1. 예제 2.9를 비형식적으로 증명하여라.

2. 아래 추론이 타당한지 알아보아라.

   (a) 인간은 동정심을 갖고 있다. 그는 동정심이 없다. 따라서 그는 인간이 아니다.

   (b) 밀가루는 하얗다. 이 가루는 하얗지 않다. 따라서 이 가루는 밀가루가 아니다.

   (c) 밀가루는 하얗다. 이 가루도 하얗다. 따라서 이 가루는 밀가루이다.

   (d) 성격이 꼼꼼하면 정리 정돈을 잘한다. 그는 정리 정돈을 잘한다. 따라서 그는 성격이 꼼꼼하다.

   (e) 배터리가 불량인 자동차는 시동이 잘 걸리지 않는다. 이 자동차는 시동이 잘 걸리지 않는다. 따라서 이 자동차는 배터리가 불량이다.

(f) 선진국은 백인 국가이다. 우리나라는 백인 국가가 아니다. 따라서 우리나라는 선진국이 아니다.

(g) 위암 환자들은 복통 증세가 있으며 체중의 감소가 나타난다. 이 환자도 복통 증세가 있고 체중 감소가 있다. 따라서 이 환자는 위암 환자이다.

(h) 우등생들은 술은 마시지 않고 공부를 열심히 한다. 철수는 술을 안 마시지만 공부는 열심히 안한다. 따라서 철수는 우등생이라 할 수 없다.

3. 아래 소괄호 안의 기호를 이용하여 다음 추론을 증명하여라.

청춘이 귀중하다는 것을 알면 청춘을 헛되이 보내지 않을 것이다. 그러나 그는 청춘을 헛되이 보내고 있다. 따라서 그는 청춘이 귀중하다는 것을 모르고 있다. (V: 청춘이 귀중하다는 것을 안다. W: 청춘을 헛되이 보내고 있다.)

4. 아래 추론이 타당한지 알아보아라.

전공 공부를 잘하면 성적이 좋다. 성적이 좋으면 좋은 회사에 취직된다. 좋은 회사에 취직이 되면 행복한 인생을 살게 된다. 따라서 전공 공부를 잘하면 행복한 인생을 살게 된다.

5. 아래 추론이 타당한지 알아보아라.

한국인이 세계적 작가가 되었다면 그는 뛰어난 능력이 있거나 행운이 따르는 사람이다. 그는 한국인으로서 세계적 작가가 되었다. 하지만 그는 행운이 따르지 않는다. 따라서 그는 뛰어난 능력이 있다.

6. 아래 추론이 타당한지 알아보아라.

그가 집합론 강의를 수강신청하고 열심히 공부를 했다면 집합론 학점이 좋다. 집합론 학점이 좋으면 장학생이 될 수 있다. 그는 집합론 강의를 수강신청했다. 그는 장학생이 아니다. 따라서 그는 집합론 공부를 열심히 하지 않았다. (예제 2.12와 비교)

7. 아래 소괄호 안의 기호를 이용하여 다음 추론을 증명하여라.

   인구가 급속히 증가하고 생산량이 머물러 있으면 물가는 오른다. 물가가 오르면 정부가 통제할 것이다. 내가 부자라면 물가상승을 걱정하지 않을 것이다. 내가 부자가 아니라함은 참이 아니다. 정부가 물가상승을 통제하지 않거나, 나는 물가상승을 걱정한다. 그러므로 인구는 급속히 증가하고 생산량은 그대로 머물러 있다함은 참이 아니다. (P: 인구가 급속히 증가한다. C: 생산량은 그대로 머물러 있다. R: 물가가 오른다. G: 정부가 물가를 통제한다. H: 나는 부자이다. I: 나는 물가상승을 걱정한다.)

8. 인간은 육체와 영혼으로 이루어졌다는 이원론(二元論)의 이론인 아래 추론의 타당성을 검토하여라.

   인간은 자유의지를 갖고 있다. 결정론의 지배를 받는 존재는 자유의지를 가질 수 없다. 물질만으로 이루어진 존재는 결정론의 지배를 받는다. 그러므로 인간은 물질만으로 이루어진 존재가 아니다.

9. 필요할 경우 상식적인 내용의 명제를 추가하여 아래 추론이 타당한지 알아보아라.

   너와 민호가 공놀이를 하다가 민호가 우리집 유리창을 깼다. 민호는 유리값을 변상할 돈이 없다. 너는 민호의 가장 친한 친구이다. 그리고 너는 유리 값을 변상할 정도의 돈을 갖고 있다. 따라서 네가 우리집 유리 값을 변상해야 한다.

2.2 간접증명법

앞 절에서 보인 예들처럼 전제조건에서 직접 결론을 이끌어 내는 방법을 직접증명법(direct proof)이라 한다. 직접증명법을 사용하기 어려울 경우 간접증명법(indirect proof)을 사용할 수 있다. 간접증명법에는 결론의 부정을 전제에 추가하여 모순을 이끌어 내는 방법인 배리법(reductio ad absurdum)이 많이 사용된다. 배리법은 귀류법으로 부르기도 한다.

예 제 **2.13** 아래 추론의 타당성을 간접증명법으로 증명하여라.
그가 인문계열 학과를 다닌다면 그는 멋있는 인생을 살 것이다. 그가 자연계열 학과를 다닌다면 그는 취직을 잘 할 것이다. 그는 인문계열이나 자연계열 학과에 다닌다. 따라서 그는 멋있는 인생을 살거나 취직을 잘 할 것이다.

【풀이】 p : 그는 인문계열 학과를 다닌다.
q : 그는 멋있는 인생을 살 것이다.
r : 그는 자연계열 학과를 다닌다.
s : 그는 취직을 잘 할 것이다.
위와 같이 정의를 하면 주어진 추론은

$$p \to q$$
$$r \to s$$
$$p \lor r \ / \therefore q \lor s$$

가 된다. 간접증명법으로 증명하자.

1. $p \to q$
2. $r \to s$
3. $p \lor r \quad / \therefore q \lor s$

4.	$\sim(q \vee s)$	간접증명
5.	$\sim q \wedge \sim s$	4, 드모르간 법칙
6.	$\sim q$	5, 단순화
7.	$\sim s$	5, 단순화
8.	$\sim p$	1, 6, 삼단부정법
9.	$\sim r$	2, 7, 삼단부정법
10.	r	3, 8, 선언지제거
11.	$r \wedge \sim r$	9, 10, 논리곱
12.	c	11

결론을 부정하여 모순을 이끌어 냈으므로 배리법에 의해 주어진 추론은 타당하다.

예 제 2.14 다음 논증의 타당성을 간접증명법으로 증명하여라.

$$p \vee q \to r$$
$$s \to p \wedge u$$
$$q \vee s \;/ \therefore r$$

【풀이】

1.	$p \vee q \to r$	
2.	$s \to p \wedge u$	
3.	$q \vee s / \therefore r$	
4.	$\sim r$	간접증명법
5.	$\sim(p \vee q)$	1, 4, 삼단부정법
6.	$\sim p \wedge \sim q$	5, 드모르간 법칙
7.	$\sim p$	6, 단순화

8.	$\sim q$	6, 단순화
9.	s	3, 8, 선언지제거
10.	$p \wedge u$	2, 9, 삼단긍정법
11.	p	10, 단순화
12.	$p \wedge \sim p$	7, 11, 논리곱
13.	c	12

결론을 부정하여 모순을 이끌어 내었으므로 배리법에 의해 위 논증은 타당하다.

연습문제 2.2

1. 다음 각 추론에 대하여 직접증명과 간접증명을 하고 어느 증명이 더 많은 단계를 거치는지 비교하여라.

   (a) $A \vee (B \wedge C)$
   $B \to D$
   $C \to E$
   $D \wedge E \to A \vee C$
   $\sim A / \therefore A \vee C$

   (b) $B \vee (C \to E)$
   $B \to D$
   $\sim D \to (E \to A)$
   $\sim D / \therefore C \to A$

   (c) $A \vee B \to B \wedge C$
   $B \wedge C$
   $\sim B / \therefore \sim A$

(d) $(A \vee B) \rightarrow (A \rightarrow D \wedge E)$

$A \wedge C / \therefore E \vee F$

(e) $A \vee B$

$\sim B \vee C / \therefore A \vee C$

2. 아래 추론이 타당한지 알아보아라.
값싸고 맛있는 식당이라면 불만이 없다. 불만이 없는 식당이라면 또 갈 마음이 생긴다. 음식값이 싸지만 다시 갈 마음이 생기지 않는 식당은 맛이 없는 것이다.

3. 아래 추론이 타당한지 알아보아라.
범인은 A 아니면 B이다. A가 범행을 할 때는 언제나 C가 가담한다. A와 C가 범행을 할 때는 가끔 D가 가담하기도 한다. 이번 범행에는 C에게 알리바이가 있다. D는 알리바이가 없다. 따라서 B가 범인이다.

4. 성실한 사람은 신뢰를 받는다. 유능한 사람은 성실하다. 제멋대로인 사람은 신뢰를 받지 못한다. 위 사실에서 아래 두 가지 사실이 연역되는지 알아보아라.

   (a) 제멋대로인 사람은 유능하지 않다.

   (b) 성실하지 않은 사람은 제멋대로이다.

2.3 한정기호와 명제함수의 증명법

예 제 **2.15** 아래 추론을 한정기호와 명제함수로 나타내고 타당한지 알아보아라: 모든 생물은 죽는다. 어떤 바이러스는 죽지 않는다. 따라서 어떤 바이러스는 생물이 아니다.

【풀이】 명제함수를 사용해서

$l(x)$: x는 생물이다
$d(x)$: x는 죽는다
$v(x)$: x는 바이러스이다

라고 하면, 주어진 추론은 아래 1, 2 번과 같이 한정기호를 사용해서 나타낼 수 있고, 3 - 8번 단계처럼 타당성을 조사할 수 있다.

1.	$\forall x,\, l(x) \to d(x)$	
2.	$\exists x,\, v(x) \wedge \sim d(x)$	$/ \therefore \exists x,\, v(x) \wedge \sim l(x)$
3.	$v(x_0) \wedge \sim d(x_0)$	(2, 특정한 x_0 선택)
4.	$v(x_0)$	(3, 단순화법칙)
5.	$\sim d(x_0)$	(3, 단순화법칙)
6.	$\sim l(x_0)$	(1, 5, 삼단부정법)
7.	$v(x_0) \wedge \sim l(x_0)$	(4, 6, 논리곱)
8.	$\exists x,\, v(x) \wedge \sim l(x)$	(7)

따라서 위 추론은 타당하다.

이제 조금 더 복잡한 추론을 해보자. 아래와 같은 추론은 언어로 기술되어 있어서 타당한 추론인지 판정하기가 힘들지만, 기호를 사용해서 연역적으로 추론의 타당성을 점검할 수 있다.

예 제 **2.16** 한정기호와 명제함수를 사용하여 아래 추론을 나타내고,

타당한지 알아보아라:
어떤 학급의 학생들에 대해 조사한 결과 다음과 같은 사실을 알게 되었다. 사회를 좋아하는 모든 학생들은 수학을 좋아하지 않거나 과학을 좋아하지 않았다. 과학을 좋아하지 않는 모든 학생들은 국어를 좋아했다. 사회를 좋아한다고 하여 반드시 국어를 좋아한다고 할 수는 없었다. 그러므로 국어와 수학 모두 좋아하지 않는 학생들이 있다.

【풀이】 명제함수를 사용해서

$c(x)$: x 학생은 사회를 좋아한다
$m(x)$: x 학생은 수학을 좋아한다
$s(x)$: x 학생은 과학을 좋아한다
$k(x)$: x 학생은 국어를 좋아한다

라고 하면, 아래와 같이 타당성을 조사할 수 있다.

1.	$\forall x, c(x) \to \sim m(x) \vee \sim s(x)$	
2.	$\forall x, \sim s(x) \to k(x)$	
3.	$\sim [\forall x, c(x) \to k(x)]$	$/ \therefore \exists x, \sim k(x) \wedge \sim m(x)$
4.	$\sim [\forall x, \sim c(x) \vee k(x)]$	(3, 조건문변환)
5.	$\exists x, c(x) \wedge \sim k(x)$	(4, 한정기호 부정법)
6.	$c(x_0) \wedge \sim k(x_0)$	(5, 특정한 x_0 선택)
7.	$c(x_0)$	(6, 단순화법칙)
8.	$\sim k(x_0)$	(6, 단순화법칙)
9.	$s(x_0)$	(2, 8, 삼단부정법, 이중부정)
10.	$\sim m(x_0) \vee \sim s(x_0)$	(1, 7, 삼단긍정법)
11.	$\sim m(x_0)$	(9, 10, 선언지제거)
12.	$\sim k(x_0) \wedge \sim m(x_0)$	(8, 11, 논리곱)
13.	$\exists x, \sim k(x) \wedge \sim m(x)$	(12)

따라서 타당한 추론이다.

연습문제 2.3

1. 한정기호와 명제함수를 사용하여 아래 추론을 나타낸 후 타당한지 알아보아라.

   (a) 모든 사람은 양심적이다.
   나는 사람이다.
   따라서, 나는 양심적이다.

   (b) 나는 부자이다.
   어떤 부자는 기부를 많이 한다.
   따라서, 나는 기부를 많이 한다.

   (c) 빌 게이츠는 부자이다.
   빌 게이츠는 기부를 많이 한다.
   따라서, 어떤 부자는 기부를 많이 한다.

   (d) 모든 사람은 동물이다.
   모든 동물은 죽는다.
   따라서, 모든 사람은 죽는다.

   (e) 모든 사람은 동물이다.
   어떤 동물은 200년 넘게 산다.
   따라서, 어떤 사람은 200년 넘게 산다.

   (f) 어떤 사람은 바보이다.
   소크라테스는 사람이다.
   따라서, 소크라테스는 바보이다.

2. 한정기호와 명제함수를 사용하여 아래 추론을 나타낸 후 타당한지 알아보아라.

   (a) 어류는 모두 포유동물이 아니다.
   그런데 고래는 포유동물이다.
   따라서, 고래는 어류가 아니다.

(b) 어떤 사람은 운동을 잘한다.
어떤 사람은 공부를 잘한다.
따라서, 운동을 잘하는 사람 가운데는 공부를 잘하는 사람도 있다.

(c) 어떠한 미술 작품도 완벽하지 않다.
레오나르도 다 빈치의 모나리자는 미술 작품이다.
따라서, 레오나르도 다 빈치의 모나리자는 완벽하지 않다.

(d) 머리카락에 코팅을 한 사람은 모두 유행에 민감한 사람이다.
어떤 교수도 머리카락에 코팅을 하지 않는다.
따라서, 모든 교수들은 유행에 민감한 사람이 아니다.

3. 진리집합을 나타내는 벤 다이어그램을 사용하여 위 문제 1을 풀이하여라.

4. 진리집합을 나타내는 벤 다이어그램을 사용하여 위 문제 2를 풀이하여라.

2.4 여러 가지 증명법

어떤 추론이 타당한지 아닌지를 점검하는 과정은 많은 분야에서 나타나는데, 여러 가지 상황을 유형별로 분류하여 어떻게 적용하는지 알아보기로 하자.

2.4.1 조건문 형태

수학에서 가장 많이 나타나는 조건문 $p \to q$ 형태의 증명법에는 다음과 같은 방법이 많이 사용된다.

(1) 직접증명법: 앞에서 언급한 것처럼 조건 p에서부터 직접 결론 q를 이끌어 낸다. 논리적으로 살펴 보면

$$[(p \to s_1) \wedge (s_1 \to s_2) \wedge \ldots \wedge (s_n \to q)] \Rightarrow (p \to q)$$

의 추론 규칙을 사용하는 것이다.

(2) 대우법 : 대우명제인 $\sim q \to \sim p$를 보임으로써 명제를 증명한다. $p \to q \equiv \sim q \to \sim p$의 추론 규칙을 사용하는 것이다.

(3) 배리법(귀류법) : 결론부를 부정하면 모순이 나온다는 것을 보임으로써 증명. 즉 $p \to q \equiv (p \wedge \sim q) \to c$의 추론 규칙을 사용하는 것이다.

예 제 2.17 추론 "a가 홀수이면 a^2도 홀수이다"를 직접증명법으로 증명하여라.

【풀이】 a가 홀수라 하자. 그러면 a는 적당한 정수 k에 대해 $a = 2k-1$이 된다. $a^2 = (2k-1)^2 = 4k^2 - 4k + 1 = 2(2k^2 - 2k) + 1$이 되고 $2k^2 - 2k$는 분명히 정수이다. 따라서 a^2은 홀수이다. 그러므로 명제가 성립한다.

예 제 2.18 추론 "a^2이 홀수이면 a도 홀수이다"를 대우법으로 증명하여라.

【풀이】 결론을 부정하여 a가 홀수가 아니라고 하자. 그러면 a는 짝수이므로 적당한 정수 k에 대해 $a = 2k$가 된다. $a^2 = (2k)^2 = 4k^2 = 2(2k^2)$이 되고, 따라서 a^2은 짝수이다. 즉, a^2은 홀수가 아니다. 그러므로 대우법에 의해 명제가 성립한다.

예 제 2.19 추론 "a^2이 홀수이면 a도 홀수이다"를 배리법으로 증명하여라.

【풀이】 a^2이 홀수이면서 a가 홀수가 아니라고 하자. 그러면 a는 짝수이므로 적당한 정수 k에 대해 $a = 2k$가 된다. $a^2 = (2k)^2 = 4k^2 = 2(2k^2)$이 되고, 따라서 a^2은 짝수이다. 따라서 a^2은 홀수이면서 짝수이다. 이것은 모순이다. 그러므로 배리법에 의해 명제가 성립한다.

2.4.2 쌍조건문 형태

수학의 정리 등에서 많이 나타나는 쌍조건문 형태의 타당성을 보일 경우 아래와 같은 두가지 방법이 있다.

(1) 두개의 조건문이 성립함을 증명: $(p \to q)$ 와 $(q \to p)$라는 두 가지 사실을 보인다. 각 조건문을 보일 경우 위에서 언급한 방법을 사용할 수 있다. $p \leftrightarrow q \equiv (p \to q) \wedge (q \to p)$의 추론 규칙을 사용하는 것이다.

(2) 동치인 식의 열을 나열하는 방법: 직접 동치인 식을 나열하여 이끌어 낸다. 즉,

$$\begin{array}{ccc} p & \leftrightarrow & q_1 \\ q_1 & \leftrightarrow & q_2 \\ & \cdots & \\ q_n & \leftrightarrow & r \end{array} \qquad \text{간단히 나타내면} \qquad \begin{array}{ccc} p & \leftrightarrow & q_1 \\ & \leftrightarrow & q_2 \\ & \cdots & \\ & \leftrightarrow & r \end{array}$$

와 같은 형태로 증명한다. 논리적으로 살펴 보면

$$[(p \leftrightarrow s_1) \wedge (s_1 \leftrightarrow s_2) \wedge \ldots \wedge (s_n \leftrightarrow r)] \Rightarrow (p \leftrightarrow r)$$

의 추론 규칙을 사용하는 것이다.

예 제 **2.20** 실수 a, b가 방정식 $x^2 + px + q = 0$의 해가 되기 위한 필요 충분조건은 $a + b = -p$이고 $ab = q$이다. 이를 보여라.

【풀이】 ($\Rightarrow$) a, b가 방정식 $x^2 + px + q = 0$의 해가 된다고 하자. 근의 공식에 의해

$$a = \frac{-p + \sqrt{p^2 - 4q}}{2}, \ b = \frac{-p - \sqrt{p^2 - 4q}}{2}$$

이다(혹은 a, b를 반대로). 따라서 $a + b = -p,\ ab = q$이다.
($\Leftarrow$) $a + b = -p$이고 $ab = q$이라 하자. 그러면 $b = -p - a$가 된다. 결국 $q = ab = a(-p - a) = -ap - a^2$. 따라서 $a^2 + ap + q = 0$이다. 즉 a는 $x^2 + px + q = 0$의 해가 된다. 마찬가지로 b도 해가 됨을 보일 수 있다.

예 제 **2.21** 모든 실수 x, y에 대해 아래 항등식이 성립함을 보여라.

$$x^2 + y^2 = (x + y)^2 - 2xy$$

【풀이】 임의의 실수 x, y에 대해

$$x^2 + y^2 = (x^2 + 2xy + y^2) - 2xy \quad (2.1)$$

$$= (x + y)^2 - 2xy \quad (2.2)$$

이므로 성립한다.

2.4.3 여러 가지 경우를 나누는 형태

한 가지 방법으로 증명하기 어려울 때는 여러 가지 경우를 나누어 증명할 수 있다. $(p \vee q) \rightarrow r$을 보이기 위해서 $(p \rightarrow r)$이고 $(q \rightarrow r)$임을 보이는 것이다. 논리적으로 보면

$$[(p \rightarrow r) \wedge (q \rightarrow r)] \iff [(p \vee q) \rightarrow r] \quad (2.3)$$

의 추론 규칙[1]을 사용하는 것이다. n개의 경우가 있는 형태는

$$[(p_1 \to r) \wedge \cdots \wedge (p_n \to r)] \iff [(p_1 \vee \cdots \vee p_n) \to r] \tag{2.4}$$

의 추론 규칙을 사용하는 것이다.

예 제 2.22 모든 실수 a에 대해 $\sqrt{a^2} = |a|$임을 보여라.

【풀이】 a가 실수이므로 $a \geq 0$이거나 $a < 0$이다.

(1) $a \geq 0$일 경우: $a \geq 0$이므로 $\sqrt{a^2} = a = |a|$이다.

(2) $a < 0$일 경우: $\sqrt{a^2} = -a = |a|$이다.

두 가지 모두 $\sqrt{a^2} = |a|$이다. 따라서 모든 실수 a에 대해 $\sqrt{a^2} = |a|$이다.

2.4.4 한 개 명제

한 개 명제의 타당성을 증명할 경우는 추론에서 전제 부분이 없는 경우로 생각할 수 있다.

(1) 직접증명법: 직접 증명한다.

(2) 귀류법: $\sim p$를 가정하면 모순이 생긴다는 것을 보인다. $\sim p$가 성립하지 않는다는 것을 보이는 것이므로 이중부정법으로 볼 수도 있다. 즉 $\sim(\sim p) \equiv p$의 추론 규칙을 사용하는 것이다.

예 제 2.23 "모든 실수 x에 대해 $x \neq 0 \to \frac{1}{x} \neq 0$"를 귀류법으로 증명하여라.

【풀이】 주어진 명제는

$$(\forall x \in \mathbb{R})(x \neq 0 \to \frac{1}{x} \neq 0)$$

[1] 연습문제 1.3의 8

이므로 부정을 구하면

$$(\exists x \in \mathbb{R})(x \neq 0 \wedge \frac{1}{x} = 0) \qquad (\because \sim (p \to q) \equiv p \wedge \sim q)$$

이다. 즉 어떤 실수 x에 대해 $x \neq 0 \wedge \frac{1}{x} = 0$이다. 역수의 정의에 의해 $1 = x \cdot \frac{1}{x} = x \cdot 0 = 0$. 따라서 $1 = 0$로서 모순이다. 따라서 주어진 명제가 성립한다.

2.4.5 $(\forall x)p(x)$의 형태

전칭기호가 포함되어 있는 명제의 경우 아래와 같은 방법을 사용할 수 있다. 아래의 $(\exists x)p(x)$의 부정을 보이는 경우도 여기에 해당된다.

(1) 모든 x에 대해서 $p(x)$가 성립하는 것을 보인다.

(2) x를 임의로 택했을 경우 성립하는 것을 보인다.

예 제 **2.24** 전체집합이 $\{2, 3\}$일 때 모든 x에 대해 $1 < x \to 1 < x^2$임을 보여라.

【풀이】 $x = 2$일 때, $1 < 2 \to 1 < 2^2$이다.
또한 $x = 3$일 때, $1 < 3 \to 1 < 3^2$이다.
따라서 모든 x에 대해 성립한다.

예 제 **2.25** 모든 실수 x에 대해 $1 < x \to 1 < x^2$임을 보여라.

【풀이】 임의의 $1 < x$인 x를 생각하자. $0 < 1$이므로 부등호의 추이법칙에 의해 $0 < x$이다, 즉 x는 양수이다. 그런데 $1 < x$의 양변에 양수인 x를 곱하면 부등식의 방향이 유지되므로,

$$1 \cdot x < x \cdot x$$

이다. 그런데 $x = 1 \cdot x$이므로, 다시 추이법칙에 의해 $1 < x^2$이다.

2.4.6 $(\exists x)p(x)$의 형태

수학에서 존재기호가 들어 있는 정리가 많이 나타나는데, 이런 정리의 증명에는 아래와 같은 방법이 사용된다. 위에서 본 $(\forall x)p(x)$ 형태의 부정형태인 $(\exists x) \sim p(x)$을 보이는 경우도 여기에 해당된다.

(1) 실제 예를 찾아낸다.
$(\exists x) \sim p(x)$와 같은 부정 형태의 예를 반례(counterexample)라 한다.

(2) 존재할 수 밖에 없다는 것을 보인다. 직접 구하는 것이 어렵거나 불가능할 때 사용한다.

예 제 2.26 연속이지만 미분 불가능한 함수가 존재함을 보여라.

【풀이】 $f : \mathbb{R} \to \mathbb{R}$, $f(x) = |x|$라 하면 f는 연속이지만 $x = 0$에서 미분 불가능하다.

예 제 2.27 $x^3 - x^2 + 3x - 5 = 0$ 의 근이 1 과 2 사이에 적어도 하나 존재함을 보여라.

【풀이】 $f(x) = x^3 - x^2 + 3x - 5$ 라 두자. $f(x)$ 는 $[1, 2]$ 에서 연속이고

$$f(1) = 1 - 1 + 3 - 5 = -2 < 0$$

$$f(2) = 8 - 4 + 6 - 5 = 5 > 0$$

이다. 따라서, $f(1) < 0 < f(2)$ 이므로, 중간값의 정리에 의해서 $f(c) = 0$ 이 되는 c 가 구간 $(1, 2)$에 적어도 하나 존재한다.

연습문제 2.4

1. 임의의 자연수 a, b에 대하여, 아래 추론을 직접증명법으로 증명하여라.

   (a) a가 짝수이면 a^2도 짝수이다.

(b) a와 b가 홀수이면 ab도 홀수이다.

2. 임의의 자연수 a, b에 대하여, 아래 추론을 배리법으로 증명하여라.

   (a) a^2이 짝수이면 a도 짝수이다.

   (b) a와 b가 홀수이면 ab도 홀수이다.

3. 임의의 자연수 a, b에 대하여, 아래 추론을 대우법으로 증명하여라.

   (a) a^2이 짝수이면 a도 짝수이다.

   (b) a^2이 홀수이면 a도 홀수이다.

4. 아래 명제들이 성립함을 귀류법으로 증명하여라.

   (a) x가 유리수이고 y가 무리수이면 $x+y$가 무리수이다.

   (b) x가 0이 아닌 유리수이고 y가 무리수이면 xy가 무리수이다.

5. 모든 실수 a에 대해 $|a^2| = |a|^2$임을 보여라.

6. 모든 실수 a에 대해 $a \leq |a|$임을 보여라.

7. 모든 실수 a에 대해 $|-a| = |a|$임을 보여라.

8. a와 b가 실수이면 $|a+b| \leq |a| + |b|$임을 보여라.

9. a와 b가 실수이면 $|a| - |b| \leq |a-b|$임을 보여라.

10. $p \to (q \leftrightarrow r)$을 증명할 때, $(p \land q) \to r$과 $(p \land r) \to q$를 보이면 타당하다는 것을 보여라.

2.5 수학적 귀납법

모든 자연수에 대해 성립하는 명제를 증명할 때는 수학적 귀납법을 사용할 수 있다.

정 리 2.28 [수학적 귀납법(mathematical induction)]
자연수 n에 대한 명제함수 $P(n)$이 아래 두 가지 조건을 만족한다고 하자.

(1) $P(1)$이 성립한다.

(2) 임의의 자연수 k에 대해 $P(k) \Longrightarrow P(k+1)$.

그러면 $P(n)$은 모든 자연수 n에 대해 성립한다.

위 정리는 자연수에 대한 페아노(Peano) 공리계로부터 얻어지는데, 자세한 증명은 생략한다.

예 제 2.29 수학적 귀납법을 사용하여 아래 공식을 증명하여라.

$$1+2+3+\cdots+n=\frac{n(n+1)}{2}$$

【풀이】 먼저 $P(n)$을 명제

$$1+2+3+\cdots+n=\frac{n(n+1)}{2}$$

이라 하자.
(1) $P(1)$이 성립한다. 왜냐하면

$$1=\frac{(1\cdot 2)}{2}.$$

(2) 이제 $P(k)$가 성립한다고 가정하자. 그러면

$$1+2+3+\cdots+k=\frac{k(k+1)}{2}$$

이다. 양변에 $k+1$을 더해주면

$$\begin{aligned}1+2+3+\cdots+k+(k+1) &= \frac{k(k+1)}{2}+(k+1)\\ &= \frac{k(k+1)}{2}+\frac{2(k+1)}{2}\\ &= \frac{(k+2)(k+1)}{2}\\ &= \frac{(k+1)(k+2)}{2}\end{aligned}$$

이 식은 $P(k+1)$이 성립한다는 것을 보여준다.
(1)과 (2)에 의해 수학적 귀납법의 조건을 만족시킨다는 것을 알 수 있다. 따라서 수학적 귀납법에 의해, 모든 자연수 n에 대해 명제 $P(n)$이 성립한다. 즉, 모든 자연수 n에 대해

$$1+2+3+\cdots+n=\frac{n(n+1)}{2}$$

이 성립한다.

연습문제 2.5

1. 수학적 귀납법으로 모든 자연수 n에 대해 아래 식이 성립함을 보여라.

$$1^2+2^2+3^2+\cdots+n^2=\frac{n(n+1)(2n+1)}{6}$$

2. 수학적 귀납법으로 모든 자연수 n에 대해 아래 식이 성립함을 보여라.

$$1^3+2^3+3^3+\cdots+n^3=\frac{n^2(n+1)^2}{4}$$

3. 수학적 귀납법으로 모든 자연수 n에 대해 아래 식이 성립함을 보여라.

$$1+3+5+\cdots+(2n-1)=n^2$$

4. 수학적 귀납법으로 모든 자연수 n에 대해 아래 식이 성립함을 보여라.

$$\frac{1}{1\cdot 2}+\frac{1}{2\cdot 3}+\frac{1}{3\cdot 4}+\cdots+\frac{1}{n\cdot(n+1)}=\frac{n}{n+1}$$

5. 수학적 귀납법으로 아래 일반 드모르간 법칙이 성립함을 보여라.

   (a) $\sim(p_1 \wedge p_2 \wedge \cdots \wedge p_n) \equiv \sim p_1 \vee \sim p_2 \vee \cdots \vee \sim p_n$

   (b) $\sim(p_1 \vee p_2 \vee \cdots \vee p_n) \equiv \sim p_1 \wedge \sim p_2 \wedge \cdots \wedge \sim p_n$

6. 수학적 귀납법으로 아래 일반 분배법칙이 성립함을 보여라.

   (a) $p \vee (q_1 \wedge q_2 \wedge \cdots \wedge q_n) \equiv (p \vee q_1) \wedge (p \vee q_2) \wedge \cdots \wedge (p \vee q_n)$

   (b) $p \wedge (q_1 \vee q_2 \vee \cdots \vee q_n) \equiv (p \wedge q_1) \vee (p \wedge q_2) \vee \cdots \vee (p \wedge q_n)$

7. 수학적 귀납법으로 $(\forall n \geq 5)(2^n > n^2)$을 증명하여라.
   (힌트: $(\forall n \geq 5)(2^n > n^2) \equiv (\forall n)(n \geq 5 \rightarrow 2^n > n^2)$을 이용하여 $n = 5$부터 적용하면 된다)

8. 수학적 귀납법으로 $(\forall n \geq 6)(n^3 < n!)$을 증명하여라.

9. 수학적 귀납법으로 $\cos n\pi = (-1)^n$을 증명하여라.(힌트: 삼각함수의 합을 곱으로 변환하는 공식 사용)

Chapter 3

집합의 기본적 개념

현대 사회의 수많은 정보 자료의 홍수 속에서 자신이 필요한 정보를 검색하기 위해서는 분류를 제대로 할 수 있어야 한다. 분류에 사용되는 강력한 도구가 바로 집합의 개념이다. 집합의 개념을 사용하면 사회학, 심리학, 생물학, 공학 등 많은 분야에서 나타나는 여러 가지 상황을 적절하게 분류하여 수학적 모델을 만들 수 있게 해준다.

이 장에서는 아래와 같은 내용을 중심으로 집합의 기본 개념을 설명하고, 칸토어가 제안한 소박한 집합론에서 발생하는 러셀의 패러독스와 이를 해결하기 위해 등장한 공리적 집합론에 대해서도 간단히 알아본다.

- 집합의 개념과 표현법
- 집합의 연산: 합집합, 교집합, 차집합, 여집합
- 집합족
- 러셀의 패러독스
- 공리적 집합론

3.1 집합의 개념과 표현법

집합에 대한 직관적인 개념은, 1870년대에 칸토어(Cantor)가 집합 이론을 도입하면서 아래와 같이 처음으로 정의하였다.

정의 3.1 집합(set)이란 직관이나 사고의 대상으로서, 명확하고 구별할 수 있는 것들의 모임이다. 집합을 이루는 각각의 것들을 원소(element)라 한다.

예 3.2 아래 모임들은 모두 집합이다.

(1) 이 교실에 있는 책상의 모임

(2) 우리 학과 학생들의 모임

(3) 문자 a, b, c, d 의 모임

(4) 우리나라 헌법 조항의 모임

(5) 제곱해서 2가 되는 유리수의 모임

(6) 모든 자연수의 모임

(7) 0과 1 사이에 있는 실수의 모임

앞으로 집합에 대한 설명을 간단히 하기 위해, 집합의 원소의 개수에 따라 아래와 같이 구분해서 부르기로 하자.

- 유한집합(finite set): 유한 개의 원소를 포함하는 집합
- 무한집합(infinite set): 유한집합이 아닌 집합

- 공집합(empty set): 원소가 하나도 없는 집합으로서 ϕ로 표시한다.
- 한원소 집합(singleton set): 원소가 하나인 집합

위 예에서 (1)부터 (5)까지의 집합은 유한집합이고 (6)과 (7)의 집합은 무한집합이다.

집합의 원소를 알 수 있을 때는 중괄호를 사용하여 원소들을 둘러싸서 집합을 나타낸다.
(3)의 집합은 $\{a, b, c, d\}$와 같이 나타낸다.
(6)의 경우는 $\{1, 2, 3, \dots\}$와 같이 나타낸다.
(5)는 ϕ이다.

집합을 나타낼 때는 보통 대문자 $A, B, \dots$ 등을 사용하고, 원소를 나타낼 때는 소문자를 사용한다. a가 집합 A의 원소일 때

$$a \in A$$

로 표시하고 "a는 집합 A에 속한다(belong)" 또는 "a는 집합 A의 원소(element)이다"라고 읽는다. a가 집합 A의 원소가 아닐 때

$$a \notin A$$

로 표시한다.

먼저 두 집합이 같다는 것, 즉 집합의 상등부터 정의하여 보자.

정 의 3.3 두 집합 A와 B의 원소가 모두 같을 때, A와 B는 상등(identical)이다 또는 같다(equal)고 한다. 즉, $A = B$가 참이라는 것은 명제

$$(\forall x)[x \in A \leftrightarrow x \in B]$$

가 참이 되는 것이다.

예 3.4 $\{a, a, b\} = \{a, b\}$, $\{a, b\} = \{b, a\}$

두 집합을 비교할 때 가장 중요한 경우는 어느 한 집합이 다른 집합에 완전히 포함될 때이다. 이럴 경우 부분집합이라 부르는데 엄밀한 정의를 아래와 같이 하기로 하자.

정 의 3.5

(1) 집합 A의 모든 원소가 집합 B에 속할 때, A를 B의 부분집합(subset)이라 하고, B를 A의 포함집합(superset)이라 한다. 논리식으로 정의하면,

$$A \subseteq B \equiv (\forall x)[(x \in A) \rightarrow (x \in B)].$$

즉, $A \subseteq B$가 참이라는 의미는 $(\forall x)[(x \in A) \rightarrow (x \in B)]$가 참이라는 의미이다.

(2) $A \subseteq B$이고 동시에 $A \neq B$일 때, A를 B의 진부분집합(proper subset)이라 하고, $A \subsetneqq B$ 혹은 $A \subsetneq B$로 표시한다.

참 고 3.6 위 두 정의로부터 $A = B \iff (A \subseteq B) \wedge (B \subseteq A)$임을 알 수 있다.

정 리 3.7 공집합은 모든 집합의 부분집합이다.

【증명】 A를 집합이라 하자. 부분집합의 정의에 의해

$$\phi \subseteq A \equiv (\forall x)[x \in \phi \rightarrow x \in A]$$

이다. 그런데 $x \in \phi$가 거짓이므로, 명제 $[x \in \phi \rightarrow x \in A]$는 항상 참이다. 따라서 $\phi \subseteq A$이다. □

예 **3.8** $3 \in \{3\}$, $\{3\} \subseteq \{3\}$, $\{3\} = \{3\}$, $\{3\} \subseteq \{3, 4\}$이 성립하고, $\phi = \phi$, $\phi \subseteq \phi$, $\phi \subseteq \{\phi\}$, $\phi \in \{\phi\}$이 성립한다. 그러나 $\{3\} \notin \{3\}$, $3 \not\subseteq \{3\}$이다.

정 리 **3.9** $A \subseteq B, B \subseteq C \Longrightarrow A \subseteq C$

【증명】 임의의 $x \in A$에 대해,

$x \in A \Longrightarrow x \in B \qquad (\because A \subseteq B)$

$x \in B \Longrightarrow x \in C \qquad (\because B \subseteq C)$

$\therefore x \in A \Longrightarrow x \in C \qquad$ ($\because$ 논리의 추이법칙)

따라서 정의에 의해 $A \subseteq C$이다. □

임의의 집합 A와, x에 관한 임의의 명제 $p(x)$가 있을 때, $p(x)$를 참으로 하는 A의 모든 원소 x를 모아 놓은 집합

$$\{x \in A \mid p(x)\}$$

가 존재한다. 실제로 이 규칙은 공리적 집합론에서는 공리로 받아들이며, 분류공리(axiom of specification)라 부른다. 이와 같이 집합을 나타내는 방법을 조건제시법(set builder form)이라 한다. 따라서 집합을 표현하는 방법에는 원소를 모두 표시해 주는 원소나열법(element listing notation)과 조건제시법 두 가지가 있다.

앞으로 다른 이야기가 없을 경우 아래와 같은 특별한 기호로 해당 집합을 표현하기로 하자.

$$\mathbb{N} = \{x \mid x\text{는 자연수}\} = \{1, 2, 3, \ldots\} \tag{3.1}$$

$$\mathbb{N}_e = \{x \mid x\text{는 짝수인 자연수}\} \tag{3.2}$$

$$\mathbb{N}_o = \{x \mid x\text{는 홀수인 자연수}\} \tag{3.3}$$

$$\mathbb{Z} = \{x \mid x\text{는 정수}\} \tag{3.4}$$

$$\mathbb{Q} = \{x \mid x\text{는 유리수}\} \tag{3.5}$$

$$\mathbb{Q}^c = \{x \mid x\text{는 무리수}\} \tag{3.6}$$

$$\mathbb{R} = \{x \mid x\text{는 실수}\} \tag{3.7}$$

$$\mathbb{R}^+ = \{x \in \mathbb{R} \mid x > 0\} \tag{3.8}$$

위 집합들 사이에 $\mathbb{N} \subseteq \mathbb{Z} \subseteq \mathbb{Q} \subseteq \mathbb{R}$와 같은 관계가 있다는 것을 쉽게 보일 수 있다.

정 의 3.10 A가 집합일 때 A의 부분집합을 모두 모아 놓은 집합을 멱집합(power set)이라 하고 $P(A)$로 나타낸다. 즉,

$$P(A) = \{B \mid B \subseteq A\}.$$

예 3.11 (1) $P(\{a\}) = \{\phi, \{a\}\}$

(2) $P(\{a, b\}) = \{\phi, \{a\}, \{b\}, \{a, b\}\}$

(3) $P(\phi) = \{\phi\}$

(4) $P(\{\phi\}) = \{\phi, \{\phi\}\}$

예 3.12 모든 집합 A에 대해 $\phi \in P(A)$이고 $A \in P(A)$이다.

예 3.13 (1) $B \subseteq A \iff B \in P(A)$

(2) $a \in A \iff \{a\} \subseteq A \iff \{a\} \in P(A)$

정 리 **3.14** 집합 A가 n개의 원소를 가지면 멱집합 $P(A)$는 2^n개의 원소를 가진다.

【증명】 A의 부분집합 중 원소가

$$\begin{array}{lcl} 0\text{개인 것} & : & {}_nC_0 \text{ 가지} \\ 1\text{개인 것} & : & {}_nC_1 \text{ 가지} \\ 2\text{개인 것} & : & {}_nC_2 \text{ 가지} \\ & \cdots & \\ n\text{개인 것} & : & {}_nC_n \text{ 가지} \end{array}$$

이므로 부분집합 전체의 개수는

$${}_nC_0 + {}_nC_1 + {}_nC_2 + \cdots + {}_nC_n = 2^n.$$

따라서 멱집합 $P(A)$의 원소의 개수는 2^n이다. □

연습문제 3.1

1. 다음 집합을 원소나열법으로 나타내어라.

   (a) $A = \{x \in \mathbb{N} \mid x < 5\}$

   (b) $B = \{x \in \mathbb{Z} \mid x^2 \leq 25\}$

   (c) $C = \{x \in \mathbb{Q} \mid 10x^2 + 3x - 1 = 0\}$

   (d) $D = \{x \in \mathbb{R} \mid x^3 + 1 = 0\}$

2. 다음 집합을 조건제시법으로 나타내어라.

   (a) $A = \{1, 2, 3\}$

   (b) $B = \{-1, -\frac{2}{3}, -\frac{1}{3}, 0\}$

(c) $C = \{1, 3, 5, 7, 9....\}$

(d) $D = \{1 - \sqrt{3}, 1 + \sqrt{3}\}$

3. $A = \{r, s, t, u, v, w\}$, $B = \{u, v, w, x, y, z\}$, $C = \{s, u, y, z\}$, $D = \{u, v\}$, $E = \{s, u\}$와 $F = \{s\}$이라 하고 X를 어떤 집합이라 하자. 다음 사실이 성립하는 집합 X를 A, B, C, D, E, F 중에서 찾아라.

   (a) $X \subseteq A \wedge X \subseteq B$

   (b) $X \not\subseteq B \wedge X \subseteq C$

   (c) $X \not\subseteq A \wedge X \not\subseteq C$

   (d) $X \subseteq B \wedge X \not\subseteq C$

4. 다음 명제가 참인지 거짓인지를 알아보아라. 만일 참이면 증명을 하고 거짓이면 반례를 들어라.

   (a) $x \in A$이고 $A \in B$이면 $x \in B$

   (b) $A \subseteq B$이고 $B \in C$이면 $A \in C$

   (c) $A \not\subseteq B$이고 $B \subseteq C$이면 $A \not\subseteq C$

   (d) $A \not\subseteq B$이고 $B \not\subseteq C$이면 $A \not\subseteq C$

   (e) $x \in A$이고 $A \not\subseteq B$이면 $x \notin B$

   (f) $A \subseteq B$이고 $x \notin B$이면 $x \notin A$

5. 집합을 원소로 가지는 집합의 보기를 세 개만 들어라.

6. 집합 $\{x, \{y, z\}\}$의 멱집합을 원소나열법으로 나타내어라. 그 멱집합의 원소의 개수는 얼마인가?

7. $[(A \subseteq B) \wedge (B \subseteq A)] \iff (A = B)$임을 증명하여라.

8. $(A \subseteq \phi) \Longrightarrow (A = \phi)$임을 보여라.

9. $A \subseteq B \iff P(A) \subseteq P(B)$임을 증명하여라.

10. 임의의 집합 A, B에 대하여 다음을 증명하거나 아니면 반례를 들어라.

    (a) $P(A) \cap P(B) = P(A \cap B)$

    (b) $P(A) \cup P(B) = P(A \cup B)$

11. 다음 사실이 성립함을 증명하여라.

    (a) $[(A \subsetneqq B) \wedge (B \subseteq C)] \Longrightarrow (A \subsetneqq C)$

    (b) $[(A \subseteq B) \wedge (B \subsetneqq C)] \Longrightarrow (A \subsetneqq C)$

12. 공집합에 대해서는 $\phi \subseteq \{\phi\}, \phi \in \{\phi\}$이 성립한다. $A \neq \phi$이면서 $A \subseteq B$와 $A \in B$가 동시에 성립하는 집합이 존재하는가? 만일 있다면 예를 들어라.

13. 원소가 n개인 주어진 집합에 대하여 r개의 원소를 지닌 부분집합의 개수는 $C(n, r)$임을 증명하여라.

14. 집합 A의 부분집합 B에 대하여 $P(A : B) = \{X \in P(A) \mid X \supseteq B\}$라 하자.

    (a) $A = \{a, b, c, d, e\}, B = \{a, b\}$ 일 때 집합 $P(A : B)$를 원소나열법으로 나타내어라. 그 원소의 개수는 얼마인가?

    (b) $P(A : \phi) = P(A)$임을 보여라.

    (c) 집합 A가 n개의 원소를 갖고 부분집합 B가 m개$(n \geq m)$의 원소를 가질 때 집합 $P(A : B)$의 원소의 개수를 구하여라.

3.2 합집합과 교집합

이 절에서는 이미 알고 있는 집합들에 대해 적당한 집합 연산을 하여 새로운 집합을 만드는 방법에 대해 알아본다.

정 의 3.15 두 집합 A와 B의 합집합(union)은

$$A \cup B = \{x \mid x \in A \vee x \in B\}$$

로 정의한다. 즉,

$$x \in A \cup B \quad \equiv \quad x \in A \vee x \in B$$

이다.

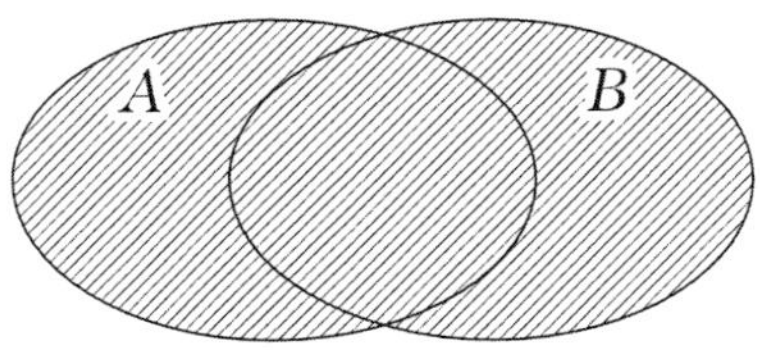

그림 1 $A \cup B$

예 제 3.16 다음 두 명제가 동치임을 보여라.

$$[x \in A \cup B] \equiv [x \notin A \rightarrow x \in B]$$

【풀이】

$$
\begin{aligned}
x \notin A \rightarrow x \in B \quad &\equiv \quad \sim (x \notin A) \vee x \in B & (3.9)\\
&\equiv \quad \sim [\sim (x \in A)] \vee x \in B & (3.10)\\
&\equiv \quad x \in A \vee x \in B & (3.11)\\
&\equiv \quad x \in A \cup B & (3.12)
\end{aligned}
$$

참 고 **3.17** 정리 3.9의 증명에서는 각 단계에 대해 이유를 표시하였지만, 앞으로는 이유를 표시하지 않으므로 증명의 각 단계마다 이유를 알아보면서 학습하기 바란다. 예를 들어 위 증명에서 식 (3.9)–(3.12)의 각 단계에 대해 이유를 말할 수 있어야 한다.

정 의 **3.18** 두 집합 A와 B의 교집합(intersection)은

$$A \cap B = \{x \mid x \in A \wedge x \in B\}$$

로 정의한다. 즉,

$$x \in A \cap B \quad \equiv \quad x \in A \wedge x \in B$$

이다. $A \cap B = \phi$일 때 집합 A와 B는 서로소(disjoint)라 한다.

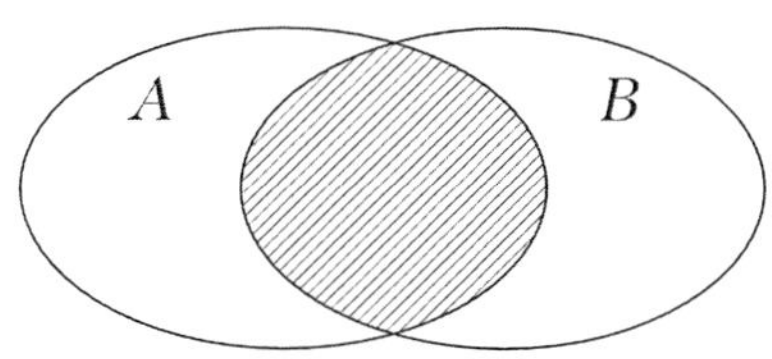

그림 2 $A \cap B$

예 **3.19** $A = \{1, 2, 3, 4\}$, $B = \{3, 4, 5\}$ 일 때,
$A \cup B = \{1, 2, 3, 4, 5\}$ 이고 $A \cap B = \{3, 4\}$ 이다.

예 **3.20** $U = \{x \mid x$는 지난 달 우리 정비소에 정비 의뢰한 자동차$\}$,
$H = \{x \in U \mid x$는 H회사 제조 자동차$\}$,
$K = \{x \in U \mid x$는 K회사 제조 자동차$\}$,
$S = \{x \in U \mid x$는 배기량 1500cc 미만의 소형 자동차$\}$ 라 하면
$H \cup K = \{x \in U \mid x$는 H회사 또는 K회사 제조 자동차$\}$,
$H \cap K = \phi$,
$H \cup S = \{x \in U \mid x$는 배기량 1500cc 미만의 소형차이거나
H회사 자동차$\}$,
$H \cap S = \{x \in U \mid x$는 배기량 1500cc 미만의 H회사 자동차$\}$ 가 된다.
특히 집합 H와 K는 서로소이다.

예를 들어 $x \in H \cap S$를 언어로 표시하면 "지난 달 우리 정비소에 정비 의뢰한 자동차 중 H회사에서 제조한 1500cc 미만의 소형 자동차"가 될 것이다. 이 둘을 비교해 볼 때 언어로 나타내면 복잡한 개념도 수학적 기호를 사용해 나타내면 간단히 나타낼 수 있다는 사실을 알 수 있다. 이와 같이 수학적 기호로 나타낼 경우 그들 사이의 관계를 파악하는 일이 훨씬 수월해진다.

예 **3.21**

(1) $\mathbb{N} \cup \mathbb{Z} = \mathbb{Z}$, $\mathbb{N} \cap \mathbb{Z} = \mathbb{N}$

(2) $\mathbb{Z} \cup \mathbb{Q} = \mathbb{Q}$, $\mathbb{Z} \cap \mathbb{Q} = \mathbb{Z}$

(3) $\mathbb{R} \cup \mathbb{Q} = \mathbb{R}$, $\mathbb{R} \cap \mathbb{Q} = \mathbb{Q}$

(4) $\mathbb{Q} \cup \mathbb{Q}^c = \mathbb{R}$, $\mathbb{Q} \cap \mathbb{Q}^c = \emptyset$

정 리 3.22 집합 A, B, C가 U의 부분집합일 때 다음 사실이 성립한다.

(1) 항등원(identity)

$A \cup \phi = A, \quad A \cap U = A$

(2) 멱등법칙(idempotent law)

$A \cup A = A, \quad A \cap A = A$

(3) 교환법칙(commutative law)

$A \cup B = B \cup A, \quad A \cap B = B \cap A$

(4) 결합법칙(associative law)

$A \cup (B \cup C) = (A \cup B) \cup C$

$A \cap (B \cap C) = (A \cap B) \cap C$

(5) 분배법칙(distributive law)

$A \cap (B \cup C) = (A \cap B) \cup (A \cap C)$

$A \cup (B \cap C) = (A \cup B) \cap (A \cup C)$

【증명】 (1)

$$A \cup \phi = \{x \mid x \in A \vee x \in \phi\} \tag{3.13}$$
$$= \{x \mid x \in A\} \tag{3.14}$$
$$= A \tag{3.15}$$

(2)

$$A \cup A = \{x \mid x \in A \vee x \in A\} \tag{3.16}$$
$$= \{x \mid x \in A\} \tag{3.17}$$
$$= A \tag{3.18}$$

(3), (4), (5) 생략

(5)의 관계를 벤 다이어그램으로 표시하면 아래와 같다.

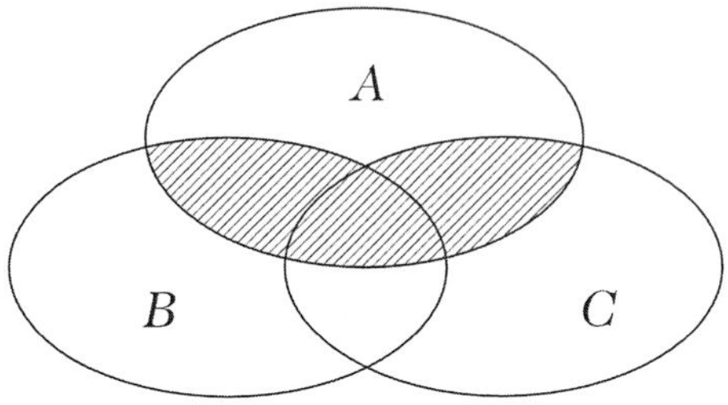

그림 3

□

연습문제 3.2

1. 정리 3.22를 증명하여라.

2. $A \subseteq B \iff A \cup B = B$임을 증명하여라.

3. $A \subseteq B \iff A \cap B = A$임을 증명하여라.

4. 다음을 증명하여라.

   (a) $(A \subseteq C) \wedge (B \subseteq C) \Longrightarrow (A \cup B) \subseteq C$.

   (b) $(A \subseteq B) \wedge (A \subseteq C) \Longrightarrow A \subseteq (B \cap C)$.

5. $(A \cap B) \cup C = A \cap (B \cup C) \iff C \subseteq A$임을 증명하여라.

6. $A \cup B = A \cap B \iff A = B$ 임을 증명하여라.

7. (a) $A \cap B = A \cap C$이면 $B = C$가 성립하는지 알아보아라.

   (b) $A \cup B = A \cup C$이면 $B = C$가 성립하는지 알아보아라.

8. 위 문제에서 $A \cap B = A \cap C$가 모든 집합 A에 대해 성립한다고 하자. 그러면 $B = C$임을 보여라.

9. 임의의 집합 C에 대하여 $A \subseteq B$ 이면 $A \cup C \subseteq B \cup C$이고, $A \cap C \subseteq B \cap C$ 이 됨을 증명하여라.

10. $A \subseteq C$이고 $B \subseteq D$ 이면 $A \cup B \subseteq C \cup D$임을 증명하여라.

11. $A \cup B = M \cup N$, $A \cap N = \phi$, $B \cap M = \phi$이면 $A = M$, $B = N$ 임을 증명하여라.

12. 정수 전체의 집합을 $\mathbb{Z}$, 양의 정수 전체의 집합을 $\mathbb{N}$으로 나타낼 때

    $A = \{\frac{a}{b} \mid a \in \mathbb{Z},\ b \in \mathbb{N},\ m \in \mathbb{N},\ n \in \mathbb{N},\ 2 \nmid a,\ 5 \nmid a,\ b = 2^m 5^n\}$

    는 어떤 집합을 나타내는가? 여기서 $b \nmid a$ 는 a가 b로 나누어 떨어지지 않음을 나타낸다.

3.3 차집합

집합에는 차집합이라는 연산이 있는데, 이 연산은 실수의 뺄셈과 비슷한 성질을 갖는다.

정의 3.23 집합

$$A - B = \{x \mid x \in A \wedge x \notin B\} = \{x \in A \mid x \notin B\}$$

를 집합 A에서 B를 뺀 차집합(difference)이라 한다. 어떤 전체 집합 U가 있을 때, $U - A$를 집합 A의 여집합(complement)이라 하고 A' 또는 A^c로 나타낸다.

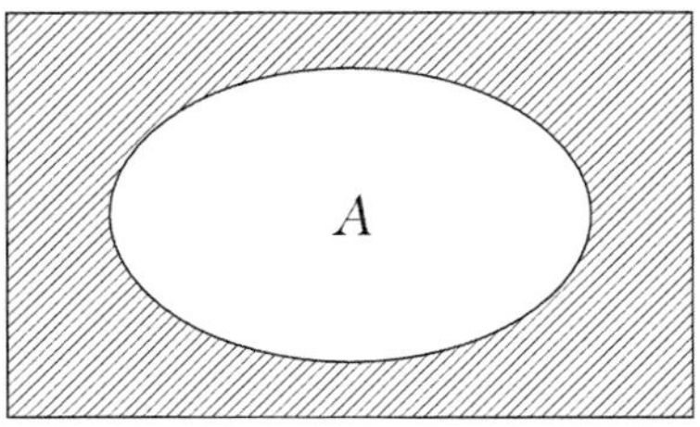

그림 4 A^c

예 3.24 $U = \{x \mid x$는 지난 달에 우리 정비소에 정비 의뢰한 자동차$\}$,
$H = \{x \in U \mid x$는 H회사 제조 자동차$\}$,
$S = \{x \in U \mid x$는 배기량 1500cc 미만의 소형 자동차$\}$라 하면
$H - S = \{x \in U \mid x$는 H회사 제조 자동차 중 배기량 1500cc 이상의 자동차$\}$,
$S - H = \{x \in U \mid x$는 배기량 1500cc 미만의 H회사 제품이 아닌 자동차$\}$,
$H^c = \{x \in U \mid x$는 H회사 제품이 아닌 자동차$\}$,
$S^c = \{x \in U \mid x$는 배기량 1500cc 이상의 자동차$\}$가 된다.

예 제 **3.25** $A - B = A \cap B^c$임을 보여라.

【풀이】

$$A - B = \{x \mid x \in A \wedge x \notin B\} \quad (3.19)$$
$$= \{x \mid x \in A \wedge x \in B^c\} \quad (3.20)$$
$$= A \cap B^c \quad (3.21)$$

정 리 **3.26** (1) $(A^c)^c = A$
(2) $\phi^c = U, \quad U^c = \phi$
(3) $A \cap A^c = \phi, \quad A \cup A^c = U$
(4) $A \subseteq B \iff B^c \subseteq A^c$

【증명】 (1)과 (2)는 정의에 의해 성립한다.

(3) 분명히 $\phi \subseteq A \cap A^c$이다. 이제 $A \cap A^c \subseteq \phi$을 보이면 된다.

$$x \in A \cap A^c \implies x \in A \wedge x \in A^c \quad (3.22)$$
$$\implies x \in A \wedge x \notin A \quad (3.23)$$
$$\implies x \in \phi \quad (3.24)$$

전건부의 명제 (3.23)이 모순이므로 후건부의 명제 (3.24)가 성립한다.
(4)

$$A \subseteq B \equiv [x \in A \rightarrow x \in B] \quad (3.25)$$
$$\equiv [x \notin B \rightarrow x \notin A] \quad (3.26)$$
$$\equiv [x \in B^c \rightarrow x \in A^c] \quad (3.27)$$
$$\equiv B^c \subseteq A^c \quad (3.28)$$

□

정 리 3.27 [드모르간 정리(De Morgan's Theorem)]

(1) $(A \cup B)^c = A^c \cap B^c$

(2) $(A \cap B)^c = A^c \cup B^c$

【증명】 (1)

$$\begin{aligned} x \in (A \cup B)^c &\equiv \sim [x \in A \cup B] && (3.29)\\ &\equiv \sim [x \in A \vee x \in B] && (3.30)\\ &\equiv \sim (x \in A) \wedge \sim (x \in B) && (3.31)\\ &\equiv x \in A^c \wedge x \in B^c && (3.32)\\ &\equiv x \in (A^c \cap B^c) && (3.33) \end{aligned}$$

그러므로 $(A \cup B)^c = A^c \cap B^c$.
(2) 연습문제. □

예 3.28 $U = \{x \mid x$는 지난 달 우리 정비소에서 정비한 자동차$\}$,
$H = \{x \in U \mid x$는 H회사 제조 자동차$\}$,
$S = \{x \in U \mid x$는 배기량 1500cc 미만의 소형 자동차$\}$ 라 하면
$(H \cup S)^c = \{x \in U \mid x$는 소형 자동차이거나 H회사 제조 자동차$\}^c$
의 집합의 의미를 곧장 알아보기 힘들지만
$H^c = \{x \in U \mid x$는 H회사 제품이 아닌 자동차$\}$,
$S^c = \{x \in U \mid x$는 배기량 1500cc 이상의 자동차$\}$.
따라서 드모르간 법칙에 의해

$$\begin{aligned} (H \cup S)^c &= H^c \cap S^c\\ &= \{x \in U \mid x\text{는 배기량 1500cc 이상의 H사 제품이 아닌 자동차}\} \end{aligned}$$

가 되어 의미를 금방 파악하게 된다.

예 제 **3.29** $A \cap (B - C) = (A \cap B) - (A \cap C)$ 임을 보여라.

【풀이】

$$
\begin{aligned}
(A \cap B) - (A \cap C) &= (A \cap B) \cap (A \cap C)^c && (3.34)\\
&= (A \cap B) \cap (A^c \cup C^c) && (3.35)\\
&= [(A \cap B) \cap A^c] \cup [(A \cap B) \cap C^c] && (3.36)\\
&= [A \cap (B \cap A^c)] \cup [A \cap (B \cap C^c)] && (3.37)\\
&= [A \cap (A^c \cap B)] \cup [A \cap (B \cap C^c)] && (3.38)\\
&= [(A \cap A^c) \cap B] \cup [A \cap (B \cap C^c)] && (3.39)\\
&= [\phi \cap B] \cup [A \cap (B \cap C^c)] && (3.40)\\
&= \phi \cup [A \cap (B \cap C^c)] && (3.41)\\
&= A \cap (B \cap C^c) && (3.42)\\
&= A \cap (B - C) && (3.43)
\end{aligned}
$$

예 제 **3.30** $P(A \cap B) \subseteq P(A \cup B)$ 임을 보여라.

【풀이】

$$
\begin{aligned}
X \in P(A \cap B) &\Longrightarrow X \subseteq (A \cap B) && (3.44)\\
&\Longrightarrow X \subseteq A && (3.45)\\
&\Longrightarrow X \subseteq (A \cup B) && (3.46)\\
&\Longrightarrow X \in P(A \cup B) && (3.47)
\end{aligned}
$$

따라서, $P(A \cap B) \subseteq P(A \cup B)$ 이다.

연습문제 3.3

1. 정리 3.27의 (2)를 증명하여라.

2. $A - A = \phi$임을 증명하여라.

3. $A - \phi = A$임을 증명하여라.

4. 모든 집합 A에 대해 $A \neq A^c$임을 증명하여라.

5. 임의의 집합 A, B에 대하여 $A - B = A - (B \cap A)$임을 증명하여라.

6. 임의의 집합 A, B에 대하여 $A \subseteq B^c \iff B \subseteq A^c$임을 증명하여라.

7. 임의의 집합 A, B에 대하여 $A \subseteq B^c \iff A \cap B = \phi$임을 증명하여라.

8. 임의의 집합 A, B에 대하여 $B \subseteq A \iff (A - B) \cup B = A$임을 증명하여라.

9. 임의의 두 집합 A, B에 대하여 A와 $B - A$는 서로소이고, $A \cup B = A \cup (B - A)$임을 증명하여라.

10. $(A \cup B) - (A \cap B) = \phi \iff A = B$임을 증명하여라.

11. 임의의 두 집합 A, B에 대하여 다음 사실이 성립함을 증명하여라.

    $(A - B) \cup (B - A) = (A \cup B) - (A \cap B)$

12. 임의의 세 집합 A, B, C에 대하여 다음 사실이 성립함을 증명하여라.

    (a) $(A - C) \cup (B - C) = (A \cup B) - C$

    (b) $(A - C) \cap (B - C) = (A \cap B) - C$

13. $A - (B - C) = (A - B) \cup C$가 성립하는지 알아보아라.

14. 임의의 세 집합 A, B, C에 대하여 다음 사실이 성립함을 증명하여라.

    (a) $(A \cap B \cap C)^c = A^c \cup B^c \cup C^c$

(b) $(A \cup B \cup C)^c = A^c \cap B^c \cap C^c$

(c) 이 결과를 n개의 집합에 대해 일반화 하여라.

15. 세 집합 A, B, C에 대하여 $A \subseteq C,\ B \subseteq C,\ A \cup B = C,\ A \cap B = \phi$이면 $A = C - B$임을 증명하여라.

16. $A - B = M - N$ 이면 $A \cup N = B \cup M$이라 할 수 있는가?

17. $A \subseteq B \subseteq C \Longrightarrow (C - B) \cup (B - A) = C - A$임을 밝혀라.

18. $A \cup B$는 서로소인 두 개의 집합 A와 $A^c \cap B$의 합집합으로 표현할 수가 있다. 세 개의 합집합 $A \cup B \cup C$에 대해서 어떻게 나타나는가? n개이면 어떻게 되는가?

19. $A \cup B \neq \phi \Longrightarrow [A \neq \phi$ 또는 $B \neq \phi]$을 증명하여라.

20. $A \cap B \neq \phi \Longrightarrow [A \neq \phi$ 그리고 $B \neq \phi]$을 증명하여라.

3.4 집합족

집합들을 모아 놓은 모임을 집합족(family of sets)이라 부르는데, 집합족은 원소가 같아도 각각을 모두 원소로 보는 모임이다. 예를 들어 집합족 $\{A, A, A\}$는 원소가 세 개인 모임을 뜻하지만 집합 $\{A, A, A\}$는 원소가 같으므로 한 개의 원소인 집합 $\{A\}$를 뜻한다.

집합족을 효과적으로 다루기 위해서는 원소들의 특징을 이용해서 첨수집합족으로 표현할 필요가 있다.

정 의 3.31 집합 Γ의 각 원소 $\gamma \in \Gamma$에 대해 집합 A_γ가 대응될 때, 모든 A_γ를 모아 놓은 집합족

$$\{A_\gamma \mid \gamma \in \Gamma\}$$

을 Γ에 의해 첨수가 매겨진 첨수집합족(indexed family of sets)이라 한다. Γ의 각 원소 γ를 첨수(index), 집합 Γ를 첨수집합(index set)이라 한다.

예 3.32 $\phi, \mathbb{N}, \mathbb{Z}, \mathbb{Q}, \mathbb{R}, \mathbb{R}$의 집합족 $\mathcal{F}$에 대해 첨수(index)를 붙여보자. $\mathcal{F} = \{\phi, \mathbb{N}, \mathbb{Z}, \mathbb{Q}, \mathbb{R}, \mathbb{R}\}$, $\Gamma = \{1, 2, 3, 4, 5, 6\}$이라 놓고 $f : \Gamma \to \mathcal{F}$를 아래와 같은 함수로 정의하자.

$$\begin{aligned} f(1) &= \phi = A_1, \\ f(2) &= \mathbb{N} = A_2, \\ f(3) &= \mathbb{Z} = A_3, \\ f(4) &= \mathbb{Q} = A_4, \\ f(5) &= \mathbb{R} = A_5, \\ f(6) &= \mathbb{R} = A_6. \end{aligned}$$

그러면 $\mathcal{F}$는 $\{A_1, A_2, A_3, A_4, A_5, A_6\}$와 같이 첨수집합족으로 나타낼 수 있다.

정 의 **3.33** 집합족 $\mathcal{F}$에 대한 합집합(union)과 교집합(intersection)은 아래와 같이 정의한다.

$$\bigcup \mathcal{F} = \bigcup \{A \mid A \in \mathcal{F}\} = \bigcup_{A \in \mathcal{F}} A = \{x \mid \exists A \in \mathcal{F}, x \in A\},$$

$$\bigcap \mathcal{F} = \bigcap \{A \mid A \in \mathcal{F}\} = \bigcap_{A \in \mathcal{F}} A = \{x \mid \forall A \in \mathcal{F}, x \in A\}.$$

참 고 **3.34** $\mathcal{F}$가 첨수집합족일 경우 아래와 같이 쓸 수 있다.

$$\bigcup \mathcal{F} = \bigcup_{\gamma \in \Gamma} A_\gamma = \bigcup \{A_\gamma \mid \gamma \in \Gamma\} = \{x \mid \exists \gamma \in \Gamma, x \in A_\gamma\},$$

$$\bigcap \mathcal{F} = \bigcap_{\gamma \in \Gamma} A_\gamma = \bigcap \{A_\gamma \mid \gamma \in \Gamma\} = \{x \mid \forall \gamma \in \Gamma, x \in A_\gamma\}.$$

참 고 **3.35** $\Gamma = \{1, 2, \ldots, n\}$과 같이 첨수집합이 유한집합일 경우는

$$\bigcup_{\gamma \in \Gamma} A_\gamma = \bigcup_{i=1}^{n} A_i = A_1 \cup A_2 \cup \cdots \cup A_n, \tag{3.48}$$

$$\bigcap_{\gamma \in \Gamma} A_\gamma = \bigcap_{i=1}^{n} A_i = A_1 \cap A_2 \cap \cdots \cap A_n \tag{3.49}$$

으로 간단히 나타낸다. 즉,

$$x \in \bigcup_{\gamma \in \Gamma} A_\gamma \iff \exists \gamma \in \Gamma, x \in A_\gamma,$$

$$x \in \bigcap_{\gamma \in \Gamma} A_\gamma \iff \forall \gamma \in \Gamma, x \in A_\gamma.$$

예 3.36 $\mathcal{F} = \{A, B, C\}$이고
$A = \{1,2,3\}, B = \{1,3,4\}, C = \{1,2,4\}$라 하면,
$\bigcup \mathcal{F} = \bigcup_{F \in \mathcal{F}} F = \{1,2,3,4\}$이고, $\bigcap \mathcal{F} = \bigcap_{F \in \mathcal{F}} F = \{1\}$이다.

예 3.37 $F = \{1,2,3,4\}$이고 $A_1 = \{1,2,3,4\}, A_2 = \{1,2,4,6,8\}$,
$A_3 = \{1,3,6,9\}, A_4 = \{1,4,8\}$이라 하면,
$\bigcup_{i \in F} A_i = \bigcup_{i=1}^{4} A_i = \{1,2,3,4,6,8,9\}$이고
$\bigcap_{i \in F} A_i = \bigcap_{i=1}^{4} A_i = \{1\}$이다.

예 3.38 $\bigcup\{A, B\} = A \cup B$,
$\bigcup\{A, B, C\} = A \cup B \cup C$,
$\bigcup\{\{a,b,c\},\{c,d,e\}\} = \{a,b,c\} \cup \{c,d,e\} = \{a,b,c,d,e\}$이다.
마찬가지로,
$\bigcap\{A, B\} = A \cap B$,
$\bigcap\{A, B, C\} = A \cap B \cap C$,
$\bigcap\{\{a,b,c\},\{c,d,e\}\} = \{a,b,c\} \cap \{c,d,e\} = \{c\}$이다.

예 3.39 $\bigcup\{A_1, A_2, \ldots, A_n\} = A_1 \cup A_2 \cup \cdots \cup A_n$,
$\bigcup\{A\} = A$,
$\bigcup\{\ \} = \bigcup \phi = \phi$이다. (자세한 증명은 정리 3.47 참조)
또한,
$\bigcap\{A_1, A_2, \ldots, A_n\} = A_1 \cap A_2 \cap \cdots \cap A_n$,
$\bigcap\{A\} = A$,
$\bigcap\{\ \} = \bigcap \phi = U$이다. (여기서 U는 전체집합, 자세한 증명은 정리 3.47 참조)

예 3.40 모든 집합 A에 대해
$A = \bigcup\{\{a\} \mid a \in A\} = \bigcup_{a \in A}\{a\}$이고,
$A = \bigcup\{B \mid B \in P(A)\} = \bigcup_{B \in P(A)} B = \bigcup P(A)$이다.

예 **3.41** $\bigcup P(\phi) = \bigcup\{\phi\} = \phi$,
$\bigcup P(P(\phi)) = \bigcup\{\phi, \{\phi\}\} = \phi \cup \{\phi\} = \{\phi\}$,
$\bigcup P(P(P(\phi))) = \bigcup\{\phi, \{\phi\}, \{\{\phi\}\}, \{\phi, \{\phi\}\}\}$
$= \phi \cup \{\phi\} \cup \{\{\phi\}\} \cup \{\phi, \{\phi\}\} = \{\phi, \{\phi\}\}$.

첨수를 사용해서 집합들을 표현할 경우에는, 아래 예들과 같이 집합족의 합집합이나 교집합을 쉽게 구할 수 있다.

예 **3.42** $F = \{1, 2, \ldots, n\}$이고, 모든 $i \in F$에 대해

$$A_i = \{x \in \mathbb{R} \mid 1 \leq x \leq 1 + \frac{1}{i}\}$$

이라 하자. 그러면 $\bigcup_{i \in F} A_i = \bigcup_{i=1}^{n} A_i = A_1$이고, $\bigcap_{i \in F} A_i = \bigcap_{i=1}^{n} A_i = A_n$이다.

예 **3.43** 모든 $n \in \mathbb{N} = \{1, 2, 3, \ldots\}$에 대해

$$A_n = \{x \in \mathbb{R} \mid -n \leq x \leq n\}$$

이라 하자. 그러면 $\bigcup_{n \in \mathbb{N}} A_n = \bigcup_{n=1}^{\infty} A_n = \mathbb{R}$이고, $\bigcap_{n \in \mathbb{N}} A_n = \bigcap_{n=1}^{\infty} A_n = A_1 = [-1, 1]$이다.

예 **3.44** 모든 자연수 $n \in \mathbb{N}$에 대해, $A_n = [n, \infty)$이라 하면 $\bigcup_{n \in \mathbb{N}} A_n = [1, \infty)$이고, $\bigcap_{n \in \mathbb{N}} A_n = \phi$이다.

예 **3.45** 모든 양의 실수 $r \in \mathbb{R}^+$에 대해,

$$A_r = \{x \in \mathbb{R} \mid -r \leq x \leq r\}$$

이라 하자. 그러면 $\bigcup_{r \in \mathbb{R}^+} A_r = \mathbb{R}$이고, $\bigcap_{r \in \mathbb{R}^+} A_r = \{0\}$이다.

예 제 **3.46** 아래 개구간들의 교집합을 구하여라.

$$(0,1),(0,\frac{1}{2}),(0,\frac{1}{3}),\dots$$

【풀이】 $\mathbb{N}=\{1,2,3,4,\dots\}$, $A_n=(0,\frac{1}{n})$놓으면 주어진 집합족은 $\{A_n \mid n\in\mathbb{N}\}$가 된다. 따라서 $\bigcap_{n\in\mathbb{N}} A_n=\bigcap_{n=1}^{\infty} A_n=\phi$이다.

> ($\because$) 공집합이 아니라고 가정하면 집합 $\bigcap_{n\in\mathbb{N}}(0,\frac{1}{n})$에 속하는 x가 존재한다. 그러면 $\forall n\in\mathbb{N},\ x\in(0,\frac{1}{n})$. 따라서 $\forall n\in\mathbb{N},\ 0<x<\frac{1}{n}$. 이것은 모순이다. 따라서 $\bigcap_{n=1}^{\infty}(0,\frac{1}{n})=\phi$이다.

정 리 **3.47** 집합족 $\{A_\gamma \mid \gamma\in\phi\}$에 대해 다음 사실이 성립한다.

(1) $\bigcup_{\gamma\in\phi} A_\gamma=\phi$

(2) $\bigcap_{\gamma\in\phi} A_\gamma=U$

【증명】 (1)

$$\begin{aligned} x\notin\bigcup_{\gamma\in\phi} A_\gamma &\equiv\ \sim[x\in\bigcup_{\gamma\in\phi} A_\gamma] \\ &\equiv\ \sim[(\exists\gamma\in\phi)(x\in A_\gamma)] \\ &\equiv (\forall\gamma\in\phi)(x\notin A_\gamma) \\ &\equiv [\gamma\in\phi\to x\notin A_\gamma] \quad (\because \text{참고 } 1.49) \end{aligned}$$

전건부가 거짓이므로 마지막 명제는 항상 참이 된다. 따라서 모든 $x\in U$에 대해, $x\notin\bigcup_{\gamma\in\phi} A_\gamma$이다. 그러므로 $\bigcup_{\gamma\in\phi} A_\gamma=\phi$이다.

(2)

$$\begin{aligned} x\in\bigcap_{\gamma\in\phi} A_\gamma &\equiv [\forall\gamma\in\phi,\ x\in A_\gamma] \\ &\equiv [\gamma\in\phi\to x\in A_\gamma] \quad (\because \text{참고 } 1.49) \end{aligned}$$

전건부가 거짓이므로 마지막 명제는 항상 참이 된다. 따라서 $x \in U$에 대해, $x \in \bigcap_{\gamma\in\phi} A_\gamma$이다. 그러므로 $\bigcap_{\gamma\in\phi} A_\gamma = U$. □

예 제 3.48 $\{A_i\}_{i\in I}$를 첨수 집합족이라 할 때 다음 사실이 성립함을 보여라.

(1) $A_i \subseteq B,\ \forall i \in I \Longrightarrow \bigcup_{i\in I} A_i \subseteq B$.

(2) $B \subseteq A_i,\ \forall i \in I \Longrightarrow B \subseteq \bigcap_{i\in I} A_i$.

【풀이】 (1) $x \in \bigcup_{i\in I} A_i \Longrightarrow [\exists j \in I, x \in A_j] \Longrightarrow x \in B \quad (\because A_j \subseteq B)$. 그러므로 $\bigcup_{i\in I} A_i \subseteq B$.

(2) 생략

정 리 3.49 [드모르간 정리(De Morgan's Theorem)]

$\{A_\gamma \mid \gamma \in \Gamma\}$가 집합족일 때 아래 사실이 성립한다.

(1) $(\bigcup_{\gamma\in\Gamma} A_\gamma)^c = \bigcap_{\gamma\in\Gamma}(A_\gamma)^c$

(2) $(\bigcap_{\gamma\in\Gamma} A_\gamma)^c = \bigcup_{\gamma\in\Gamma}(A_\gamma)^c$

【증명】

(1)
$$x \in (\bigcup_{\gamma\in\Gamma} A_\gamma)^c \equiv x \notin \bigcup_{\gamma\in\Gamma} A_\gamma \tag{3.50}$$
$$\equiv \sim [x \in \bigcup_{\gamma\in\Gamma} A_\gamma] \tag{3.51}$$
$$\equiv \sim [(\exists \gamma \in \Gamma)(x \in A_\gamma)] \tag{3.52}$$
$$\equiv (\forall \gamma \in \Gamma)(x \notin A_\gamma) \tag{3.53}$$
$$\equiv (\forall \gamma \in \Gamma)(x \in A_\gamma^c) \tag{3.54}$$
$$\equiv x \in \bigcap_{\gamma\in\Gamma} A_\gamma^c \tag{3.55}$$

$$
\begin{aligned}
(2) \qquad x \in (\bigcap_{\gamma \in \Gamma} A_\gamma)^c &\equiv x \notin \bigcap_{\gamma\in\Gamma} A_\gamma && (3.56)\\
&\equiv \sim [x \in \bigcap_{\gamma \in \Gamma} A_\gamma] && (3.57)\\
&\equiv \sim [(\forall \gamma \in \Gamma)(x \in A_\gamma)] && (3.58)\\
&\equiv (\exists \gamma \in \Gamma)(x \notin A_\gamma) && (3.59)\\
&\equiv (\exists \gamma \in \Gamma)(x \in {A_\gamma}^c) && (3.60)\\
&\equiv x \in \bigcup_{\gamma\in\Gamma} {A_\gamma}^c && (3.61)
\end{aligned}
$$

□

정리 3.50 [분배법칙(distributive law)]
$\mathcal{F} = \{B_\gamma \mid \gamma \in \Gamma\}$가 집합족일 때 아래 사실이 성립한다.

(1) $A \cap (\bigcup_{\gamma\in\Gamma} B_\gamma) = \bigcup_{\gamma\in\Gamma}(A \cap B_\gamma)$

(2) $A \cup (\bigcap_{\gamma\in\Gamma} B_\gamma) = \bigcap_{\gamma\in\Gamma}(A \cup B_\gamma)$

【증명】

$$
\begin{aligned}
(1) \quad x \in A \cap (\bigcup_{\gamma\in\Gamma} B_\gamma) &\equiv (x \in A) \wedge (x \in \bigcup_{\gamma\in\Gamma} B_\gamma) && (3.62)\\
&\equiv (x \in A) \wedge (\exists \gamma \in \Gamma, x \in B_\gamma) && (3.63)\\
&\equiv (\exists \gamma \in \Gamma)(x \in A \wedge x \in B_\gamma) && (3.64)\\
&\equiv (\exists \gamma \in \Gamma)(x \in A \cap B_\gamma) && (3.65)\\
&\equiv x \in \bigcup_{\gamma\in\Gamma}(A \cap B_\gamma) && (3.66)
\end{aligned}
$$

(2) 연습문제. □

다음 예제의 증명에서 정리 1.51의 의미를 확인할 수 있다.

예 제 **3.51** 다음 두 명제가 동치임을 보여라.

$$\left[x \in A \cup (\bigcup_{\gamma\in\Gamma} B_\gamma)\right] \equiv \left[x \notin (\bigcup_{\gamma\in\Gamma} B_\gamma) \to x \in A\right]$$

【풀이】

$$\begin{aligned}
x \notin (\bigcup_{\gamma\in\Gamma} B_\gamma) \to x \in A &\equiv \sim [(\exists\gamma)(x \in B_\gamma)] \to x \in A \\
&\equiv [(\forall\gamma)(x \notin B_\gamma)] \to x \in A \\
&\equiv (\exists\gamma)[x \notin B_\gamma \to x \in A] \quad (\because \text{정리 } 1.51) \\
&\equiv (\exists\gamma)[x \in B_\gamma \vee x \in A] \\
&\equiv (\exists\gamma)[x \in B_\gamma \cup A] \\
&\equiv x \in \bigcup_{\gamma\in\Gamma}(B_\gamma \cup A) \\
&\equiv x \in (\bigcup_{\gamma\in\Gamma} B_\gamma) \cup A \quad (\because \text{연습문제}) \\
&\equiv x \in A \cup (\bigcup_{\gamma\in\Gamma} B_\gamma)
\end{aligned}$$

참 고 **3.52** 위 정리에 의하면 어떤 원소 x가 $A \cup (\bigcup_{\gamma\in\Gamma} B_\gamma)$에 속한다는 것을 보일 때, $x \notin \bigcup_{\gamma\in\Gamma} B_\gamma$이면 x는 A에 속한다는 것을 보이는 것과 같다. 참고로 위 증명은 예제 3.16을 사용해서 간단히 보일 수도 있다.

연습문제 3.4

1. $\Gamma = \{1,2,3,4\}$, $A_1 = \{a,b,c,d\}$, $A_2 = \{b,c,d\}$, $A_3 = \{a,b,c\}$, $A_4 = \{a,b\}$에 대하여 다음을 구하여라.

   (a) $\bigcup_{i=1}^{4} A_i$

   (b) $\bigcap_{i=1}^{4} A_i$

2. 임의의 두 실수 a, b에 대하여 폐구간 $[a, b]$는 집합 $\{x \in \mathbb{R} \mid a \leq x \leq b\}$을 뜻한다. 여기서 $a > b$ 이면 $[a, b] = \phi$ 으로 정한다. 다음 집합을 구하여라.

   (a) $\bigcap_{n \in \mathbb{N}} [0, \frac{1}{n}]$

   (b) $\bigcup_{n \in \mathbb{N}} [0, \frac{1}{n}]$

   (c) $\bigcap_{n=1}^{99} [0, \frac{1}{n}]$

   (d) $\bigcup_{n=1}^{99} [0, \frac{1}{n}]$

3. $A_n = \{x \in \mathbb{R} \mid 1 \leq x \leq 1 + \frac{1}{n}\}$이고 $F = \{1, 2, \cdots, p\}$일 때 아래 집합을 구하여라.

   (a) $\bigcup_{i \in F} A_i$

   (b) $\bigcap_{i \in F} A_i$

4. $A_n = \{x \in \mathbb{R} \mid n \leq x\}$일 때 아래 집합을 구하여라.

   (a) $\bigcup_{i=1}^{n} A_i$

   (b) $\bigcap_{i=1}^{n} A_i$

   (c) $\bigcup_{i=1}^{\infty} A_i$

   (d) $\bigcap_{i=1}^{\infty} A_i$

5. $A_r = \{x \in \mathbb{R} \mid r \leq x\}$일 때 아래 집합을 구하여라.

   (a) $\bigcup_{r \in \mathbb{R}} A_r$

   (b) $\bigcap_{r \in \mathbb{R}} A_r$

6. $A_2 = \{0, 2, 4, 6, \cdots\}$,
   $A_3 = \{0, 3, 6, 9, \cdots\}$,
   $\cdots$
   $A_n = \{0, n, 2n, 3n, \cdots\}$일 때 아래 집합을 구하여라.

(a) $A_2 \cap A_3$

(b) $A_5 \cap A_6$

(c) $\bigcup_{i=1}^{\infty} A_i$

(d) $\bigcap_{i=1}^{\infty} A_i$

7. $A_1 = \{1,2,3,4\}, A_2 = \{1,2,4,6,8\}, A_3 = \{1,3,6,9\}, A_4 = \{1,4,8\}$이고 $I = \{1,2,3\},\ J = \{3,4\}$일 때 , $\bigcap_{i\in I\cup J} A_i$와 $\bigcup_{i\in I\cap J} A_i$를 구하여라.

8. 다음 (a)는 교집합들의 합집합으로, (b)는 합집합들의 교집합으로 각각 전개하여라.

(a) $(A_1 \cup A_2) \cap (B_1 \cup B_2 \cup B_3)$

(b) $(A_1 \cap A_2) \cup (B_1 \cap B_2 \cap B_3)$

9. 예제 3.51의 증명 과정 중에서

$$\bigcup_{\gamma\in\Gamma}(B_\gamma \cup A) \equiv (\bigcup_{\gamma\in\Gamma} B_\gamma) \cup A$$

을 직접 보여라.

10. 다음 (a)는 교집합들의 합집합으로, (b)는 합집합들의 교집합으로 각각 전개하여라.

(a) $(\bigcup_{i=1}^{m} A_i) \cap (\bigcup_{j=1}^{n} B_j)$

(b) $(\bigcap_{i=1}^{m} A_i) \cup (\bigcap_{j=1}^{n} B_j)$

11. 임의의 두 집합족 $\{A_\gamma \mid \gamma \in \Gamma\}$와 $\{B_\delta \mid \delta \in \Delta\}$에 대하여 다음 (a)는 교집합들의 합집합으로 (b)는 합집합들의 교집합으로 각각 전개하여라.

(a) $(\bigcup_{\gamma\in\Gamma} A_\gamma) \cap (\bigcup_{\delta\in\Delta} B_\delta)$

(b) $(\bigcap_{\gamma\in\Gamma} A_\gamma) \cup (\bigcap_{\delta\in\Delta} B_\delta)$

12. 모든 $n \in \mathbb{N}$에 대해 $A_n \subsetneq B_n$일 때 아래 사실이 성립하는지 알아보아라.

(a) $(\bigcup_{i\in\mathbb{N}} A_i) \subsetneq (\bigcup_{j\in\mathbb{N}} B_j)$

(b) $(\bigcap_{i\in\mathbb{N}} A_i) \subsetneq (\bigcap_{j\in\mathbb{N}} B_j)$

13. 모든 $n \in \mathbb{N}$에 대해 $A_n \neq \phi$, $A_n \supseteq A_{n+1}$일 때 아래 사실이 성립하는지 알아보아라.

    (a) $\bigcup_{i\in\mathbb{N}} A_i \neq \phi$

    (b) $\bigcap_{i\in\mathbb{N}} A_i \neq \phi$

14. 임의의 집합 A에 대해 아래 사실이 성립하는지 알아보아라.

    (a) $\bigcup P(A) = A$

    (b) $\bigcup P(P(A)) = P(A)$

15. 정리 3.50의 (2)를 증명하여라.

3.5 러셀의 패러독스

러셀(Russell)이 1902년 유명한 패러독스(paradox)를 만들어 냄으로써, 칸토어(Cantor)가 제안한 집합의 개념에 문제가 있음을 지적하였다. 칸토어의 정의에 의하면 집합이냐 아니냐는 그 집합에 속하는 원소를 구분할 수만 있으면 되므로, "모든 집합들의 집합"이라는 개념을 생각할 수 있어야 한다. 그런데 이런 집합이 존재하게 되면 아래 증명과 같이 모순이 유도된다는 것을 러셀이 증명하였다.

정 리 3.53 [러셀의 패러독스(Russell Paradox)]
모든 집합을 모아 놓은 집합이 존재한다고 하면 모순이 생긴다.

【증명】 위 주장이 성립하지 않는다고 가정하자. 즉, 모든 집합을 모아놓은 집합 U가 존재한다고 하자. 그러면 어떤 원소가 R에 속하는지 아닌지가 분명하므로 $R = \{S \in U \mid S \notin S\}$도 집합이 된다. 따라서 다음과 같은 두 가지 사실이 성립한다.

(1) $R \notin R$

(∵) 만일 $R \in R$이면 R의 정의에 의해 $R \notin R$이다. 이것은 모순이다. 따라서 $R \notin R$이다.

(2) $R \in R$

(∵) 만일 $R \notin R$이면 R의 정의에 의해 $R \in R$이다. 이것은 모순이다. 따라서 $R \in R$이다.

모든 집합을 모아놓은 집합 U가 존재하면 (1) 과 (2) 모두 성립한다. 이것은 모순이다. □

이런 모순을 제거하기 위하여 공리적 집합론(axiomatic set theory)에 대한 연구가 시작되었다. 공리적 집합론에 대해서는 다음 절에서 자세히 알아보기로 하자.

연습문제 3.5

1. 어떤 마을의 이발사가 "나는 자기 스스로 면도를 할 수 없는 사람들만 면도를 해준다"고 했을 때 이 이발사는 스스로 면도를 할 것인가 하는 이발사의 패러독스(barber's paradox)에 대해 그 문제점을 분석하여라.

2. "내가 지금 하는 말은 거짓말이다"라는 명제가 참인가 하는 거짓말쟁이 패러독스(liar's paradox)의 문제점을 분석하여라.

3. 아킬레스가 거북을 따라 잡을 수 없다고 하는 제논의 패러독스(Zeno Paradox)를 조사하고 그 문제점을 분석하여라.

4. 기타 수학과 관련된 패러독스를 2가지 이상 조사하고 그 문제점을 분석하여라.

3.6 공리적 집합론

앞 절에서 살펴본 바와 같이 칸토어의 집합의 정의는 "모든 집합들의 모임"이라는 집합의 존재성을 부인하지 않기 때문에 모순을 유도한다. 이러한 모순을 없애기 위해 많은 수학자들이 노력을 한 결과 공리계의 도입이 필요하다는 것을 알게 되었다.

공리계(axiomatic system)란 모두가 알고 있다고 가정하는 몇 개의 무정의 용어(undefined term)와 기본 규칙이 되는 몇 개의 공리(axiom)로 이루어진 수학적 체계를 말한다.

대표적인 집합론의 공리계는 1908년 Zermelo가 제안하고 1922년 Fraenkel이 개선한 ZF공리계와, 1925년 von Neumann이 제안하고 Bernays와 Gödel이 개선한 NBG 공리계가 있다.
NBG공리계에 대한 소개는 Dugundji의 'Topology' 1장 8절이나, Hamilton의 'Numbers, Sets and Axioms'의 4장 4절을 참조하기 바라며, 여기서는 ZF공리계에 대해 소개하기로 한다.

ZF 공리계에서는 "집합", "속한다", "원소가 같다"라는 세 가지 개념을 무정의 용어로 받아들이고 몇 개의 공리를 가지고 집합론을 구성한다. 실제로 ZF공리계는 논리식으로 주어졌지만 이들 공리를 알기 쉬운 형태로 나타내면 아래와 같다.

(ZF1) 확장의 공리(axiom of extension): 두 집합의 원소가 모두 같으면 두 집합은 같다.

(ZF2) 공집합의 공리(axiom of the empty set): 원소를 하나도 가지지 않는 집합이 존재한다.

(ZF3) 쌍의 공리(axiom of pairing): A와 B가 집합이면 $\{A, B\}$ 도 집합이다.

(ZF4) 합집합의 공리(axiom of union): $\mathcal{F}$가 집합족이면 $\cup\mathcal{F}$도 집합이다.

(ZF5) 멱의 공리(axiom of power): A가 집합이면 멱집합 $P(A)$도 집합이다.

(ZF6) 분류공리(axiom of specification): A가 집합이고 $p(x)$가 명제함수이면 $p(x)$가 참이 되는 A의 원소 x를 모두 모아 놓은 집합 $\{x \in A \mid p(x)\}$가 존재한다.

(ZF7) 무한공리(axiom of infinity): 무한집합이 존재한다.

(ZF8) 정칙성의 공리(axiom of regularity): 공집합이 아닌 집합 X는, X와 서로소인 원소를 포함한다.

(AC) 선택공리(axiom of choice): 공집합이 아닌 모든 집합은 선택함수를 가진다.

위 공리들을 살펴보면 공집합의 공리와 무한공리, 선택공리를 제외한 다른 공리들은 어떤 집합이 존재할 경우 그 집합을 가지고 다른 집합을 만들어내는 규칙임을 알 수 있다. 즉, 일단 한 개의 집합이 존재해야 다른 집합이 만들어지는 것이다. 실제로 집합이 존재한다는 사실을 보장해 주는 것은 공집합의 공리와 무한공리 뿐이다.

이제 위 공리들을 사용해서 여러 가지 집합들을 만들어 보자. 먼저 공집합의 공리(ZF2)에 의해 공집합 ϕ이 집합이라는 사실을 알 수 있다. 멱의 공리(ZF5)를 사용하면 공집합의 멱집합 $P(\phi) = \{\phi\}$가 집합이 된다. 멱의 공리(ZF5)를 사용하면 $\{\phi\}$의 멱집합 $\{\phi, \{\phi\}\}$가 집합이 된다. 멱의 공리(ZF5)를 사용하면 $\{\phi, \{\phi\}\}$의 멱집합 $\{\phi, \{\phi\}, \{\{\phi\}\}, \{\phi, \{\phi\}\}\}$가 집합이 된다. 분류공리(ZF6)를 사용하면 $A = \{\phi, \{\phi\}, \{\{\phi\}\}, \{\phi, \{\phi\}\}\}$가 집합이므로 $\{x \in A \mid x \neq \phi\} = \{\{\phi\}, \{\{\phi\}\}, \{\phi, \{\phi\}\}\}$도 집합이 된다.

이와 같은 과정을 계속하면 원소가 0개인 집합, 1개인 집합, 2개인 집합, 3개인 집합, ... 등 모든 유한한 개수의 원소를 가지는 집합을 만들 수 있다.

또한 쌍의 공리(ZF3)를 사용하면 $\{\phi\}$와 $\{\phi\}$가 집합이므로 이를 쌍으로 하는 $\{\{\phi\}, \{\phi\}\}$가 집합이고 또 확장의 공리(ZF1)에 의해 $\{\{\phi\}, \{\phi\}\} = \{\{\phi\}\}$이 된다. 그런데 이 집합은 원소가 1개이지만 $\{\phi\}$와 다른 집합이다.

마찬가지로 원소가 2개이면서 $\{\phi, \{\phi\}\}$와 다른 집합을 구성할 수 있다. 즉, 원소의 개수가 같지만 다른 집합이 얼마든지 존재한다.

이와 같은 과정에 의해서 모든 유한한 개수의 원소를 가지는 다양한 집합을 구성할 수 있지만 이와 같은 과정은 어디까지나 유한한 과정이다. 따라서 무한집합을 구성할 수는 없다. 그래서 무한집합의 존재를 보장해주는 것이 무한공리(ZF7)이다.

무한공리(ZF7)에 의해 하나의 무한집합이 있으므로 (그것을 자연수의 집합이라 생각할 수 있다), 이를 사용해서 다른 종류의 무한집합을 구성할 수 있다. 즉, 자연수의 집합에서 유리수의 집합을 구성하고, 유리수의 집합에서 실수의 집합을 구성하고, ... 따라서 수학에서 다루는 모든 종류의 집합을 구성할 수 있다. 다시 말하면 집합론의 공리에서부터 수학의 모든 체계가 구성되는 것이다.

ZF 공리계에 의하면 러셀의 패러독스가 일어나지 않게 된다. 이를 보장해 주는 것이 정칙성의 공리(ZF8)이다. 이를 알아보자. A를 공집합이 아닌 임의의 집합이라 하자. 쌍의 공리를 사용하면 $\{A, A\}$가 집합이 되고 확장의 공리에 의해 $\{A\}$는 집합이다. 이제 집합 $\{A\}$를 생각하면, 공리 (ZF8)에 의해

$$\exists B \in \{A\},\ B \cap \{A\} = \phi$$

가 되고, 따라서

$$\exists B = A,\ B \cap \{A\} = \phi$$

이다. 즉 $A \cap \{A\} = \phi$이다. 그러므로 $A \notin A$가 된다. 따라서 어떤 집합도 자기 자신을 원소로 가지지 않게 된다.

선택공리(AC)를 이해하기 위해서는 함수에 대한 이해가 필요하므로 뒤에서 자세히 다루겠다.

연습문제 3.6

1. 공리와 정리의 차이점은 무엇인가?

2. 공리계만을 사용하여 원소가 2개인 서로 다른 집합이 있다는 것을 보여라.

3. 집합에 대한 NBG 공리계에 대하여 조사하여라.

Chapter 4

관계

이 장에서는 대수학, 해석학, 위상수학 등 현대수학에서 중요한 역할을 하는 동치관계와 분할의 개념에 대해 알아본다. 이 개념은 수학적인 이론 뿐만 아니라 필적이나 서명 등의 패턴 인식, 영상 인식, 음성 인식 그리고 지문, 정맥, 동공 등 생체 정보 인식 등에 관련된 공학 분야에서도 중요하게 사용된다. 동일인과 타인의 정보를 구분하기 위해서는 동치관계에 의한 분할이 이루어지도록 처리를 하여야 하기 때문이다. 아래 내용을 중심으로 알아보기로 하자.

- 곱집합
- 관계
- 동치관계
- 분할

4.1 곱집합

순서쌍이란 순서가 다를 경우, 서로 다른 대상으로 생각하는 쌍을 말하는데 집합만을 사용해서 아래와 같이 순서쌍을 정의할 수 있다.

정의 4.1 a와 b의 순서쌍(ordered pair)은 $(a,b) = \{\{a\},\{a,b\}\}$로 정의된다.

예 4.2 만일 $a \neq b$이면 $(a,b) \neq (b,a)$이다.
왜냐하면 $\{\{a\},\{a,b\}\} \neq \{\{b\},\{b,a\}\}$.

정리 4.3 $(a,b) = (c,d) \iff a = c \wedge b = d$

【증명】 ($\Leftarrow$) $a = c \ \wedge \ b = d$이면 $\{a\} = \{c\} \ \wedge \ \{a,b\} = \{c,d\}$이다. 따라서 $\{\{a\},\{a,b\}\} = \{\{c\},\{c,d\}\}$이다. 그러므로 정의에 의해 $(a,b) = (c,d)$이다.
($\Rightarrow$) 대우명제를 증명하자. $a \neq c \vee b \neq d$이면 $\{a\} \neq \{c\} \vee \{a,b\} \neq \{c,d\}$이다. 따라서 $\{\{a\},\{a,b\}\} \neq \{\{c\},\{c,d\}\}$이다. 그러므로 정의에 의해 $(a,b) \neq (c,d)$이다. □

정의 4.4 집합 A의 원소 x와 B의 원소 y의 순서쌍 (x,y)들로 이루어진 집합을 집합 A와 B의 데카르트곱(Cartesian product) 또는 곱집합(product set)이라 한다. 즉,

$$A \times B = \{(x,y) \mid x \in A \wedge y \in B\}$$

예 **4.5** $\{a\} \times \{b\} = \{(a,b)\}$

예 **4.6** $A = \{1,2,3\}, B = \{a,b\}$일 때 $A\times B$, $B\times A$, $A\times A$, $B\times B$ 등을 구하면 아래와 같다.

$A\times B = \{(1,a),(1,b),(2,a),(2,b),(3,a),(3,b)\}$,
$B\times A = \{(a,1),(a,2),(a,3),(b,1),(b,2),(b,3)\}$,
$A\times A = \{(1,1),(1,2),(1,3),(2,1),(2,2),(2,3),(3,1),(3,2),(3,3)\}$,
$B\times B = \{(a,a),(a,b),(b,a),(b,b)\}$.

예 **4.7** $A = \{$감기, 식중독$\}, B = \{$고열, 복통, 콧물$\}$일 때 곱집합은 $A\times B = \{$(감기, 고열), (감기, 복통), (감기, 콧물), (식중독, 고열), (식중독, 복통), (식중독, 콧물)$\}$이다.

참 고 **4.8** 곱집합 $A\times B$를 좌표평면을 사용하여 기하학적으로 아래와 같이 나타낼 수 있다.

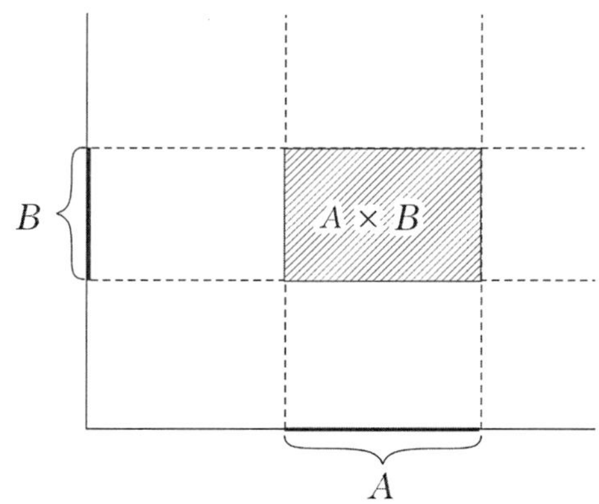

그림 5 곱집합 $A\times B$

예 **4.9** $A = \{a,b,c\}, B = \{1,2\}$일 때 곱집합 $A\times B$의 원소는 $\{(a,1),(a,2),(b,1),(b,2),(c,1),(c,2)\}$가 되며 유한집합일 경우 아래 그림과 같이 평면상의 점들로 나타낼 수 있다.

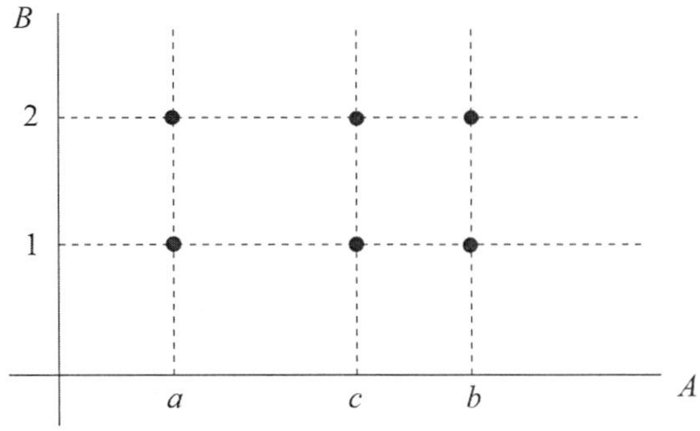

그림 6 곱집합 $A \times B$

예 제 **4.10** A가 집합일 때, 아래 사실을 보여라.

(1) $A \times \phi = \phi$

(2) $\phi \times A = \phi$

【풀이】(1) 어떤 점 (x, y)가 $A \times \phi$의 원소가 된다고 하자. 즉, $(x, y) \in A \times \phi$. 그러면 $x \in A \wedge y \in \phi$. 따라서 $y \in \phi$. 이는 모순이다. 따라서 어떤 점도 포함되지 않는다. 그러므로 $A \times \phi = \phi$.
(2) 생략.

정 리 **4.11** 집합 A, B, C에 대하여 다음 사실이 성립한다.

(1) $A \times (B \cap C) = (A \times B) \cap (A \times C)$

(2) $A \times (B \cup C) = (A \times B) \cup (A \times C)$

【증명】 (1)

$$\begin{aligned}(x,y)\in A\times(B\cap C) &\equiv x\in A\wedge y\in(B\cap C)\\ &\equiv x\in A\wedge(y\in B\wedge y\in C)\\ &\equiv (x\in A\wedge y\in B)\wedge(x\in A\wedge y\in C)\\ &\equiv [(x,y)\in A\times B]\wedge[(x,y)\in A\times C]\\ &\equiv (x,y)\in(A\times B)\cap(A\times C)\end{aligned}$$

$\therefore A\times(B\cap C)=(A\times B)\cap(A\times C)$.

(2) 연습문제. □

정 리 **4.12** 집합 A, B, C, D에 대하여 다음 사실이 성립한다.

(1) $A\times(B-C)=(A\times B)-(A\times C)$

(2) $(A\times B)\cap(C\times D)=(A\cap C)\times(B\cap D)$

【증명】 (1)

$$\begin{aligned}(x,y)\in A\times(B-C) &\equiv x\in A\wedge(y\in B-C)\\ &\equiv x\in A\wedge(y\in B\wedge y\notin C)\\ &\equiv (x\in A\wedge y\in B)\wedge(x\in A\wedge y\notin C)\\ &\equiv (x,y)\in(A\times B)\wedge(x\in A\wedge y\notin C)\\ &\equiv (x,y)\in(A\times B)\wedge(x,y)\notin(A\times C)\\ &\equiv (x,y)\in(A\times B)-(A\times C)\end{aligned}$$

$\therefore A\times(B-C)=(A\times B)-(A\times C)$.

(2) 연습문제. □

이 관계를 그림으로 나타내면 다음과 같다.

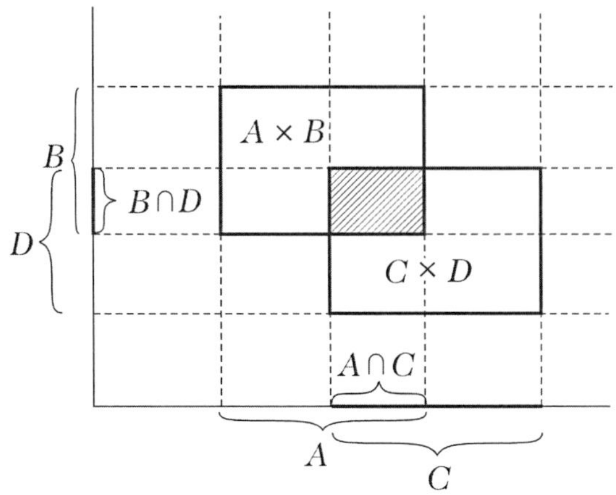

그림 7

순서쌍의 정의를 유한 개로 확장하여

$$(a, b, c) = \{\{a\}, \{a, b\}, \{a, b, c\}\}$$

등으로 정의할 수 있고, 곱집합도

$$A \times B \times C = \{(a, b, c) \mid a \in A, b \in B, c \in C\}$$

등과 같이 유한 개로 확장하여 정의할 수 있다.

예 **4.13** $A = S^1 = \{(x, y) \in \mathbb{R}^2 \mid x^2 + y^2 = 1\}, B = [0, 1]$이면 $B \times B$는 평면에서 길이가 1인 정사각형과 내부의 모든 점들이 되고, $B \times B \times B$는 공간에서 각 모서리의 길이가 1인 정육면체와 그 내부의 모든 점들이다. 또 $A \times B$는 공간에서 높이가 1인 원기둥의 측면의 점들의 집합이 된다. 점들 사이의 거리를 무시하면, $S^1 \times S^1$은 원환면(torus) 상의 점들의 집합으로 생각할 수 있다.

연습문제 4.1

1. 집합 A, B의 원소가 각각 m, n개 일 때 $A \times B$ 의 원소는 몇 개인가?

2. 원소가 모두 9개인 곱집합 $A \times A$에는 두 점 $(-1, 0), (0, 1)$이 각각 속해 있다. 집합 $A \times A$의 나머지 원소들을 구하여라.

3. 다음 집합을 좌표평면 위에 기하학적으로 나타내어라.

   (a) $\{(x, y) \in \mathbb{R} \times \mathbb{R} \mid x = y\}$

   (b) $\{(x, y) \in \mathbb{R} \times \mathbb{R} \mid x > y\}$

   (c) $\{(x, y) \in \mathbb{R} \times \mathbb{R} \mid |x + y| \leq 1\}$

4. 다음 집합을 좌표공간에 기하학적으로 나타내어라.

   (a) $\{(x, y, z) \in \mathbb{R} \times \mathbb{R} \times \mathbb{R} \mid 0 \leq z \leq 6\pi, x = \cos z, y = \sin z\}$

   (b) $\{(x, y, z) \in \mathbb{R} \times \mathbb{R} \times \mathbb{R} \mid z = \sqrt{4 - x^2 - y^2}\}$

5. $(a, a) = \{\{a\}\}$를 증명하여라.

6. 두 집합 A, B가 어떤 조건일 때 $A \times B = B \times A$가 참이 되는가?

7. $A \times B = B \times A \Longrightarrow A = B$가 성립하는지 알아보아라.

8. $A \times B = \phi \iff A = \phi \vee B = \phi$임을 증명하여라.

9. $A \times (B \cup C) = (A \times B) \cup (A \times C)$를 증명하여라.

10. $C \times D \neq \phi$라 할 때 다음을 증명하여라.
    $C \times D \subseteq A \times B \iff [C \subseteq A \wedge D \subseteq B]$.

11. 집합 A, B, C에 대하여 $A \subseteq B$이면 $A \times C \subseteq B \times C$가 됨을 증명하여라.

12. 다음 각 명제를 증명하거나 반례를 들어라.

    (a) $[A \subseteq C$ 그리고 $B \subseteq D] \iff A \times B \subseteq C \times D$.

    (b) $P(A \times B) = P(A) \times P(B)$.

    (c) $(A \times B) \cup (C \times D) = (A \cup C) \times (B \cup D)$

13. 임의의 네 집합 A, B, C, D에 대하여 다음 사실이 성립한다. 이것을 증명하여라.

    $(A \times B) \cap (C \times D) = (A \cap C) \times (B \cap D)$

14. 두 집합 $A_1 \times A_2 \times A_3$와 $(A_1 \times A_2) \times A_3$의 차이점은 무엇인가?

15. 곱집합의 정의를 n개의 집합의 곱집합 $A_1 \times A_2 \times A_3 \times \cdots \times A_n$으로 일반화할 수 있는가?

16. 정리 4.11의 (2)를 증명하여라.

17. 정리 4.12의 (2)를 증명하여라.

4.2 관계

이 절에서는 두 집합 사이를 비교하기 위한 기본적인 도구인 관계에 대해서 알아본다. 관계는 두 집합의 곱집합의 부분집합으로서 두 집합의 특별한 원소 사이에 연관이 있음을 수학적으로 나타낸 개념이다.

정의 4.14 두 집합 A, B가 있을 때, $A \times B$의 부분집합 R, 즉,

$$R \subseteq A \times B$$

인 R을 A에서 B로 가는 관계(relation)라 한다. A에서 A로 가는 관계를 간단히 집합 A에서의 관계(relation on A)라 부른다. $(a, b) \in R$일 때

$$aRb$$

로 나타내거나, 혼동할 우려가 없을 경우 간단히

$$a \sim b$$

로 나타낸다. 또한 $(a, b) \notin R$일 때, $a \not R b$ 또는 $a \not\sim b$로 나타낸다.

예 4.15 $P = \{x \mid x$는 지난 달 우리 병원에서 진료를 받은 환자$\}$,
$S = \{x \mid x$는 환자에게서 나타난 증세$\}$라 하고
$R = \{(a, b) \mid a$ 환자는 b 증세가 있다$\}$라 하자.
그러면 R은 $P \times S$의 부분집합이 되고, 따라서 P에서 S로 가는 관계이다.

예 4.16 $S = \{x \mid x$는 환자에게서 나타난 증세$\}$,
$D = \{x \mid x$는 최종 확인된 질병$\}$라 하고

$R = \{(a,b) \mid a$ 증세는 b 질병일 때 나타난다$\}$라고 하자.
그러면 R은 $S \times D$의 부분집합이 되고, 따라서 S에서 D로 가는 관계이다.

예 4.17 $A = \{1,2,3,4\}$이고 $R = \{(x,y) \mid x < y,\ x \in A,\ y \in A\}$ $= \{(1,2),(1,3),(1,4),(2,3),(2,4),(3,4)\}$이라 하면 R은 A에서의 관계이다.

예 4.18 (1) $R = \{(x,y) \in \mathbb{R} \times \mathbb{R} \mid x^2 + y^2 \leq 2\}$는 $\mathbb{R}$에서의 관계이다. 이 관계에서 $(1,1) \in R$ 즉, $1R1$이고, $(1,2) \notin R$ 즉, $1 \not R\, 2$이다.

(2) $R = \{(x,y) \in \mathbb{R} \times \mathbb{R} \mid |x+y| = 1\}$는 $\mathbb{R}$에서의 관계이다. 이 관계에서 $(2,-1) \in R$ 즉, $2R(-1)$이고, $(2,1) \notin R$ 즉, $2 \not R\, 1$이다.

정 의 4.19 관계 R에 대한 역관계(inverse relation) R^{-1}를 아래와 같이 정의한다.

$$R^{-1} = \{(b,a) \mid (a,b) \in R\}$$

참 고 4.20 R이 관계일 때, $(a,b) \in R \iff (b,a) \in R^{-1}$이다. 즉, $aRb \iff bR^{-1}a$이다.

예 4.21 $A = \{a,b\}$, $B = \{x,y,z\}$, $R = \{(a,x),(a,y),(b,y)\}$일 때, $R \subseteq A \times B$이므로, R은 A에서 B로 가는 관계이다.
또 $R^{-1} = \{(x,a),(y,a),(y,b)\}$은 $B \times A$의 부분집합이 되며, B에서 A로 가는 관계가 된다. 따라서, aRx, aRy, bRy, $b \not R\, x$, $b \not R\, z$, $xR^{-1}a, yR^{-1}b$와 같은 사실이 성립한다.

예 4.22 $A = \{1,2,3,4\}$, $R = \{(x,y) \in A \times A \mid x < y\}$이라 할 때,

R은 A에서의 관계이고, R의 역관계는 $R^{-1} = \{(y, x) \in A \times A \mid x < y\} = \{(2,1), (3,1), (4,1), (3,2), (4,2), (4,3)\}$이 된다.

예 4.23 $P = \{x \mid x$는 지난 달 우리 병원에서 진료를 받은 환자$\}$,
$S = \{x \mid x$는 환자에게서 나타난 증세$\}$라 하고
$R = \{(a, b) \mid a$ 환자는 b 증세가 있다$\}$라고 하자. 그러면
$R^{-1} = \{(b, a) \mid b$ 증세는 a 환자에게서 나타난다$\}$가 되며,
R^{-1}은 S에서 P로 가는 관계이다.

예 4.24 $S = \{x \mid x$는 환자에게서 나타난 증세$\}$,
$D = \{x \mid x$는 최종 확인된 질병$\}$라 하고
$R = \{(a, b) \mid a$ 증세는 b 질병일 때 나타난다$\}$라고 하자. 그러면
$R^{-1} = \{(b, a) \mid b$ 질병은 a 증세를 보인다$\}$가 되며,
R^{-1}은 D에서 S로 가는 관계이다.

정의 4.25 $R \subseteq A \times B$ 즉, R이 A로부터 B로 가는 관계일 때 $\text{Dom}(R) = \{a \mid \exists b \in B,\ (a, b) \in R\}$을 정의역(domain)이라 하고, $\text{Im}(R) = \{b \mid \exists a \in A,\ (a, b) \in R\}$을 치역(image)이라 한다.

예제 4.26 $\text{Dom}(R) = \text{Im}(R^{-1})$이고 $\text{Im}(R) = \text{Dom}(R^{-1})$임을 보여라.

【풀이】

$$\begin{aligned} a \in \text{Dom}(R) &\iff \exists b \in B, (a, b) \in R \\ &\iff \exists b \in B, (b, a) \in R^{-1} \\ &\iff a \in \text{Im}(R^{-1}) \end{aligned}$$

예 4.27 집합 $A = \{1,2,3,4\}$에서의 관계
$R = \{(x,y) \in A \times A \mid x < y\}$을 구하면
$R = \{(1,2),(1,3),(1,4),(2,3),(2,4),(3,4)\}$ 이므로, $\mathrm{Dom}(R) = \{1,2,3\}$, $\mathrm{Im}(R) = \{2,3,4\}$이다.

예 4.28 $\mathbb{R}$에서의 관계 $R = \{(x,y) \in \mathbb{R} \times \mathbb{R} \mid x^2 + y^2 \leq 1\}$에 대해, $\mathrm{Dom}(R) = [-1,1]$, $\mathrm{Im}(R) = [-1,1]$이다.

예 4.29 $\mathbb{R}$에서의 관계 $R = \{(x,y) \in \mathbb{R} \times \mathbb{R} \mid |x+y| = 1\}$에 대해, $\mathrm{Dom}(R) = \mathbb{R}$, $\mathrm{Im}(R) = \mathbb{R}$이다.

정 의 4.30 R이 X에서의 관계일 때

(1) $\forall x \in X,\ xRx$이면 R을 반사적(reflexive)이라 한다.

(2) 모든 $x, y \in X$에 대해, $xRy \Longrightarrow yRx$이면 R을 대칭적(symmetric)이라 한다.

(3) 모든 $x, y, z \in X$에 대해, $xRy \wedge yRz \Longrightarrow xRz$이면 R을 추이적(transitive)이라 한다.

(4) 위 세 가지를 모두 만족시키면 동치관계(equivalence relation)라 한다.

예 제 4.31 실수의 집합 $\mathbb{R}$에서 등호 '='은 동치관계임을 보여라.

【풀이】 임의의 실수 x, y, z에 대해
(1) $\forall x \in \mathbb{R},\ x = x$. 따라서 반사적이다.
(2) $x = y \Longrightarrow y = x$. 따라서 대칭적이다.

(3) $(x = y) \wedge (y = z) \Longrightarrow x = z$. 따라서 추이적이다.
그러므로 등호는 동치관계가 된다.

예 제 4.32 실수의 집합 $\mathbb{R}$에서 부등호 '$\leq$'은 동치관계가 아님을 보여라.

【풀이】 임의의 실수 x, y, z에 대해
(1) $\forall x \in \mathbb{R},\ x \leq x$. 따라서 반사적이다.
(3) $(x \leq y) \wedge (y \leq z) \Longrightarrow x \leq z$. 따라서 추이적이다. 그러나
(2) $x \leq y \not\Longrightarrow y \leq x$. 따라서 대칭적이 아니다.
그러므로 부등호는 동치관계가 아니다.

예 4.33 (1) 삼각형들의 집합에서 "합동"이라는 관계는 동치관계이다.

(2) 평면도형들의 집합에서 "닮음"이라는 관계는 동치관계이다.

(3) 집합의 적당한 모임에서 "상등"이라는 관계는 동치관계이다.

예 4.34 $C = \{x \mid x$는 우리 정비소에 정비 의뢰한 자동차$\}$,
$R = \{(x, y) \mid x$는 y와 같은 회사 제품이다$\}$ 라고 하자. 그러면 R은 C 위에서의 동치관계이다.

예 4.35 $A = \{x \mid x$는 우리 학과 학생$\}$,
$R = \{(x, y) \mid x$는 y와 같은 고교를 졸업했다$\}$ 라고 하면 R은 A 위에서의 동치관계이다.

예 4.36 $A = \{x \mid x$는 우리 학과 학생$\}$,
$R = \{(x, y) \mid x$는 y와 같은 도 출신이다$\}$ 라고 하면 R은 A 위에서의 동치관계이다.

예 **4.37** $S = \{x \mid x$는 우리 학과 학생$\}$,
$R = \{(x, y) \mid x$는 y와 혈액형이 같다$\}$라고 하면 R은 S 위에서의 동치관계이다.

예 **4.38** $A = \{x \mid x$는 우리 학과 학생$\}$,
$R = \{(x, y) \mid x$는 y를 좋아한다$\}$라고 하면 R은 A 위에서의 동치관계가 아니다. 왜냐하면 대칭적, 추이적 관계가 아니기 때문이다.

예 **4.39** $V \subseteq \mathbb{R}^3$일 때
$R = \{(x, y) \in V \times V \mid$ 점 x는 점 y와 같은 방향의 위치벡터를 이룬다$\}$라고 하면 R은 V 위에서의 동치관계이다.

예 **4.40** $f : X \to Y$가 함수일 때, $R = \{(a, b) \in X \times X \mid f(a) = f(b)\}$라고 하면 R은 X 위에서의 동치관계가 된다. (연습문제 참조)

예 **4.41** X가 집합일 때 $X \times X = \{(x, y) \mid x \in X \wedge y \in X\}$은 분명히 X에서의 동치관계이다.

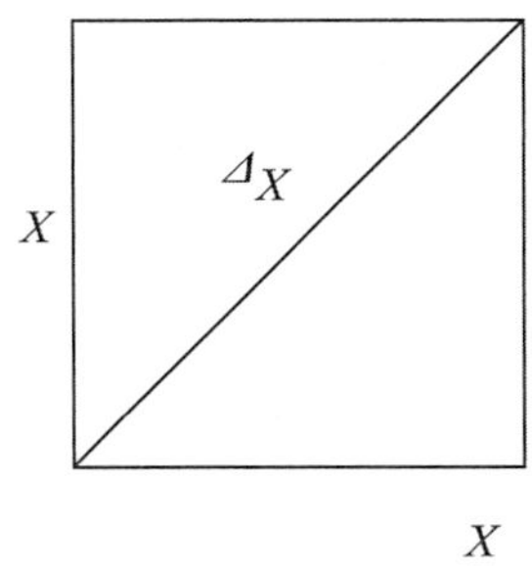

그림 8 Δ_X 와 $X \times X$

예 제 **4.42** X가 집합일 때 $\Delta_X = \{(x, x) \mid x \in X\}$가 X에서의 동치관계임을 보여라.

【풀이】 (1) $\forall x \in X,\ (x,x) \in \Delta_X$.

(2)

$$\begin{aligned}(x,y) \in \Delta_X &\implies x = y \\ &\implies y = x \\ &\implies (y,x) \in \Delta_X\end{aligned}$$

(3)

$$\begin{aligned}(x,y) \in \Delta_X \wedge (y,z) \in \Delta_X &\implies x = y \wedge y = z \\ &\implies x = z \\ &\implies (x,z) \in \Delta_X\end{aligned}$$

예 제 **4.43** 특정한 정수 m을 하나 택하자. $x, y \in \mathbb{Z}$에 대해,

$$x \equiv y \pmod{m} \iff \exists k \in \mathbb{Z},\ x - y = km$$

와 같이 정의되는 '$\equiv \pmod{m}$'은 정수의 집합 $\mathbb{Z}$에서 동치관계임을 보여라.

【풀이】 (1) 반사적: $\forall x \in \mathbb{Z},\ x \equiv x \pmod{m}$

$(\because)\ \exists 0 \in \mathbb{Z},\ x - x = 0 \cdot m.$

(2) 대칭적: $x \equiv y \pmod{m} \implies y \equiv x \pmod{m}$

$(\because)\ \ x \equiv y \pmod{m}$
$\implies \exists k \in \mathbb{Z},\ x - y = km$
$\implies \exists -k \in \mathbb{Z},\ y - x = (-k)m$
$\implies y \equiv x \pmod{m}.$

(3) 추이적: $x \equiv y \pmod{m},\ y \equiv z \pmod{m} \implies x \equiv z \pmod{m}$

($\because$)

$$\begin{aligned} x \equiv y \quad & (\text{mod } m),\ y \equiv z \ (\text{mod } m) \\ \Longrightarrow \quad & \exists k \in \mathbb{Z},\ x - y = km\text{이고}, \\ & \exists l \in \mathbb{Z},\ y - z = lm \\ \Longrightarrow \quad & x - z = (x - y) + (y - z) \\ & = km + lm \\ & = (k + l)m \end{aligned}$$

그런데 $k, l \in \mathbb{Z}$이므로 $k + l \in \mathbb{Z}$이다. 따라서 $x \equiv z \pmod{m}$ 이다.

(1), (2), (3)에 의해 '$\equiv \pmod{m}$'은 동치관계이다.

연습문제 4.2

1. $A = \{a, b, c\}, R = \{(a, b), (c, b), (b, a)\}$일 때 R의 정의역과 치역을 구하여라.

2. 집합 A에서 집합 B로 가는 관계 R에 대하여 다음을 증명하여라.

   (a) $\text{Dom}(R^{-1}) = \text{Im}(R)$

   (b) $\text{Im}(R^{-1}) = \text{Dom}(R)$

3. 모든 관계 R에 대하여 $(R^{-1})^{-1} = R$임을 증명하여라.

4. $A = \{a, b, c\}, R = \{(a, a), (b, b), (c, c), (a, b), (b, a), (c, a), (a, c)\}$일 때 R은 반사적이고 대칭적이지만 추이적이 아님을 보여라. 반사적이고 대칭적이지만 추이적이 아닌 관계의 보기를 무한집합에서 하나 들어라.

5. 반사적이고 추이적이지만 대칭적이 아닌 관계의 보기를 유한집합과 무한집합에서 하나씩 들어라.

6. 대칭적이고 추이적이지만 반사적이 아닌 관계의 보기를 유한집합과 무한집합에서 하나씩 들어라.

7. 집합 $\{1, 2\}$에서 집합 $\{1, 2\}$로 가는 관계는 모두 몇 개인가? 그 관계를 모두 구하여라.

8. 정의역이 $\{1, 2\}$, 치역이 $\{1, 2\}$인 관계는 모두 몇 개인가? 그 관계를 모두 구하여라. 위 문제와 차이점은 무엇인가?

9. 집합 $A = \{1, 2\}$에서 가능한 동치관계는 모두 몇 개인가? 그 관계를 모두 구하여라.

10. 집합 $A = \{1, 2, 3\}$에서 가능한 동치관계는 모두 몇 개인가? 그 관계를 모두 구하여라.

11. 집합 X 위의 관계 R에 대하여 다음을 증명하여라.

    (a) $R \supseteq \Delta_X \iff R$이 반사적이다. ($\Delta_X$의 정의는 예제 4.42 참조)

    (b) $R = R^{-1} \iff R$이 대칭적이다.

12. 집합 X 위의 임의의 관계 R에 대하여 다음을 증명하여라.

    (a) R^{-1}이 반사적이다. $\iff$ R이 반사적이다.

    (b) R^{-1}이 대칭적이다. $\iff$ R이 대칭적이다.

    (c) R^{-1}이 추이적이다. $\iff$ R이 추이적이다.

    (d) R^{-1}이 동치관계이다. $\iff$ R이 동치관계이다.

13. 임의의 정수 x, y에 대해,

$$x \equiv y \pmod 3 \iff \exists k \in \mathbb{Z},\ x - y = 3k$$

와 같이 정의되는 '$\equiv \pmod 3$'은 정수의 집합 $\mathbb{Z}$에서 동치관계임을 보여라.

14. 집합 $X = \mathbb{Z} \times (\mathbb{Z} - \{0\})$ 위의 관계 $\sim$를

$$(a, b) \sim (c, d) \iff ad = bc$$

로 정의하면 $\sim$는 X 위의 동치관계이다. 이것을 증명하여라.

15. 실생활에서 나타나는 관계 중에서 동치관계의 예를 3가지 이상 들고, 그 관계가 동치관계임을 보여라.

16. $f : X \to Y$를 함수[1]라 하자.

$$R = \{(a, b) \in X \times X \mid f(a) = f(b)\}$$

라고 하면 R은 X 위에서의 동치관계임을 보여라.

17. 한국의 과학 수사에서는 지문을 형태에 따라 궁상문, 제상문, 와상문, 기타 등으로 분류하고 각 경우를 세분하여 0에서 9까지의 수를 대응시켜서, 각 개인마다 미리 정해진 순서대로 10개 손가락에 10자리의 지문 번호를 하나씩 부여한다. 이 경우에 대해 아래 물음에 답하여라.

    (a) 모든 사람에게는 하나 씩의 지문번호가 대응되는가?

    (b) 다른 사람일 경우 다른 지문번호가 대응되는가?

    (c) 임의의 10자리 숫자에 대응되는 개인이 존재하는가?

    (d) 관계 R을

    $$xRy \iff x\text{는 } y\text{와 같은 지문번호를 갖는다}$$

    라고 정의할 때, 이 관계 R은 동치관계인가?

---

[1]5장에서 함수에 대해 자세히 다룰 것이다.

4.3 분할

이 절에서 다루는 분할은, 앞에서 배운 동치관계와 밀접한 관련이 있다. 어떤 집합에 동치관계가 주어지면 항상 분할을 구할 수 있고, 분할이 있으면 항상 동치관계를 찾아낼 수 있다. 직관적으로 설명하면, 분할이란 전체를 여러 개의 조각으로 나눈 것들을 의미하는데, 수학적으로는 아래와 같이 정의한다.

정 의 4.44 공집합이 아닌 집합 X에서, 다음을 만족시키는 공집합이 아닌 X의 부분집합들의 모임 $\mathcal{T}$를 X의 분할(partition)이라 한다.

(1) $A, B \in \mathcal{T}$이고 $A \neq B$이면 $A \cap B = \phi$

(2) $\bigcup_{C \in \mathcal{T}} C = X$

참 고 4.45 정리 1.19에 의해, 위 공리 (1)은 아래 사실과 동치이다.

$(1)'$ $A, B \in \mathcal{T}$에 대해 $A = B$이거나 $A \cap B = \phi$이다.

예 4.46 $A = \{1, 2, 3, 4, 5, 6, 7\}$라 하자.
$\{\{1, 2\}, \{3, 4, 5\}, \{6, 7\}\}$은 A의 분할이다.
$\{\{1\}, \{2, 3, 4, 5\}, \{6, 7\}\}$은 A의 분할이다.
$\{\{1, 2, 3, 4, 5, 6, 7\}\}$은 A의 분할이다.
$\{\{1, 2\}, \{3\}, \{4, 5, 6, 7\}, \{3\}\}$은 A의 분할이다. 그러나,
$\{\{1, 2\}, \{3\}, \{4, 5, 6, 7\}, \phi\}$은 A의 분할이 아니다.
$\{\{1, 2\}, \{3, 4, 5\}, \{5, 6, 7\}\}$은 A의 분할이 아니다.
$\{\{1, 2\}, \{3, 4\}, \{6, 7\}\}$은 A의 분할이 아니다.

예 **4.47** 자연수의 집합 $\mathbb{N}$에서 $E = \{x \mid x$는 짝수$\}$, $O = \{x \mid x$는 홀수$\}$ 라 하면 $\mathcal{T} = \{O, E\}$는 $\mathbb{N}$의 분할이다.

($\because$) (1) $O \neq E, O \cap E = \phi$
(2) $\bigcup \mathcal{T} = O \cup E = \mathbb{N}$

예 **4.48** 집합 $\mathbb{N}$에서 $A = \{x \mid x$는 2의 배수$\}$, $B = \{x \mid x$는 3의 배수$\}$, $C = \{x \mid x$는 4의 배수$\}$라 하면 $\mathcal{T} = \{A, B, C\}$는 $\mathbb{N}$의 분할이 아니다.

예 **4.49** 실수의 집합 $\mathbb{R}$에서 $\mathcal{T} = \{\mathbb{Q}, \mathbb{Q}^c\}$는 $\mathbb{R}$의 분할이다.

예 **4.50** 실수의 집합 $\mathbb{R}$에서 $\{(-\infty, 0), \{0\}, (0, \infty)\}$는 $\mathbb{R}$의 분할이다.

예 **4.51** 실수의 집합 $\mathbb{R}$에서 $A_i = \{x \mid i \leq x < i+1\}$이라 하면 $\mathcal{T} = \{A_i \mid i \in \mathbb{Z}\}$는 $\mathbb{R}$의 분할이다.

예 **4.52** $S = \{x \mid x$는 우리 학과 학생$\}$,
$A = \{x \in S \mid x$는 혈액형이 A이다$\}$,
$B = \{x \in S \mid x$는 혈액형이 B이다$\}$,
$C = \{x \in S \mid x$는 혈액형이 AB이다$\}$,
$O = \{x \in S \mid x$는 혈액형이 O이다$\}$라고 하면
$\mathcal{T} = \{A, B, C, O\}$는 S의 분할이다.

정 의 **4.53** 공집합이 아닌 집합 X에서의 동치관계 $\mathcal{E}$이 주어졌을 때 각 $x \in X$ 에 대하여 집합

$$[x] = x/\mathcal{E} = \{y \in X \mid y\mathcal{E}x\}$$

을 x의 동치류(equivalence class)라 부른다. X에서의 모든 동치류의 집합을 상집합(quotient set)이라 부르고, $X/\mathcal{E}$와 같이

나타낸다. 즉,

$$X/\mathcal{E} = \{[x] \mid x \in X\}.$$

이 기호를 $X \bmod \mathcal{E}$라고 읽는다.

참 고 **4.54** $y \in [x] \iff y\mathcal{E}x.$

예 **4.55** 관계 $\mathcal{E}$를 집합 $\mathbb{Z}$에서의 동치관계 $\equiv \pmod 3$이라 하면,

$$\begin{aligned}
[0] &= \{y \in \mathbb{Z} \mid y \equiv 0 (\text{mod } 3)\} = \{\dots, -3, 0, 3, 6, \dots\} \\
&= [3] = [6] = \dots \\
[1] &= \{y \in \mathbb{Z} \mid y \equiv 1 (\text{mod } 3)\} = \{\dots, -2, 1, 4, 7, \dots\} \\
&= [4] = [7] = \dots \\
[2] &= \{y \in \mathbb{Z} \mid y \equiv 2 (\text{mod } 3)\} = \{\dots, -1, 2, 5, 8, \dots\} \\
&= [5] = [8] = \dots
\end{aligned}$$

$\therefore \mathbb{Z}/\mathcal{E} = \{[x] \mid x \in \mathbb{Z}\} = \{[0], [1], [2]\}.$

예 **4.56** 관계 $\mathcal{E}$를 날짜들의 집합 $M = \{1, 2, \dots, 31\}$에서의 동치관계 $\equiv \pmod 7$이라 하면,

$$\begin{aligned}
[1] &= \{y \in M \mid y \equiv 1 \pmod 7\} \\
&= \{1, 8, 15, 22, 29\} \\
&\cdots \\
[7] &= \{y \in M \mid y \equiv 0 \pmod 7\} \\
&= \{7, 14, 21, 28\}
\end{aligned}$$

등으로서 같은 요일에 속한 날짜들의 집합이 되고,
$M/\mathcal{E} = \{[x] \mid x \in M\} = \{[1], [2], [3], [4], [5], [6], [7]\}.$

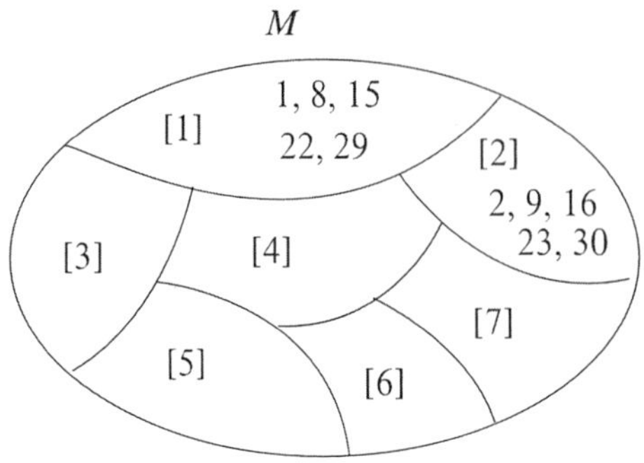

그림 9 분할

예 **4.57** $X = \{a, b, c, d, e\}, Y = \{1, 2, 3\}$, 함수 $f : X \to Y$를

$$f(a) = f(b) = 1,\ f(c) = f(d) = 2,\ f(e) = 3$$

이라 하자. 이제 집합 X에 아래와 같이 관계를 정의하면 동치관계가 된다 (4.2절 연습문제 16 참조).

$$x\mathcal{E}y \iff f(x) = f(y).$$

그러면 동치류들은

$$[a] = [b] = \{a, b\},\ [c] = [d] = \{c, d\},\ [e] = \{e\}$$

이다. 따라서 상집합을 구하면

$$X/\mathcal{E} = \{[a], [c], [e]\} = \{\{a, b\}, \{c, d\}, \{e\}\}.$$

예 **4.58** $f : X \to Y$가 전사함수[2]일 때 X 위에 정의된 동치관계

[2]전사함수의 자세한 정의는 5장에서 다룸

$R = \{(a,b) \mid f(a) = f(b)\}$에 대해 동치류들을 구하면

$$
\begin{aligned}
[b] &= \{a \in X \mid f(a) = f(b)\} && (4.1)\\
&= f^{-1}(f(\{b\})) = f^{-1}(\{f(b)\}) && (4.2)
\end{aligned}
$$

이다. 따라서 상집합은

$$
\begin{aligned}
X/R &= \{[b] \mid b \in X\} = \{f^{-1}(f(\{b\})) \mid b \in X\}\\
&= \{f^{-1}(\{y\}) \mid y \in Y\} \quad (\because f\text{가 전사함수})
\end{aligned}
$$

이다.

실제로 예 4.57에 적용하면

$$
\begin{aligned}
X/\mathcal{E} &= \{f^{-1}(\{y\}) \mid y \in Y\} && (4.3)\\
&= \{f^{-1}(\{1\}), f^{-1}(\{2\}), f^{-1}(\{3\})\} && (4.4)\\
&= \{\{a,b\}, \{c,d\}, \{e\}\} && (4.5)
\end{aligned}
$$

가 되어, 위에서 얻은 결과와 일치함을 알 수 있다.

예 제 **4.59** 키 순으로 번호가 부여된 학급의 학생들은 4개조로 나누어서 농구 경기를 하려고 한다. 키가 비슷하게 섞이도록 조를 나누는 방법을 하나 들어라.

【풀이】 번호가 키순으로 부여되어 있으므로 번호를 mod 4인 동치관계를 사용하여 동치류를 구하면 키가 골고루 섞여있는 조를 구성할 수 있다. 즉,
1조 $=\{1, 5, 9, \ldots\}$,
2조 $=\{2, 6, 10, \ldots\}$,
3조 $=\{3, 7, 11, \ldots\}$,
4조 $=\{4, 8, 12, \ldots\}$
등으로 조를 나누면 된다.

연습문제 4.3

1. 집합 $A = \{a, b, c, d\}$에 대해 아래 물음에 답하여라.

   (a) 2개짜리, 즉 원소가 2개인 분할의 예를 들어라. 2개짜리 분할은 모두 몇 가지가 있는가?

   (b) 3개짜리 분할의 예를 들어라. 3개짜리 분할은 모두 몇 가지가 있는가?

2. X를 정수의 집합 $\mathbb{Z}$라 하고 X 위의 관계 $\mathcal{E}$를 다음과 같이 정의한다.

$$x\mathcal{E}y \iff \text{적당한 정수 } k\text{에 대하여 } x - y = 3k$$

   (a) 관계 $\mathcal{E}$는 X 위의 동치관계임을 증명하여라.

   (b) 상집합 $X/\mathcal{E}$를 구하여라.

3. 인터넷에 올라오는 기사들은 모두 벡터로 변환된 후에 비슷한 방향의 벡터들끼리 묶어서 정치, 경제, 사회, 문화 등의 카테고리에 자동으로 배치된다. 다음과 같이 평면상의 위치벡터들의 집합 V가 있다.

$$V = \{(0, 3), (0, 5), (-1, 2), (2, 1), (3, 1), (1, 3), (4, -2)\}$$

   비슷한 방향의 벡터들끼리 묶어서 적당한 분할로 만들고, 왜 그렇게 분할했는지 설명하여라.

4. 도서관에서는 10진 분류표를 사용해서 총류, 철학, 종교, 사회과학, 자연과학 등으로 도서를 분류하는데, 수학적인 분할의 개념과 비교하여라.

5. 시중 일간지에서는 신문기사를 정치, 사회, 경제, 문화, 스포츠 등의 분야로 분류하는데, 수학적인 분할의 개념과 비교하여라.

4.4 동치관계와 분할의 대응

동치관계와 분할은 실제로는 같은 개념의 다른 표현이다. 아래 정리 4.61과 같이 어떤 집합에 동치관계가 주어지면 항상 분할을 구할 수 있다. 또한, 정리 4.70과 같이 어떤 집합에 분할이 있으면 항상 동치관계를 찾아낼 수 있다.

정 리 **4.60** $\mathcal{E}$이 X 상에서의 동치관계일 때 다음과 같은 사실이 성립한다.

(1) $[x]$는 공집합이 아닌 X의 부분집합이다.

(2) $[x] \cap [y] \neq \phi \iff x\mathcal{E}y.$

(3) $x\mathcal{E}y \iff [x] = [y].$

【증명】 (1) 모든 $x \in X$에 대해 $x\mathcal{E}x$이다. $(\because \mathcal{E}$: 반사적)
그러므로 $x \in [x]$. 따라서 $[x] \neq \phi$이다.

(2)

$$
\begin{aligned}
[x] \cap [y] \neq \phi &\iff \exists z,\ z \in [x] \wedge z \in [y] &\quad (4.6)\\
&\iff \exists z,\ z\mathcal{E}x \wedge z\mathcal{E}y &\quad (4.7)\\
&\iff \exists z,\ x\mathcal{E}z \wedge z\mathcal{E}y &\quad (4.8)\\
&\iff x\mathcal{E}y &\quad (4.9)
\end{aligned}
$$

(3) $(\Leftarrow)$

$$
\begin{aligned}
[x] = [y] &\implies [x] \cap [y] \neq \phi &\quad (4.10)\\
&\implies x\mathcal{E}y \qquad (\because (2)) &\quad (4.11)
\end{aligned}
$$

(⇒) $x\mathcal{E}y$라 하자. 먼저 $[x] \subseteq [y]$을 보이자.

$$\begin{aligned} z \in [x] &\implies z\mathcal{E}x && (4.12)\\ &\implies z\mathcal{E}y \qquad (\because x\mathcal{E}y) && (4.13)\\ &\implies z \in [y] && (4.14) \end{aligned}$$

그러므로 $[x] \subseteq [y]$이다. 같은 방법으로 $[y] \subseteq [x]$를 보일 수 있다. 따라서 $[x] = [y]$이다. □

정 리 4.61 $X \neq \phi$이고 $\mathcal{E}$가 X 위의 동치관계라고 하면 $X/\mathcal{E}$는 X의 분할이다.

【증명】 분명히 집합 $X/\mathcal{E} = \{[x] \mid x \in X\}$는 X의 공집합이 아닌 부분집합들을 모아 놓은 집합이다. 위 정리에 의해 $[x] \cap [y] \neq \phi \iff [x] = [y]$이 되므로 $[x] \neq [y] \implies [x] \cap [y] = \phi$이 된다. 또한 $\bigcup_{x \in X}[x] = X$이 성립하므로 $X/\mathcal{E}$는 X의 하나의 분할이다. □

예 4.62 예 4.55에서 동치관계 $\mathcal{E}$로부터 만들어지는 상집합 $\mathbb{Z}/\mathcal{E} = \{[x] \mid x \in \mathbb{Z}\} = \{[0], [1], [2]\}$은 정수의 집합 $\mathbb{Z}$의 분할이다.

예 4.63 예 4.56에서 동치관계 $\mathcal{E}$로부터 만들어지는 상집합 $M/\mathcal{E} = \{[x] \mid x \in M\} = \{[1], [2], [3], [4], [5], [6], [7]\}$은 M의 분할이다.

예 4.64 예 4.57의 동치관계에서 얻어지는 상집합

$$X/\mathcal{E} = \{[a], [c], [e]\} = \{\{a, b\}, \{c, d\}, \{e\}\}$$

은 X의 분할이다.

예 **4.65** 예 4.58에서 동치관계 R로부터 만들어지는 상집합 $X/R = \{f^{-1}(\{y\}) \mid y \in Y\}$은 X의 분할이다.

예 **4.66** 예 4.35에서 동치관계 R로부터 만들어지는 상집합은 출신 고교 모임으로서 A의 분할이 된다.

예 **4.67** 예 4.36에서 만들어지는 상집합은 출신 도별 모임으로서 A의 분할이 된다.

예 **4.68** 예 4.37에서 만들어지는 상집합은 혈액형별 모임으로서 S의 분할이 된다. 예 4.52와 비교하여 보아라.

정리 4.61과 반대로, 어떤 집합에 분할이 있으면 항상 동치관계를 찾아낼 수 있다는 것을 보이기로 하자.

정 의 **4.69** $\mathcal{T}$가 X의 분할일 때 X 상에서의 관계 $X/\mathcal{T}$는

$$x(X/\mathcal{T})y \iff \exists A \in \mathcal{T},\ (x \in A \land y \in A)$$

로 정의된다.

정 리 **4.70** $\mathcal{T}$가 공집합이 아닌 집합 X의 분할이면 관계 $X/\mathcal{T}$는 X 위의 하나의 동치관계이다.

【증명】 $X/\mathcal{T}$가 동치관계의 세 조건을 만족시킴을 보이기로 하자.

(1) 반사적: $x \in X$라 하자. 분할의 정의에 의해 $x \in A$인 $A \in \mathcal{T}$가 존재한다. 따라서 $\exists A \in \mathcal{T}$, $x \in A \land x \in A$이므로 $x(X/\mathcal{T})x$이다.

(2) 대칭적: 위의 정의에 의해서 성립된다.

(3) 추이적: $x(X/\mathcal{T})y$이고 $y(X/\mathcal{T})z$라 하자.

$$\exists A \in \mathcal{T},\ x \in A \wedge y \in A \text{ 이고 } \exists B \in \mathcal{T},\ y \in B \wedge z \in B.$$

따라서 $y \in A \cap B$이므로 $A \cap B \neq \phi$이다. 분할의 정의에 의해 $A = B$이다. 그러므로 $\exists A \in \mathcal{T},\ x \in A \wedge z \in A$이다. 즉, $x(X/\mathcal{T})z$이다. □

정리 4.70과 같이 어떤 집합에 분할이 주어졌을 때, 같은 분할의 원소에 속하는 원소들은 동치관계가 있게 된다. 아래 예에서 이를 살펴보자.

예 **4.71** $A = \{1,2,3,4,5,6,7\}$의 분할 $\mathcal{T} = \{\{1,2\},\{3,4,5\},\{6,7\}\}$이 주어졌을 때, 이 분할에서부터 얻어지는 동치관계는 $1 \sim 2$, $3 \sim 4 \sim 5$, $6 \sim 7$ 등이다. 이 동치관계를 집합으로 표현하면
$A/\mathcal{T} = \{(1,1),(2,2),(3,3),(4,4),(5,5),(6,6),(7,7),(1,2),(2,1),(3,4),$ $(4,3),(3,5),(5,3),(4,5),(5,4),(6,7),(7,6)\}$이다.

예 **4.72** 집합 $A = \{1,2,3,4,5,6,7\}$의 분할 $\mathcal{T} = \{\{1,2,3,4,5,6,7\}\}$이 주어졌을 때, 이 분할에서부터 얻어지는 동치관계는 $1 \sim 2 \sim 3 \sim 4 \sim 5 \sim 6 \sim 7$ 등이다. 이 동치관계를 집합으로 표현하면 $A/\mathcal{T} = A \times A$이다.

예 **4.73** 다음과 같이 주어진 평면상의 위치벡터들의 집합

$$V = \{(2,-1),(2,1),(3,1),(-1,2),(1,2),(1,3)\}$$

에 대해 비슷한 방향의 벡터들끼리 묶은 분할

$$\mathcal{T} = \{\{(2,-1),(2,1),(3,1)\},\{(-1,2),(1,2),(1,3)\}\}$$

이 주어졌다. 이 분할에서 얻어지는 관계를 구하면

$$(2,-1) \sim (2,1) \sim (3,1),\ (-1,2) \sim (1,2) \sim (1,3)$$

등이 된다. 실제로 이 관계는 동치관계가 됨을 알 수 있다.

예 **4.74** 분할 {{감기, 기관지염, 천식},{고혈압, 당뇨병}, {위궤양, 십이지장궤양}}에서 얻어지는 동치관계는 감기 ~ 기관지염 ~ 천식, 고혈압 ~ 당뇨병, 위궤양 ~ 십이지장궤양 등이다.

예 **4.75** $X = \{a, b, c, d, e\}$의 분할

$$\mathcal{T} = \{\{a, b\}, \{c, d\}, \{e\}\}$$

에서 동치관계를 구하면 $a \sim b, c \sim d$ 등이 되고, 이를 순서쌍으로 전부 표시하면

$$\mathcal{E} = X/\mathcal{T} = \{(a, a), (a, b), (b, a), (b, b), (c, c), (c, d), (d, c), (d, d), (e, e)\}$$

이다.

정 리 **4.76** 정리 4.70의 동치관계 $X/\mathcal{T}$에 의하여 유도된 X의 동치류들의 집합은 원래의 분할 $\mathcal{T}$가 된다. 즉

$$X/(X/\mathcal{T}) = \mathcal{T}.$$

【증명】 먼저 $X/(X/\mathcal{T}) \subseteq \mathcal{T}$을 보이자. $X/\mathcal{T}$가 X 상에서의 동치관계이므로 $X/(X/\mathcal{T})$는 X 상에서의 분할이다. 따라서 임의의 $x \in X$에 대해 $\exists A \in \mathcal{T}$, $x \in A$. 그러므로 정의에 의해 $[x] = x/(X/\mathcal{T}) = A$. 따라서 $[x] = A \in \mathcal{T}$. 그러므로 $X/(X/\mathcal{T}) \subseteq \mathcal{T}$이다.

이제 반대로 $\mathcal{T} \subseteq X/(X/\mathcal{T})$을 보이자. $A \in \mathcal{T}$라 하면 $A \neq \phi$이므로 $\exists x \in A$이다. 그런데 $[x] = x/(X/\mathcal{T}) = A$이므로 $A = [x] \in X/(X/\mathcal{T})$이다. 따라서 $\mathcal{T} \subseteq X/(X/\mathcal{T})$이다. 결국 $\mathcal{T} = X/(X/\mathcal{T})$이다. □

예 **4.77** 예 4.75에서 $X = \{a, b, c, d, e\}$의 분할

$$\mathcal{T} = \{\{a, b\}, \{c, d\}, \{e\}\}$$

에서 동치관계를 구하면

$$X/\mathcal{T} = \{(a,a),(a,b),(b,a),(b,b),(c,c),(c,d),(d,c),(d,d),(e,e)\}$$

이다. 다시 이 동치관계 $X/\mathcal{T}$로부터 분할을 구하면,

$$\begin{aligned} X/(X/\mathcal{T}) &= \{[a],[c],[e]\} = \{\{a,b\},\{c,d\},\{e\}\} \\ &= \mathcal{T} \end{aligned}$$

가 되어 원래의 분할이 된다.

따름정리 **4.78** $X \neq \phi$일 때, $\mathcal{E}$이 X의 동치관계이면 $X/\mathcal{E}$는 X의 분할이고, $X/(X/\mathcal{E}) = \mathcal{E}$이다.

【증명】 연습문제. □

예 **4.79** 집합 $X = \{a,b,c,d,e\}$에 아래와 같이 동치관계를 정의하자.

$$\mathcal{E} = \{(a,a),(a,b),(b,a),(b,b),(c,c),(c,d),(d,c),(d,d),(e,e)\}$$

이다. 그러면 동치류들은

$$[a] = [b] = \{a,b\},\ [c] = [d] = \{c,d\},\ [e] = \{e\}$$

이다. 따라서 상집합을 구하면

$$X/\mathcal{E} = \{[a],[c],[e]\} = \{\{a,b\},\{c,d\},\{e\}\}.$$

이 분할에서 다시 동치관계를 구하면 $a \sim b, c \sim d$ 등이 되고, 이를 순서쌍으로 나타내면

$$\begin{aligned} X/(X/\mathcal{E}) &= \{(a,a),(a,b),(b,a),(b,b),(c,c),(c,d),(d,c),(d,d),(e,e)\} \\ &= \mathcal{E} \end{aligned}$$

가 되어 원래의 동치관계가 됨을 알 수 있다.

예 **4.80** 예 4.55에서 동치관계로부터 분할을 구하면,

$$\mathcal{T} = \mathbb{Z}/\mathcal{E} = \{[x] \mid x \in \mathbb{Z}\} = \{[0], [1], [2]\}$$

이 되었다. 이 분할로부터 다시 동치관계를 구하면

$$\begin{aligned} x \sim y &\iff \exists [e] \in \mathcal{T}, x \wedge y \in [e] \\ &\iff x \equiv y (\text{mod } 3) \end{aligned}$$

이 되어 원래의 동치관계를 얻을 수 있다.

참 고 **4.81** 정리 4.76과 따름정리 4.78에 의하면, 동치관계와 분할은 서로 일대일대응이 되는 개념이다. 어떤 집합에 동치관계가 있으면 그 동치관계에서 만들어지는 분할을 찾을 수 있고, 마찬가지로 어떤 집합에 분할이 있으면 그 분할을 사용해서 동치관계를 찾을 수 있다. 뿐만 아니라 집합에 주어진 동치관계가 다르면 거기에서 만들어지는 분할도 다르고, 집합에 주어진 분할이 다르면 거기에서 만들어지는 동치관계도 다르다.

연습문제 4.4

1. $X = \{a, b, c, d, e\}$, $\mathcal{T} = \{\{a, b\}, \{c\}, \{d, e\}\}$에 대하여 다음 물음에 답하여라.

   (a) $\mathcal{T}$는 집합 X의 분할임을 보여라.

   (b) 이 분할에서 얻어지는 동치관계 $X/\mathcal{T}$를 순서쌍의 집합으로 나타내어라.

   (c) $\mathcal{E} = X/\mathcal{T}$라 할 때 동치류 $a/\mathcal{E}$, $b/\mathcal{E}$, $c/\mathcal{E}$, $d/\mathcal{E}$, $e/\mathcal{E}$를 구하여라.

   (d) 동치류들의 집합인 상집합을 구하고, 본래의 분할과 일치함을 확인하여라.

2. X를 정수의 집합 $\mathbb{Z}$라 하고 X 위의 관계 $\mathcal{E}$를 다음과 같이 정의한다.

$$x\mathcal{E}y \iff \text{적당한 정수 } k\text{에 대하여 } x - y = 5k$$

   (a) 관계 $\mathcal{E}$ 는 X 위의 동치관계임을 증명하여라.

   (b) 이 동치관계에서 얻어지는 분할 $X/\mathcal{E}$를 구하여라.

   (c) 다시 이 분할에서 얻어지는 동치관계 $X/(X/\mathcal{E})$는 본래의 동치관계 $\mathcal{E}$와 같다. 이것을 확인하여라.

3. 공집합이 아닌 집합 X 위의 동치관계 $\mathcal{E}$에 대하여 $X/(X/\mathcal{E}) = \mathcal{E}$임을 증명하여라.

4. $\mathcal{T}$ 가 공집합이 아닌 집합 X의 분할인 경우 동치관계 $X/\mathcal{T}$에 대하여 $X/\mathcal{T} = \bigcup_{A\in\mathcal{T}} A \times A$ 임을 증명하여라.

5. 위 문제를 이용해서 X가 유한집합이고 $\mathcal{T} = \{A_1, A_2, \cdots, A_k\}$이라고 할 때 $j = 1, 2, \cdots, k$ 에 대하여 A_j는 n_j개의 원소를 지닌다고 한다. 이 경우 동치관계 $X/\mathcal{T}$ 에는 $n_1^2 + n_2^2 + n_3^2 + \cdots + n_k^2$ 개의 순서쌍이 있음을 증명하여라.

Chapter 5

함수

간단히 말해서, 함수란 어떤 입력이 있을 때 이에 대응하는 출력이 있는 것이다. 모든 책마다 부여하는 ISBN 도서번호, 대형 할인점의 각 상품에 부여된 상품코드, 사진을 보고 사물을 인식하는 사물인식, 한국어 문장을 영어 문장으로 번역하는 자동번역, 문서를 찍은 사진을 텍스트로 변환하는 문자인식, 음성을 듣고 글자로 변환하는 음성인식 텍스트 변환 등이 모두 함수이다. AI의 인공신경망도 입력과 출력이 있는 하나의 함수이며, 딥러닝 (deep learning)은 이러한 함수들의 결합으로 구현된다.

이론적 관점에서 볼 때, 함수는 두 집합 사이의 연관성을 비교, 분석하기 위한 가장 기본적인 도구이다. 이 장에서는 두 집합 사이에 정의되는 함수의 정확한 수학적 정의와 여러 가지 특징들을 알아본다.

- 단사함수
- 전사함수
- 전단사함수
- 역함수

5.1 함수

정의 5.1 X, Y가 집합이고 $f \subseteq X \times Y$라 하자. 관계 f가 다음 두 조건을 만족시키면 X에서 Y로 가는 함수(function)라 한다.

(1) $\mathrm{Dom}(f) = X$

(2) $(x, y) \in f \wedge (x, z) \in f \Longrightarrow y = z$

이 때 X를 함수 f의 정의역(domain), Y를 공역(codomain)이라 한다. X에서 Y로 가는 함수 f를 간단히 "$f : X \to Y$"로 나타낸다.

참고 5.2 f가 함수라는 것은 정의역의 각각의 점에 대해 오직 하나씩 대응이 존재한다는 것이다.

참고 5.3 함수 $f : X \to Y$에 대해 $(x, y) \in f$를 $y = f(x)$로 나타내기도 하며, y를 x의 상(image) 또는 함수값(value)이라 하고 x를 y의 원상(preimage)이라 한다. 관계에서 정의한 것과 마찬가지로 함수값을 모두 모아 놓은 집합 $\{f(x) \mid x \in X\}$를 함수 f의 치역(image)이라 한다.

예 5.4 아래 그림과 같이 주어진 함수에서 y는 x의 상이다.

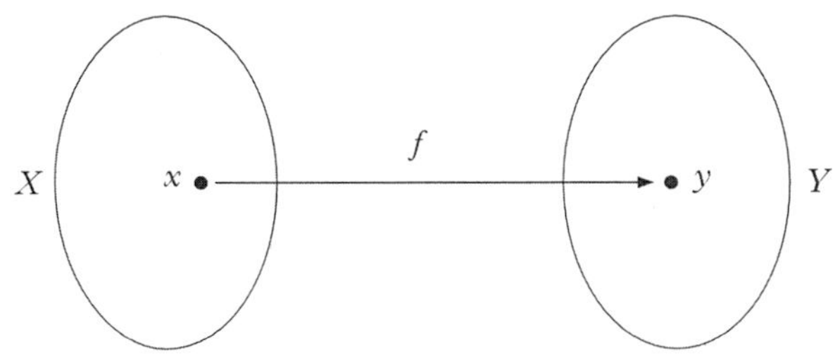

그림 10 y는 x의 상

예 **5.5** 아래 그림과 같이 주어진 함수에서 x_1과 x_2는 y의 원상이다.

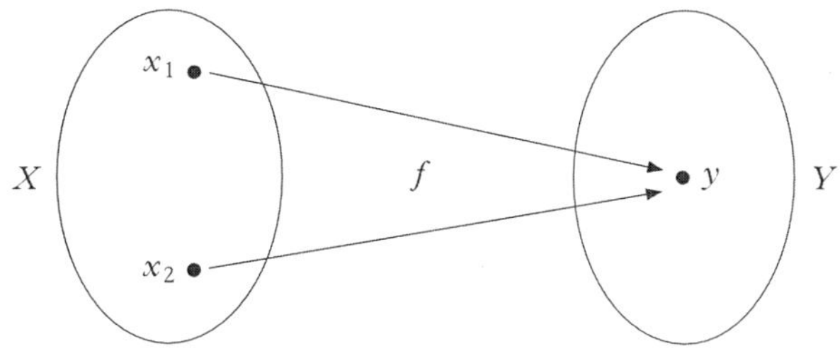

그림 11 x_1과 x_2는 y의 원상

예 **5.6** 집합 X에 대해 Δ_X는 X에서 X로 가는 함수이다.
이것이 함수라는 것을 강조하기 위해

$$I_X : X \to X,$$
$$I_X(x) = x$$

로 나타내며 항등함수(identity function)라고 부른다.

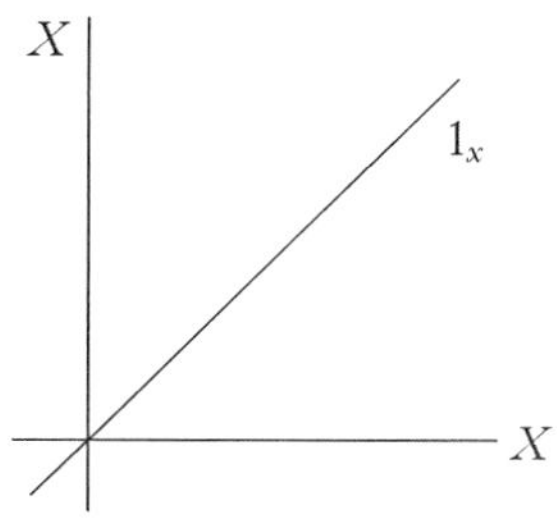

그림 12 항등함수

예를 들어 $I_{\mathbb{R}} : \mathbb{R} \to \mathbb{R}$, $I_{\mathbb{R}}(x) = x$는 실수의 집합에서 실수의 집합으로 가는 항등함수이다. 이 함수를 순서쌍의 집합으로 나타내면 $I_{\mathbb{R}} = \{(x, x) \mid x \in \mathbb{R}\}$이다. 또한 $X = \{1, 2, 3\}$의 항등함수는 $I_X = \{(1, 1), (2, 2), (3, 3)\}$이다. $X = \{a, b, c, d\}$이면, 항등함수는 $I_X = \{(a, a), (b, b), (c, c), (d, d)\}$이다.

예 **5.7** X, Y가 공집합이 아닌 집합일 때 고정된 원소 $b \in Y$에 대해 관계

$$C_b = \{(x, b) \mid x \in X\}$$

는 $C_b : X \to Y$, $C_b(x) = b$인 함수이다. 이런 함수를 상수함수(constant function)라 한다.

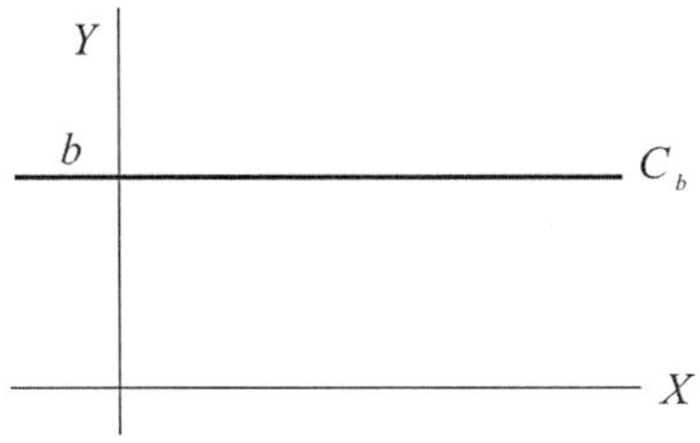

그림 13 상수함수

예를 들어 $X = Y = \{1, 2, 3\}$일 때 $f = \{(1, 3), (2, 3), (3, 3)\}$은 상수함수이다. 또한 $X = Y = \{a, b, c, d\}$일 때, $f = \{(a, b), (b, b), (c, b), (d, b)\}$도 상수함수이다.

예 **5.8** $X \neq \phi$가 집합이고 $A \subseteq X$일 때,

$$\chi_A : X \to \{0, 1\},$$

$$\chi_A(x) = \begin{cases} 1, \ x \in A\text{일 때} \\ 0, \ x \in X - A\text{일 때} \end{cases}$$

로 정의되는 함수를 X에서 A의 특성함수(characteristic function)라 한다. 특성함수를 집합 표현으로 나타내면

$$\chi_A = \{(x, y) \in X \times \{0, 1\} \mid x \in A\text{이면 } y = 1, x \notin A\text{이면 } y = 0\}$$

으로 나타낼 수 있다.

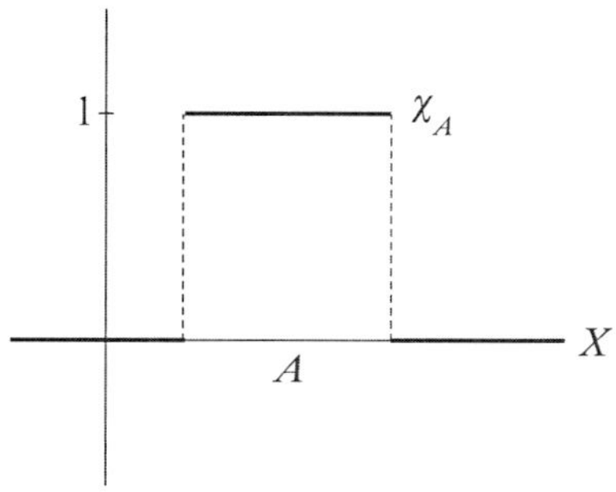

그림 14 특성함수

예를 들어 특성함수 $\chi_{[1,2]} : \mathbb{R} \to \{0, 1\}$은

$$\chi_{[1,2]}(x) = \begin{cases} 1, & x \in [1,2]\text{일 때} \\ 0, & x \in \mathbb{R} - [1,2]\text{일 때} \end{cases}$$

인 함수이다.

예 **5.9** 집합 $X \neq \phi$와 $A \subseteq X$에 대해

$$i : A \to X,$$
$$i(x) = x$$

로 정의되는 함수, 즉 $i = \{(x, x) \in X \times X \mid x \in A\}$를 포함함수(inclusion function)라고 부른다. 포함함수는 정의역이 공역의 부분집합이므로 항등함수와 구분된다.

예 **5.10** 함수 $f : X \to Y$가 있을 때, $A \subseteq X$에 대해

$$g : A \to Y,$$
$$g(x) = f(x)$$

로 정의되는 함수를 f의 정의역 축소함수(restriction function)라고 부르고, $f|_A$로 나타낸다. 실제로 $g = \{(x, f(x)) \mid x \in A\} \subseteq A \times Y$이다.

예 5.11 $X = \phi$일 때 공집합 관계 $\phi \subseteq \phi \times \phi$는 아무런 대응도 없지만 함수의 공리를 만족한다. 이런 함수를 공집합 함수(empty function)라 한다.

예 5.12 함수 $f : \mathbb{R} \to \mathbb{R}, f(x) = [x]$를 생각하자. 여기서 $[x]$는 x보다 작거나 같은 최대 정수이다. 예를 들어 $[-\frac{1}{2}] = -1$, $[\sqrt{2}] = 1$ 등이다. 그러면 함수 f의 치역은 $\mathbb{Z}$로서 공역 $\mathbb{R}$의 진부분 집합이다. 이를 평면 위에 그래프로 나타내면 아래 그림과 같다.

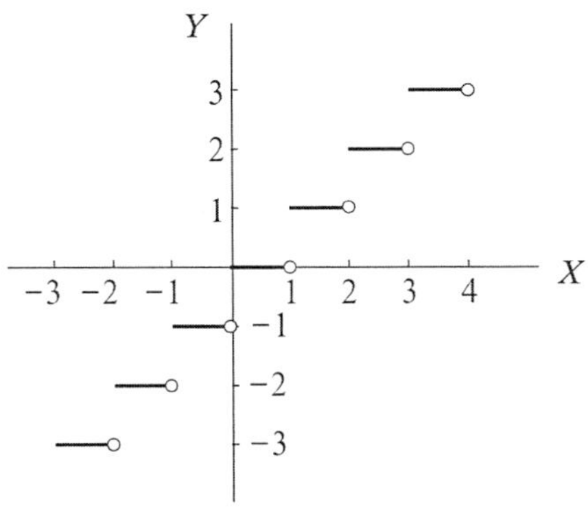

그림 15 $f(x) = [x]$의 그래프

예 5.13 아래 예들은 함수의 정의 5.1의 모든 조건을 만족시킨다.

(1) $\mathbb{R}$에서 $\mathbb{R}$로 가는 다항함수, 지수함수, 사인함수, 코사인함수

(2) 구간 $(-\frac{\pi}{2}, \frac{\pi}{2})$에서 $\mathbb{R}$로 가는 탄젠트함수

(3) 양의 실수의 집합 $\mathbb{R}^+$에서 $\mathbb{R}$로 가는 로그함수

예 5.14 아래 예들은 함수의 정의 5.1의 모든 조건을 만족시킨다.

(1) 모든 책마다 부여하는 ISBN 도서번호

(2) 대형 할인점의 각 상품에 부여된 상품코드

(3) 한국인 각 개인에게 부여된 주민등록번호

정 리 5.15 $f : X \to Y$가 함수이고 $\mathrm{Im}(f) \subseteq W$이면 $f : X \to W$도 함수이다. 즉 f는 X에서 W로 가는 함수가 된다.

【증명】 (1) $f \subseteq X \times W$. 즉, f는 X에서 W로 가는 관계이다.

$(\because)\ (x, y) \in f$
$\Longrightarrow x \in \mathrm{Dom}(f) \wedge y \in \mathrm{Im}(f)$
$\Longrightarrow x \in X \wedge y \in W \quad (\because \mathrm{Im}(f) \subseteq W)$
$\Longrightarrow (x, y) \in X \times W$
따라서 $f \subseteq X \times W$.

(2) $\mathrm{Dom}(f) = X$.
$(\because)$ $f : X \to Y$가 함수이므로 성립한다.
(3) $(x, y) \in f \ \wedge \ (x, z) \in f \Longrightarrow y = z$.
$(\because)$ $f : X \to Y$가 함수이므로 성립한다.
위 (1), (2), (3)에 의해 $f : X \to W$도 함수이다. □

예 5.16 $f : \mathbb{N} \to \mathbb{R},\ f(x) = 2x$인 함수가 있으면 $f(\mathbb{N}) \subseteq \mathbb{Q}$이므로 $f : \mathbb{N} \to \mathbb{Q},\ f(x) = 2x$도 함수이고, $f(\mathbb{N}) \subseteq \mathbb{N}$이므로 $f : \mathbb{N} \to \mathbb{N},\ f(x) = 2x$도 함수가 된다.

정 리 5.17 $f : X \to Y$ 와 $g : X \to Y$가 함수라 할 때,
$f = g \iff \forall x \in X,\ f(x) = g(x)$

【증명】 ($\Longrightarrow$) $f = g$이고 $x \in X$라 하자.

$$\begin{aligned} y = f(x) \quad &\Longleftrightarrow (x, y) \in f \\ &\Longleftrightarrow (x, y) \in g \quad (\because f = g) \\ &\Longleftrightarrow y = g(x) \end{aligned}$$

$\therefore f(x) = g(x)$

($\Longleftarrow$)

$$\begin{aligned} (x, y) \in f \quad &\Longleftrightarrow \quad y = f(x) \\ &\Longleftrightarrow \quad y = g(x) \quad (\because f(x) = g(x)) \\ &\Longleftrightarrow \quad (x, y) \in g \end{aligned}$$

$\therefore f = g$ □

위 정리에 의하면 정의역과 공역이 같은 두 함수가 있을 때, 관계인 집합으로 같기 위한 필요충분조건은 정의역의 각 원소에 대한 함수값이 같은 것이다.

정 리 5.18 두 함수 $f : A \to C$, $g : B \to D$가 $\forall x \in A \cap B,\ f(x) = g(x)$이면, $h = f \cup g$는 $A \cup B$에서 $C \cup D$로 가는 함수이다. 실제로 $h : A \cup B \to C \cup D$는

$$h(x) = \begin{cases} f(x), & x \in A \\ g(x), & x \in B \end{cases}$$

로 정의된다.

【증명】

(1) $h \subseteq (A \cup B) \times (C \cup D)$

$(\because)$ $f : A \to C$와 $g : B \to D$가 함수이므로, $f \subseteq A \times C$이고 $g \subseteq B \times D$이다. 따라서 $h = f \cup g \subseteq (A \times C) \cup (B \times D)$. 그런데 $A \times C \subseteq (A \cup B) \times (C \cup D)$이고 $B \times D \subseteq (A \cup B) \times (C \cup D)$이므로, $(A \times C) \cup (B \times D) \subseteq (A \cup B) \times (C \cup D)$. 그러므로 $h \subseteq (A \cup B) \times (C \cup D)$.

(2) $\mathrm{Dom}(h) = A \cup B$

$(\because)$ $\mathrm{Dom}(h) = \mathrm{Dom}(f \cup g) = \mathrm{Dom}(f) \cup \mathrm{Dom}(g) = A \cup B$

(3) $(x, y) \in h$이고 $(x, z) \in h$라 하자.
임의의 $x \in \mathrm{Dom}(h) = A \cup B$에 대해 다음 세 가지 경우가 있다.

1) $x \in A - B$일 때:
$(x, y) \in h \wedge (x, z) \in h$
$\Longrightarrow (x, y) \in f \wedge (x, z) \in f$
$\Longrightarrow y = z$ $(\because f$: 함수$)$

2) $x \in B - A$일 때:
$(x, y) \in h \wedge (x, z) \in h$
$\Longrightarrow (x, y) \in g \wedge (x, z) \in g$
$\Longrightarrow y = z$ $(\because g$: 함수$)$

3) $x \in A \cap B$일 때:
$(x, y) \in h \wedge (x, z) \in h$
$\Longrightarrow (x, y) \in f \wedge (x, z) \in f$
$\Longrightarrow y = z$

즉 모든 경우에 대해 $y = z$가 된다. 따라서 h는 함수이다. □

예 **5.19** 두 함수 $f : [0, 1] \to \mathbb{R}$, $f(x) = 2x - 1$와 $g : [1, 2] \to \mathbb{R}$, $g(x) = x^2$이 있으면 $f(1) = 1 = g(1)$이므로 $h = f \cup g : [0, 2] \to \mathbb{R}$도 함수이다.

연습문제 5.1

1. 다음 각 그림의 함수가 $X = \{x, y, z\}$에서 $Y = \{u, v, w\}$로 가는 함수가 되는지 알아 보고, 안될 경우 그 이유를 밝혀라.

(a)

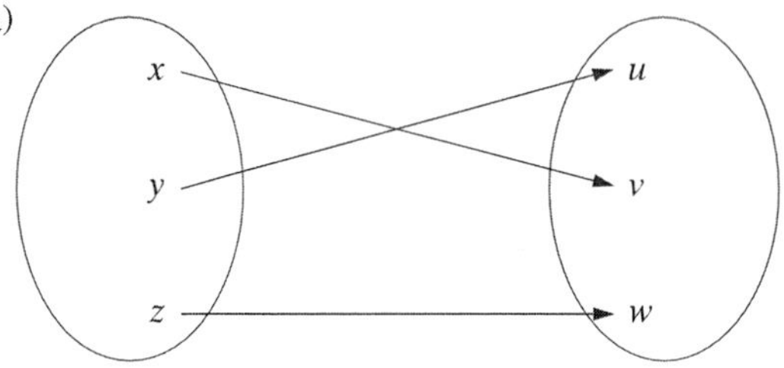

(b)

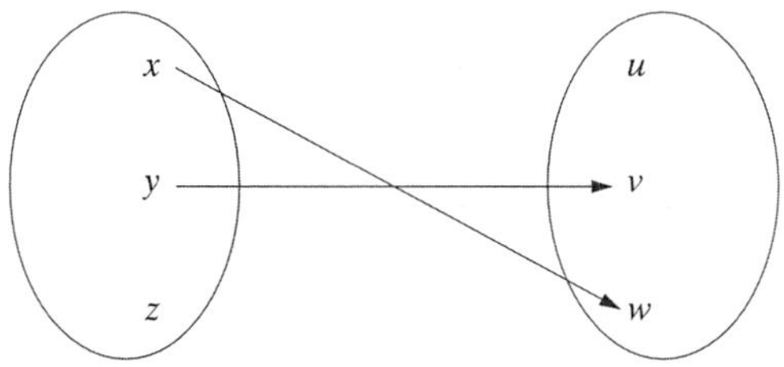

(c)

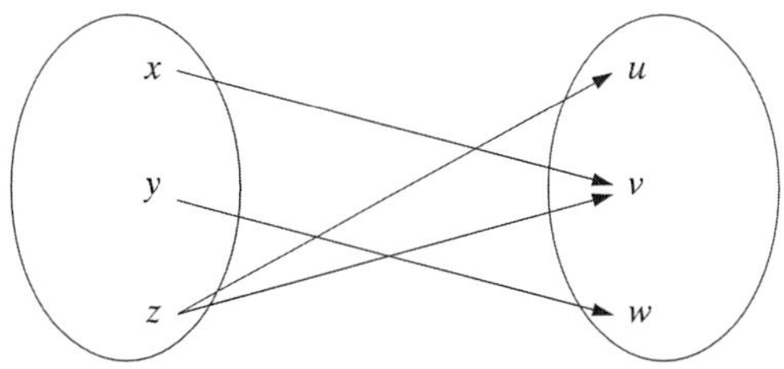

그림 16

2. 다음과 같이 정의된 함수 $f : \mathbb{R} \to \mathbb{R}$가 있다.

$$f(x) = \begin{cases} 1, & x\text{가 유리수 일 때} \\ -1, & x\text{가 무리수 일 때} \end{cases}$$

이 경우 $f(\frac{1}{3}), f(\sqrt{3}), f(1.323232\cdots)$를 구하여라.

3. 다음과 같이 정의된 함수 $f:\mathbb{R}\to\mathbb{R}$에 대하여 $f(-7), f(3), f(6)$를 구하여라.

$$f(x)=\begin{cases}4x+3, & x>5\text{일 때}\\ x^2-2, & -6\le x\le 5\text{일 때}\\ 4-5x, & x<-6\text{일 때}\end{cases}$$

4. 집합 $X=\{-2,-1,0,1,2\}$에서 $f(x)=x^3-1$으로 정의된 함수 $f:X\to\mathbb{R}$의 치역을 구하여라.

5. 다음 각 식에 의하여 정의된 $\mathbb{R}$에서 $\mathbb{R}$로 가는 함수의 치역을 구하여라.

   (a) $f(x)=2x^2+5$

   (b) $g(x)=\cos x$

   (c) $h(x)=x^3-1$

6. $X=\{x,y,z\}$, $Y=\{1,2,3\}$에 대하여 다음 관계들이 X에서 Y로 가는 함수가 되는지 알아보아라.

   (a) $f=\{(x,1),(y,2),(z,3)\}$

   (b) $g=\{(x,2),(y,3),(z,2)\}$

   (c) $h=\{(x,2),(y,1)\}$

   (d) $k=\{(x,1),(y,2),(y,1),(z,3)\}$

7. 아래 주어진 식이 함수가 되는지 알아보아라.

   (a) $f:\mathbb{N}\to\mathbb{N}, f(x)=x^3$

   (b) $f:\mathbb{N}\to\mathbb{N}, f(x)=x^{\frac{1}{2}}$

   (c) $f:\mathbb{Q}\to\mathbb{Q}, f(x)=x^3$

   (d) $f:\mathbb{Q}^c\to\mathbb{Q}^c, f(x)=x^3$

(e) $f : \mathbb{Q}^+ \to \mathbb{Q}^+, f(x) = x^{\frac{1}{2}}$

(f) $f : (\mathbb{Q}^c)^+ \to (\mathbb{Q}^c)^+, f(x) = x^{\frac{1}{2}}$. 단, $(\mathbb{Q}^c)^+$는 양의 무리수의 집합.

8. $X = \{x, y, z\}$, $Y = \{1, 2\}$에 대하여 X에서 Y로 가는 함수는 몇 개인가? 집합 X, Y의 원소가 각각 m, n개일 때, X에서 Y로 가는 함수는 몇 개인가? 이 중에서 상수함수는 몇 개인가?

9. 두 함수 $f : X \to Y$, $g : Z \to W$가 있을 때, $h : X \times Z \to Y \times W$를 $h((x, z)) = (f(x), g(z))$로 정의하면 h도 함수가 됨을 증명하여라.

10. 두 집합 X, Y에 대하여 $X \subseteq Y$, $f = \{(x, x) \mid x \in X\}$일 때 f는 X에서 Y로 가는 함수임을 증명하여라.

11. 함수 $f : X \to Y$가 있을 때, f의 공집합이 아닌 각 부분집합 g에 따라 함수가 하나씩 생긴다. 이렇게 생기는 함수의 정의역과 공역을 구하고, 함수가 됨을 보여라.

12. X에서 X로 가는 함수 $f : X \to X$가 X 위의 반사적관계이면 f는 항등함수 $I_X : X \to X$이다. 이것을 증명하여라.

13. X가 단위 구간 [0,1]이고, 함수 $f : X \to X$는 X 위의 대칭적 관계이다. 항등함수가 아닌 함수 f의 예를 들어라.

14. 정의역과 공역이 각각 같은 두 함수 $f : X \to Y$, $g : X \to Y$가 있다. 이 경우 $f \subseteq g$ 이면 $f = g$이다. 이것을 증명하여라.

5.2 상과 역상

참고 5.3에서 다룬 상과 원상의 개념은 한 개의 원소에 대한 개념인데, 이를 집합으로까지 확장하여 집합의 상과 역상을 정의할 수 있다. 상이나 역상의 포함관계, 합집합이나 교집합과의 결합관계 등은 전공수학에서 자주 등장하는 중요한 내용이다.

정 의 **5.20** $f : X \to Y$가 함수이고 $A \subseteq X, B \subseteq Y$일 때

(1) 집합

$$f(A) = \{f(x) \mid x \in A\}$$

을 f에 의한 A의 상(image)이라 한다.

(2) 집합

$$f^{-1}(B) = \{x \in X \mid f(x) \in B\}$$

를 f에 의한 B의 역상(inverse image)이라 한다.

참 고 **5.21** 함수 $f : X \to Y$에 대해 아래 사실이 성립한다.

(1) $y \in f(A) \iff \exists a \in A, y = f(a)$.

(2) $x \in f^{-1}(B) \iff f(x) \in B$.

(3) $x \in A \Longrightarrow f(x) \in f(A)$.

(4) $f(x) \in f(A) \not\Longrightarrow x \in A$.

(5) $f^{-1}(\{y\}) = \{x \in X \mid f(x) \in \{y\}\} = \{x \in X \mid f(x) = y\}$

예 5.22 특성함수 $\chi_{[1,2]} : \mathbb{R} \to \{0, 1\}$에 대해
$\chi_{[1,2]}([1,2]) = \{1\}$, $\chi_{[1,2]}(\mathbb{R} - [1,2]) = \{0\}$,
$\chi_{[1,2]}([1,3]) = \{0,1\}$, $\chi_{[1,2]}(\mathbb{R}) = \{0,1\}$이다. 또한
$\chi_{[1,2]}^{-1}(\{1\}) = [1,2]$, $\chi_{[1,2]}^{-1}(\{0\}) = \mathbb{R} - [1,2]$, $\chi_{[1,2]}^{-1}(\{0,1\}) = \mathbb{R}$이다.

예 5.23 (1) 상수함수 $f : \mathbb{R} \to \mathbb{R}$, $f(x) = 3$에 대해,
$f(\{1\}) = \{3\}$, $f([1,2]) = \{3\}$, $f(\mathbb{R}) = \{3\}$, $f^{-1}(\{3\}) = \mathbb{R}$이다.

(2) $f : \mathbb{R} \to \mathbb{R}$, $f(x) = 2x$일 때,
$f([0,2]) = [0,4]$, $f^{-1}([0,4]) = [0,2]$이다.

(3) $f : \mathbb{R} \to \mathbb{R}$, $f(x) = x^2$일 때,
$f([0,2]) = [0,4]$, $f^{-1}([0,4]) = [-2,2]$이다.

정 리 5.24 $f : X \to Y$가 함수일 때 아래 사실이 성립한다.

(1) $f(\phi) = \phi$

(2) $f(\{x\}) = \{f(x)\}$, $\forall x \in X$

(3) $A \subseteq B \subseteq X \Longrightarrow f(A) \subseteq f(B)$

(4) $C \subseteq D \subseteq Y \Longrightarrow f^{-1}(C) \subseteq f^{-1}(D)$

【증명】 (1) $f(\phi) = \{f(x) \mid x \in \phi\} = \phi$.
(2) $f(\{x\}) = \{f(a) \mid a \in \{x\}\} = \{f(x)\}$.
(3) $y \in f(A) \Longrightarrow \exists a \in A,\ y = f(a) \Longrightarrow \exists a \in B,\ y = f(a) \quad (\because A \subseteq B)$
$\Longrightarrow y = f(a) \in f(B)$. 따라서 $f(A) \subseteq f(B)$이다.
(4) $x \in f^{-1}(C) \Longrightarrow f(x) \in C \Longrightarrow f(x) \in D \Longrightarrow x \in f^{-1}(D)$.
따라서 $f^{-1}(C) \subseteq f^{-1}(D)$이다. □

예 **5.25** $f:\mathbb{R}\to\mathbb{R},\ f(x)=2x$인 함수와 두 집합 $[0,1]\subseteq[0,2]$에 대해 상과 역상의 포함관계는
$f([0,1])=[0,2]\subseteq[0,4]=f([0,2])$,
$f^{-1}([0,1])=[0,\frac{1}{2}]\subseteq[0,1]=f^{-1}([0,2])$이다.
또한 $f(\{1\})=\{2\}=\{f(1)\}$이다.

참 고 **5.26** 분명히 같은 집합에 대한 상은 같다. 즉 $C=D\Longrightarrow f(C)=f(D)$이다. 그러나 상이 같다고 해서 원래 집합이 같은 것은 아니다. 즉 $f(C)=f(D)\not\Longrightarrow C=D$이다. 예를 들어, $f:\mathbb{R}\to\mathbb{R},\ f(x)=x^2$일 때, $f([0,1])=[0,1]=f([-1,1])$이지만 $[0,1]\neq[-1,1]$이다.

참 고 **5.27** 같은 집합에 대한 역상은 같다. 즉 $C=D\Longrightarrow f^{-1}(C)=f^{-1}(D)$이다. 그러나 역상이 같다고 해서 원래 집합이 같은 것은 아니다. 즉 $f^{-1}(C)=f^{-1}(D)\not\Longrightarrow C=D$이다. 아래 그림과 같이 주어진 함수를 생각하면 $f^{-1}(C)=f^{-1}(D)=\{a\}$이지만 $C\neq D$이다.

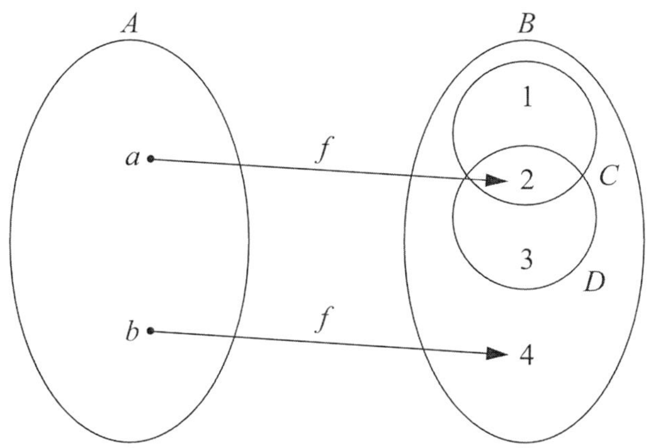

그림 17 $f^{-1}(C)=f^{-1}(D)\not\Longrightarrow C=D$

예 제 **5.28** $f(A)\subseteq B\iff A\subseteq f^{-1}(B)$임을 보여라.

【풀이】 $(\Longrightarrow)$ $a \in A \Longrightarrow f(a) \in f(A) \Longrightarrow f(a) \in B \Longrightarrow a \in f^{-1}(B)$.
따라서 $A \subseteq f^{-1}(B)$.
$(\Longleftarrow)$ 연습문제.

정 리 5.29 $f : X \to Y$가 함수이고
$\{A_\gamma \mid \gamma \in \Gamma\}$가 X의 부분집합족일 때 다음이 성립한다.
(1) $f(\bigcup_{\gamma\in\Gamma} A_\gamma) = \bigcup_{\gamma\in\Gamma} f(A_\gamma)$
(2) $f(\bigcap_{\gamma\in\Gamma} A_\gamma) \subseteq \bigcap_{\gamma\in\Gamma} f(A_\gamma)$

【증명】 (1)

$$\begin{aligned} y \in f(\bigcup_{\gamma\in\Gamma} A_\gamma) &\iff \exists x \in \bigcup_{\gamma\in\Gamma} A_\gamma,\ f(x) = y && (5.1)\\ &\iff [\exists \gamma \in \Gamma, x \in A_\gamma] \wedge f(x) = y && (5.2)\\ &\iff \exists \gamma \in \Gamma, y \in f(A_\gamma) && (5.3)\\ &\iff y \in \bigcup_{\gamma\in\Gamma} f(A_\gamma) && (5.4) \end{aligned}$$

$\therefore f(\bigcup_{\gamma\in\Gamma} A_\gamma) = \bigcup_{\gamma\in\Gamma} f(A_\gamma)$

(2) $\bigcap_{\gamma\in\Gamma} A_\gamma \subseteq A_\gamma$, $\forall \gamma \in \Gamma$이므로 $f(\bigcap_{\gamma\in\Gamma} A_\gamma) \subseteq f(A_\gamma)$, $\forall \gamma \in \Gamma$이다 (정리 5.24 참조).
$\therefore f(\bigcap_{\gamma\in\Gamma} A_\gamma) \subseteq \bigcap_{\gamma\in\Gamma} f(A_\gamma)$ □

예 5.30 $f : \mathbb{R} \to \mathbb{R},\ f(x) = 2x$인 함수에 대해
$A_n = [0, \frac{1}{n}]$, $n \in \mathbb{N}$을 생각하자.

$$\begin{aligned} f(\bigcup_{n\in\mathbb{N}} A_n) &= f(\bigcup_{n=1}^{\infty} [0, \tfrac{1}{n}]) = f([0,1]) \\ &= [0, 2], \end{aligned}$$

$$\begin{aligned}\bigcup_{n\in\mathbb{N}} f(A_n) &= \bigcup_{n=1}^{\infty} f(A_n) = \bigcup_{n=1}^{\infty} f([0, \tfrac{1}{n}]) \\ &= \bigcup_{n=1}^{\infty} [0, \tfrac{2}{n}] = [0, 2]\end{aligned}$$

따라서 $f(\bigcup_{n\in\mathbb{N}} A_n) = \bigcup_{n\in\mathbb{N}} f(A_n)$이 됨을 알 수 있다.

예 **5.31** 정리 5.29의 (2)에서 등호가 성립하지 않는 경우를 살펴보자. $f : \mathbb{R} \to \mathbb{R}$, $f(x) = 3$인 상수함수와 $A_n = (0, \frac{1}{n})$, $n \in \mathbb{N}$을 생각하면,

$$\begin{aligned}f(\bigcap_{n\in\mathbb{N}} A_n) &= f(\bigcap_{n=1}^{\infty} (0, \tfrac{1}{n})) \\ &= f(\phi) = \phi\end{aligned}$$

이다. 그런데

$$\begin{aligned}\bigcap_{n\in\mathbb{N}} f(A_n) &= \bigcap_{n=1}^{\infty} f(A_n) = \bigcap_{n=1}^{\infty} f((0, \tfrac{1}{n})) \\ &= \bigcap_{n=1}^{\infty} \{3\} = \{3\}\end{aligned}$$

이다. 따라서 $f(\bigcap_{n\in\mathbb{N}} A_n) \subsetneq \bigcap_{n\in\mathbb{N}} f(A_n)$ 이다.

따름정리 **5.32** $f : X \to Y$가 함수이고 $A, B \subseteq X$일 때
(1) $f(A \cup B) = f(A) \cup f(B)$,
(2) $f(A \cap B) \subseteq f(A) \cap f(B)$.

예 **5.33** 함수 $f : \mathbb{R} \to \mathbb{R}$, $f(x) = x^2$을 생각하자.

$A = [0, 1]$, $B = [1, 2]$이면, $f(A \cup B) = f([0, 2]) = [0, 4]$가 되고, $f(A) = [0, 1]$, $f(B) = [1, 4]$이므로 $f(A) \cup f(B) = [0, 4]$이 되어 $f(A \cup B) = f(A) \cup f(B)$가 된다.

그러나, $C = [-1,0]$, $D = [0,1]$이면, $f(C \cap D) = f(\{0\}) = \{0\}$이 되고, $f(C) = [0,1]$, $f(D) = [0,1]$이므로 $f(C) \cap f(D) = [0,1]$이 되어 $f(C \cap D) \neq f(C) \cap f(D)$가 된다.

정 리 **5.34** $f : X \to Y$가 함수이고 $\{B_\gamma \mid \gamma \in \Gamma\}$가 Y의 부분집합족일 때 다음이 성립한다.
(1) $f^{-1}(\bigcup_{\gamma\in\Gamma} B_\gamma) = \bigcup_{\gamma\in\Gamma} f^{-1}(B_\gamma)$
(2) $f^{-1}(\bigcap_{\gamma\in\Gamma} B_\gamma) = \bigcap_{\gamma\in\Gamma} f^{-1}(B_\gamma)$

【증명】 (1)

$$x \in f^{-1}(\bigcup_{\gamma\in\Gamma} B_\gamma) \iff f(x) \in \bigcup_{\gamma\in\Gamma} B_\gamma \tag{5.5}$$
$$\iff \exists\gamma \in \Gamma,\ f(x) \in B_\gamma \tag{5.6}$$
$$\iff \exists\gamma \in \Gamma,\ x \in f^{-1}(B_\gamma) \tag{5.7}$$
$$\iff x \in \bigcup_{\gamma\in\Gamma} f^{-1}(B_\gamma) \tag{5.8}$$

(2)

$$x \in f^{-1}(\bigcap_{\gamma\in\Gamma} B_\gamma) \iff f(x) \in \bigcap_{\gamma\in\Gamma} B_\gamma \tag{5.9}$$
$$\iff \forall\gamma \in \Gamma,\ f(x) \in B_\gamma \tag{5.10}$$
$$\iff \forall\gamma \in \Gamma,\ x \in f^{-1}(B_\gamma) \tag{5.11}$$
$$\iff x \in \bigcap_{\gamma\in\Gamma} f^{-1}(B_\gamma) \tag{5.12}$$

□

예 **5.35** $f : \mathbb{R} \to \mathbb{R}$, $f(x) = 2x$인 함수에 대해

$A_n = [0, \frac{1}{n}],\ n \in \mathbb{N}$을 생각하자.

$$\begin{aligned} f^{-1}(\bigcup_{n\in\mathbb{N}} A_n) &= f^{-1}(\bigcup_{n=1}^{\infty}[0, \tfrac{1}{n}]) = f^{-1}([0,1]) \\ &= [0, \tfrac{1}{2}] \end{aligned}$$

이며, 또한

$$\begin{aligned} \bigcup_{n\in\mathbb{N}} f^{-1}(A_n) &= \bigcup_{n=1}^{\infty} f^{-1}(A_n) = \bigcup_{n=1}^{\infty} f^{-1}([0, \tfrac{1}{n}]) \\ &= \bigcup_{n=1}^{\infty}[0, \tfrac{1}{2n}] = [0, \tfrac{1}{2}] \end{aligned}$$

이다. 따라서 $f^{-1}(\bigcup_{n\in\mathbb{N}} A_n) = \bigcup_{n\in\mathbb{N}} f^{-1}(A_n)$가 됨을 알 수 있다.

정리 5.34에 의해 아래 결과를 바로 얻을 수 있다.

따름정리 **5.36** $f : X \to Y$가 함수이고 $C, D \subseteq Y$일 때
(1) $f^{-1}(C \cup D) = f^{-1}(C) \cup f^{-1}(D)$,
(2) $f^{-1}(C \cap D) = f^{-1}(C) \cap f^{-1}(D)$.

예 **5.37** 함수 $f : \mathbb{R} \to \mathbb{R},\ f(x) = x^2$을 생각하자.

$A = [0,1],\ B = [1,4]$이면, $f^{-1}(A \cup B) = f^{-1}([0,4]) = [-2,2]$가 되고, $f^{-1}(A) = [-1,1],\ f^{-1}(B) = [-2,-1] \cup [1,2]$이므로 $f^{-1}(A) \cup f^{-1}(B) = [-2,2]$가 되어 $f^{-1}(A \cup B) = f^{-1}(A) \cup f^{-1}(B)$가 된다.

또한, $A = [0,1],\ B = [1,4]$이면, $f^{-1}(A \cap B) = f^{-1}(\{1\}) = \{-1,1\}$이 되고, $f^{-1}(A) = [-1,1],\ f^{-1}(B) = [-2,-1] \cup [1,2]$이므로 $f^{-1}(A) \cap f^{-1}(B) = \{-1,1\}$가 되어 $f^{-1}(A \cap B) = f^{-1}(A) \cap f^{-1}(B)$가 된다.

정 리 **5.38** $f : X \to Y$가 함수이고 $A \subseteq X,\ B \subseteq Y$일 때
(1) $A \subseteq f^{-1}(f(A))$,
(2) $f(f^{-1}(B)) \subseteq B$.

【증명】 (1)

$$\begin{aligned} x \in A &\implies f(x) \in f(A) \quad (\because \text{상의 정의}) \\ &\implies x \in f^{-1}(f(A)) \quad (\because \text{역상의 정의}) \end{aligned}$$

$\therefore A \subseteq f^{-1}(f(A))$

$$\begin{aligned} (2) \quad y \in f(f^{-1}(B)) &\implies \exists x \in f^{-1}(B),\ y = f(x) \quad (\because \text{상의 정의}) \\ &\implies \exists f(x) \in B,\ y = f(x) \quad (\because \text{역상의 정의}) \\ &\implies y \in B \end{aligned}$$

$\therefore f(f^{-1}(B)) \subseteq B$ □

예 **5.39** $f : \mathbb{R} \to \mathbb{R},\ f(x) = x^2$인 함수에 대해 $A = [0, 1]$이면, $f^{-1}(f(A)) = f^{-1}(f([0, 1])) = f^{-1}([0, 1]) = [-1, 1]$이므로 $A \subseteq f^{-1}(f(A))$이다.

예 **5.40** $f : \mathbb{R} \to \mathbb{R},\ f(x) = x^2$인 함수에 대해 $B = [-1, 1]$이면, $f(f^{-1}(B)) = f(f^{-1}([-1, 1])) = f([-1, 1]) = [0, 1]$이므로 $f(f^{-1}(B)) \subseteq B$이다.

정 리 **5.41** $f : X \to Y$가 함수이고 $B, C \subseteq Y$일 때
$f^{-1}(B - C) = f^{-1}(B) - f^{-1}(C)$이다.

【증명】

$$\begin{aligned} x \in f^{-1}(B-C) &\iff f(x) \in B-C && (5.13)\\ &\iff f(x) \in B \wedge f(x) \notin C && (5.14)\\ &\iff x \in f^{-1}(B) \wedge\ x \notin f^{-1}(C) && (5.15)\\ &\iff x \in f^{-1}(B) - f^{-1}(C) && (5.16) \end{aligned}$$

□

정 리 5.42 $f : X \to Y$가 함수이고 $B \subseteq Y$일 때 $f^{-1}(B^c) = (f^{-1}(B))^c$이다.

【증명】 $f^{-1}(Y) = X$이므로 위 정리에 의해,

$$\begin{aligned} f^{-1}(B^c) &= f^{-1}(Y-B) = f^{-1}(Y) - f^{-1}(B)\\ &= X - f^{-1}(B) = (f^{-1}(B))^c \end{aligned}$$

□

예 5.43 $f(x) = 2x,\ B = [2, \infty)$일 때,

$$\begin{aligned} f^{-1}(B^c) &= f^{-1}([2,\infty)^c)\\ &= f^{-1}((-\infty, 2)) = (-\infty, 1) \end{aligned}$$

이고,

$$\begin{aligned} (f^{-1}(B))^c &= (f^{-1}([2,\infty)))^c\\ &= [1,\infty)^c = (-\infty, 1) \end{aligned}$$

이므로 $f^{-1}(B^c) = (f^{-1}(B))^c$이다.

예 5.44 $f(x) = x^2,\ B = [-1, 1]$일 때,

$$\begin{aligned} f^{-1}(B^c) &= f^{-1}([-1,1]^c) \\ &= f^{-1}((-\infty,-1)\cup(1,\infty)) \\ &= f^{-1}((-\infty,-1))\cup f^{-1}((1,\infty)) \\ &= \phi\cup f^{-1}((1,\infty)) \\ &= f^{-1}((1,\infty)) \\ &= (-\infty,-1)\cup(1,\infty) \\ &= [-1,1]^c \end{aligned}$$

이고, $(f^{-1}(B))^c = (f^{-1}([-1,1]))^c = [-1,1]^c$이다. 따라서 $f^{-1}(B^c) = (f^{-1}(B))^c$이다.

연습문제 5.2

1. 함수

$$f(x) = \begin{cases} 1, & x\text{가 유리수 일 때} \\ -1, & x\text{가 무리수 일 때} \end{cases}$$

   에 대하여 다음을 구하여라.

   (a) $f(\{-1,0,1\}), f(\{\sqrt{2},\pi\}), f(\{2,\log 2\})$

   (b) $f^{-1}(\{0,1\}), f^{-1}(\{-1\}), f^{-1}(\{1\})$

2. 함수

$$f(x) = \begin{cases} 4x+3, & x > 5\text{일 때} \\ x^2-2, & -6 \le x \le 5\text{일 때} \\ 4-5x, & x < -6\text{일 때} \end{cases}$$

   에 대하여 다음을구하여라.

(a) $f(\{-7,3,6\}), f(\{-8,2,7\}), f(\{-9,1,8\})$

(b) $f^{-1}(\{0,1\}), f^{-1}(\{-3,3\}), f^{-1}(\{1,2,3\})$

3. $f : X \to Y$가 함수이고 $A, B \subseteq X$일 때 다음을 상의 정의를 사용하여 직접 증명하여라.

   (a) $f(A \cup B) = f(A) \cup f(B)$

   (b) $f(A \cap B) \subseteq f(A) \cap f(B)$

4. $f : X \to Y$가 함수이고 $C, D \subseteq Y$일 때 다음을 역상의 정의를 사용하여 직접 증명하여라.

   (a) $f^{-1}(C \cap D) = f^{-1}(C) \cap f^{-1}(D)$

   (b) $f^{-1}(C \cup D) = f^{-1}(C) \cup f^{-1}(D)$

5. 함수 $f : X \to Y$에 대하여 $A \subseteq X$, $B \subseteq Y$일 때 다음 명제가 거짓인 보기를 각각 하나씩 들어라.

   (a) $B \neq \phi \Longrightarrow f^{-1}(B) \neq \phi$

   (b) $f^{-1}(f(A)) = A$

   (c) $f(f^{-1}(B)) = B$

   (d) $f(X) = Y$

6. X, Y가 각각 집합일 때 모든 $(a, b) \in X \times Y$에 대하여

$$\pi_X((a,b)) = a,\ \pi_Y((a,b)) = b$$

   와 같이 정의하고 각각 X-사영(projection), Y-사영이라 부른다. 지금 R이 X에서 Y로 가는 관계 즉 $R \subseteq X \times Y$이면 다음 사실이 성립함을 증명하여라.

$$\pi_X(R) = \mathrm{Dom}(R),\ \pi_Y(R) = \mathrm{Im}(R)$$

7. 함수 $f : X \to Y$와 $B \subseteq Y$에 대하여, $f^{-1}(Y - B) = X - f^{-1}(B)$가 성립함을 증명하여라.

8. 함수 $f : X \to Y$에 대하여 A가 집합 X의 부분집합일 때

$$f(A^c) = f(A)^c$$

가 성립하는지 알아보아라. 언제 성립하는가?

9. 함수 $f : X \to Y$에 대하여 $f(X) = Y$이고, C, D가 각각 집합 Y의 부분집합일때

$$f^{-1}(C) = f^{-1}(D) \Longrightarrow C = D$$

을 증명하여라. $f(X) \neq Y$일 때도 성립하는지 알아보아라.

10. 함수 $f : X \to Y$에 대하여 A, B가 각각 집합 X의 부분집합일때

$$f(A) = f(B) \Longrightarrow A = B$$

가 성립하는지 알아보아라.

11. 함수 $f : X \to Y$에 대하여 A, B가 각각 집합 X의 부분집합일때

$$f(A) \neq f(B) \Longrightarrow A \neq B$$

가 성립하는지 알아보아라.

12. $f(A) \subseteq B \iff A \subseteq f^{-1}(B)$을 증명하여라.

13. $A \subseteq f(B) \Longrightarrow f^{-1}(A) \subseteq B$가 성립하지 않는 예를 들어라.

14. $f^{-1}(A) \subseteq B \Longrightarrow A \subseteq f(B)$가 성립하지 않는 예를 들어라.

15. 따름정리 5.32 (2)에서

$$f(A \cap B) = f(A) \cap f(B)$$

가 되는 예를 들어라.

5.3 단사함수와 전사함수

함수 중에서 특히 단사함수, 전사함수, 전단사함수 등은 두 집합을 비교하거나 수학적 구조를 연구할 때 중요한 역할을 한다.

정 의 5.45 함수 $f : X \to Y$가

(1) $f(a) = f(b) \Longrightarrow a = b$ 일 때, 이 함수를 단사(injective) 또는 일대일(one to one)이라 한다. 단사인 함수를 단사함수(injection)라 한다.

(2) $\forall y \in Y,\ \exists x \in X,\ f(x) = y$ 일 때, 이 함수를 전사(surjective) 또는 위로(onto)의 함수라 한다. 전사인 함수를 전사함수(surjection)라 한다.

(3) 함수 $f : X \to Y$가 단사이고 전사일 때 이 함수를 전단사(bijective)라 한다. 전단사인 함수를 간단히 전단사함수(bijection) 또는 일대일 대응(one to one correspondence)이라고 부른다.

예 5.46 아래 그림과 같이 주어진 함수는 단사함수이다.

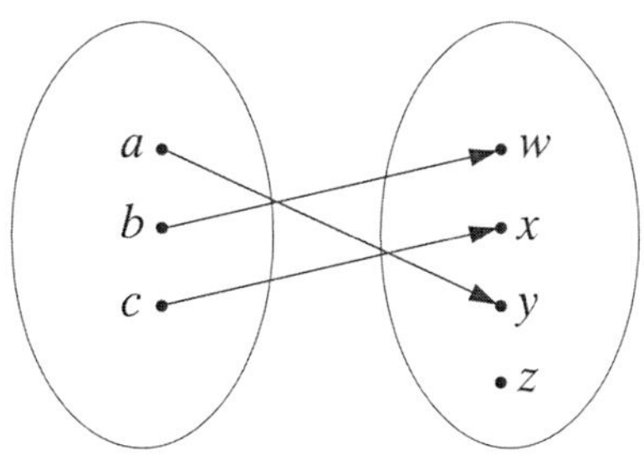

그림 18 단사함수

예 **5.47** 아래 그림과 같이 주어진 함수는 전사함수이다.

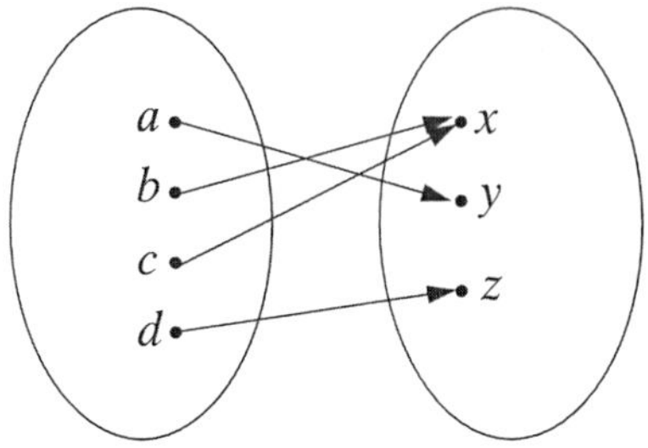

그림 19　전사함수

예 **5.48** 아래 그림과 같이 주어진 함수는 전단사함수이다.

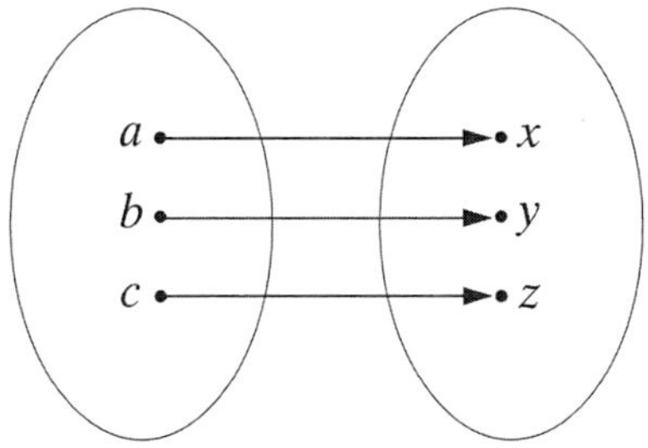

그림 20　전단사함수

참 고 **5.49** (1) $f : X \to Y$가 단사함수이기 위한 필요충분조건은 $a \neq b \Longrightarrow f(a) \neq f(b)$가 되는 것이다.

(2) $f : X \to Y$가 전사함수이기 위한 필요충분조건은 $f(X) = Y$가 되는 것이다.

참 고 **5.50** (1) $f : X \to Y$가 함수이면, $f : X \to f(X)$는 전사함수가 된다.

(2) $f : X \to Y$가 단사함수이면, $f : X \to f(X)$는 전단사함수가 된다.

예 **5.51** (1) 함수 $f:\mathbb{R}\to\mathbb{R},\ f(x)=2x+1$은 전단사함수이다.

(2) 함수 $f:\mathbb{Q}\to\mathbb{Q},\ f(x)=2x+1$은 전단사함수이다.

(3) 함수 $f:\mathbb{Z}\to\mathbb{Z},\ f(x)=2x+1$은 단사이지만 전사가 아니다.

(4) 함수 $f:\mathbb{N}\to\mathbb{N},\ f(x)=x+2$는 단사이지만 전사가 아니다.

(5) 함수 $f:\mathbb{N}\to\mathbb{N},\ f(x)=x^2$은 단사이지만 전사가 아니다.

(6) 함수 $f:\mathbb{Z}\to\mathbb{Z},\ f(x)=x^2$은 단사도 아니고 전사도 아니다.

예 **5.52** (1) $g:\mathbb{R}\to\mathbb{R},\ g(x)=|x|$인 함수 g는 전사도 아니고 단사도 아닌 함수이다.

(2) $g:\mathbb{R}\to(\mathbb{R}^+\cup\{0\}),\ g(x)=|x|$로 생각하면 g는 전사함수가 된다.

(3) $g:(\mathbb{R}^+\cup\{0\})\to(\mathbb{R}^+\cup\{0\}),\ g(x)=|x|$로 생각하면 g는 전단사함수가 된다.

예 **5.53** $h:\mathbb{R}\to\mathbb{R},\ h(x)=3$인 함수 h는 전사도 아니고 단사도 아닌 함수이다. 그러나 공역을 축소하거나, 정의역과 공역을 동시에 축소하여,
$h:\mathbb{R}\to\{3\},\ h(x)=3$으로 생각하면 h는 전사함수가 되고,
$h:\{3\}\to\{3\},\ h(x)=3$으로 생각하면 h는 전단사함수가 된다.

예 **5.54** $f:\mathbb{R}\to\mathbb{R},\ f(x)=\sin x$는 단사도 아니고 전사도 아니다. 그러나 정의역과 공역을 축소하면 $f:[-\frac{\pi}{2},\frac{\pi}{2}]\to[-1,1]$은 전단사함수이다.

단사함수일 경우 정리 5.29의 (2)는 다음과 같이 쓸 수 있다.

정 리 **5.55** $f : X \to Y$가 단사함수이고 $\{A_\gamma \mid \gamma \in \Gamma\}$가 X의 부분집합 족일 때 다음이 성립한다.

$$f(\bigcap_{\gamma\in\Gamma} A_\gamma) = \bigcap_{\gamma\in\Gamma} f(A_\gamma)$$

【증명】

$$y \in \bigcap_{\gamma\in\Gamma} f(A_\gamma) \iff y \in f(A_\gamma),\ \forall\gamma\in\Gamma \tag{5.17}$$

$$\iff (\exists x_\gamma \in A_\gamma, y = f(x_\gamma)),\ \forall\gamma\in\Gamma \tag{5.18}$$

그런데 $f : X \to Y$가 단사이므로 모든 x_γ들이 같다. 이 원소를 x_0로 나타내자. 그러면

$$y \in \bigcap_{\gamma\in\Gamma} f(A_\gamma) \iff \exists x_0 \in A_\gamma,\ y = f(x_0),\ \forall\gamma\in\Gamma \tag{5.19}$$

$$\iff \exists x_0 \in \bigcap_{\gamma\in\Gamma} A_\gamma,\ y = f(x_0) \tag{5.20}$$

$$\iff y \in f(\bigcap_{\gamma\in\Gamma} A_\gamma) \tag{5.21}$$

그러므로 $f(\bigcap_{\gamma\in\Gamma} A_\gamma) = \bigcap_{\gamma\in\Gamma} f(A_\gamma)$. □

따름정리 **5.56** 함수 $f : X \to Y$가 단사함수이고 A, B가 각각 집합 X의 부분집합일 때 다음이 성립한다.

$$f(A \cap B) = f(A) \cap f(B)$$

정 리 **5.57** $f : X \to Y$가 전단사함수이면 역관계 $f^{-1} : Y \to X$는 함수이다. 실제로 f^{-1}는 전단사함수이다.

【증명】 (1) $\mathrm{Dom}(f^{-1}) = \mathrm{Im}(f) = f(X) = Y$ ($\because f$: 전단사함수)
(2)

$$\begin{aligned}(y, x_1) \in f^{-1} \wedge (y, x_2) \in f^{-1} &\Longrightarrow (x_1, y) \in f \wedge (x_2, y) \in f \\ &\Longrightarrow f(x_1) = y \wedge f(x_2) = y \\ &\Longrightarrow f(x_1) = f(x_2) \\ &\Longrightarrow x_1 = x_2 \quad (\because f : \text{단사})\end{aligned}$$

(1), (2)에 의해서 f^{-1}는 함수이다. 이제 f^{-1}가 전단사임을 보이자.

$$f^{-1}(y_1) = f^{-1}(y_2) \Longrightarrow f^{-1}(y_1) = f^{-1}(y_2) = x \tag{5.22}$$

$$\Longrightarrow f(x) = y_1 \wedge f(x) = y_2 \tag{5.23}$$

$$\Longrightarrow y_1 = y_2 \quad (\because f : \text{함수}) \tag{5.24}$$

따라서 f^{-1}는 단사함수이다. 또한 $\mathrm{Im}(f^{-1}) = \mathrm{Dom}(f) = X$이므로 f^{-1}는 전사함수이다. 결국 f^{-1}는 전단사함수이다. □

정 의 **5.58** 전단사함수 f에서 얻어지는 함수 f^{-1}을 f의 역함수(inverse function)라 한다.

참 고 **5.59** 함수 $f : X \to Y$가 전단사일 때 아래 사실이 성립한다.

$$y = f(x) \Longleftrightarrow x = f^{-1}(y)$$

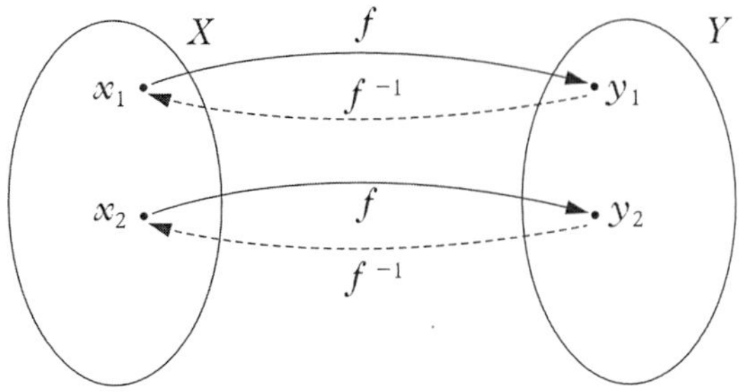

그림 21 $y = f(x) \iff x = f^{-1}(y)$

예 **5.60** (1) 함수 $f : \{1, 2, 3\} \to \{a, b, c\}$, $f = \{(1, a), (2, c), (3, b)\}$는 전단사이다. 그러므로 $f^{-1} = \{(a, 1), (c, 2), (b, 3)\}$는 $\{a, b, c\}$에서 $\{1, 2, 3\}$으로 가는 전단사함수이다.

(2) 전단사함수 $f : \mathbb{R} \to \mathbb{R}$, $f(x) = 2x + 1$에 대해 역함수를 구하면 $f^{-1}(x) = \frac{x}{2} - \frac{1}{2}$가 되어 전단사 함수가 됨을 알 수 있다.

참 고 **5.61** 역함수의 기호와 역상의 기호를 혼동하지 않도록 주의 바란다. 역상의 기호는 모든 함수에 대해서 사용할 수 있지만, 역함수의 기호는 전단사함수일 경우에만 사용할 수 있다. 즉 임의의 함수 $f : X \to Y$에 대해 $f^{-1}(A)$와 같은 기호를 쓸 수 있지만, $f^{-1} : Y \to X$와 같은 기호는 f가 전단사함수일 때만 쓸 수 있다. 특히 $f^{-1}(\{y\})$는 임의의 함수에 대해 정의되지만, $f^{-1}(y)$는 전단사함수 f에 대해서만 정의된다.

참 고 **5.62** 함수 $f : X \to Y$에 대해 아래 사실이 성립한다.

(1) f가 전단사이면, $x \in A \iff f(x) \in f(A)$이다.

(2) f가 전단사이면, $y \in B \iff f^{-1}(y) \in f^{-1}(B)$이다.

연습문제 5.3

1. 함수 $f : \mathbb{R} \to \mathbb{R}$이 모든 $x \in \mathbb{R}$에 대하여 $f(x) = 3x - 2$로 정의되었을 때 다음 물음에 답하여라.

   (a) 함수 f는 전단사임을 증명하여라.

   (b) 함수 f의 역함수 f^{-1}를 구하여라.

2. 함수 $g : (-\pi/2, \pi/2) \to \mathbb{R}$를 각 $x \in (-\pi/2, \pi/2)$에 대하여 $g(x) = \tan x$로 정의할 때, 이 함수 g는 전단사인가? 만일 그렇다면 그 역함수 g^{-1}를 구하여라.

3. 상수함수 $C_b : X \to Y$에 대해, 다음을 증명하여라:

   (a) $Y = \{b\} \iff f$는 전사함수이다.

   (b) $C_b : X \to Y$가 단사인 것은 어느 때인가?

4. X-사영 $\pi_X : X \times Y \to X$와 Y-사영 $\pi_Y : X \times Y \to Y$는 모두 전사임을 증명하여라. 또 X-사영이 단사인 것은 어느 때인가?

5. $f : A \times B \to B \times A,\ f((a,b)) = (b,a)$[1]라 할 때, 이 함수가 전단사임을 보여라.

6. 자연수의 집합 $\mathbb{N}$과 모든 짝수인 자연수의 집합 사이에 일대일 대응이 존재함을 증명하여라.

7. 정수의 집합 $\mathbb{Z}$와 모든 홀수인 자연수의 집합 사이에 일대일 대응이 존재함을 증명하여라.

8. m 개의 원소를 지닌 유한집합 X에 대하여 X에서 X로 가는 전단사함수는 모두 몇 개 있는가?

9. 함수 $f : X \to Y$가 단사일 때 A, B가 각각 집합 X의 부분집합이면 $f(A - B) = f(A) - f(B)$ 임을 증명하여라.

---

[1]다변수 함수일 때, $f((a,b))$를 간단히 $f(a,b)$로 나타내기도 한다.

10. 함수 $f : X \to Y$에 대하여 역관계 f^{-1}가 Y에서 X로 가는 함수이면 $f : X \to Y$는 전단사이다. 이것을 증명하여라.

11. $f : (A \times B) \times C \to A \times (B \times C)$, $f((a,b),c) = (a,(b,c))$라 할 때, 이 함수가 전단사임을 보여라.

12. 아래 식이 함수가 되는지 확인하고, 함수의 경우 단사인지 전사인지 알아보아라. 만일 전단사함수이면 역함수를 구하여라.

    (a) $f : \mathbb{N} \to \mathbb{N}$, $f(x) = x^2$

    (b) $f : \mathbb{Q} \to \mathbb{Q}$, $f(x) = x^3$

    (c) $f : \mathbb{Q}^c \to \mathbb{Q}^c$, $f(x) = x^3$

    (d) $f : \mathbb{N} \times \mathbb{N} \to \mathbb{N}$, $f(x,y) = x^y$

13. 아래와 같이 정의한 식이 $\mathbb{R}$에서 $\mathbb{R}$로 가는 함수가 되는지 확인하고, 함수의 경우 단사인지 전사인지 알아보아라. 만일 전단사함수이면 역함수를 구하여라.

$$f(x) = \begin{cases} x, & x \in \mathbb{Q}\text{일 때} \\ -x, & x \in \mathbb{Q}^c\text{일 때} \end{cases}$$

14. 아래와 같이 정의한 식이 $\mathbb{R}$에서 $\mathbb{R}$로 가는 함수가 되는지 확인하고, 함수의 경우 단사인지 전사인지 알아보아라. 만일 전단사함수이면 역함수를 구하여라.

$$f(x) = \begin{cases} x^3, & x \in \mathbb{Q}\text{일 때} \\ -x, & x \in \mathbb{Q}^c\text{일 때} \end{cases}$$

15. 함수 $f : X \to Y$가 전단사함수이고 A, B가 각각 집합 X의 부분집합일 때

$$A \neq B \Longrightarrow f(A) \neq f(B)$$

가 성립하는지 알아보아라.

16. $X = \{\{x\} \mid x \in \mathbb{R}\}$이라 하자. 아래 식이 함수가 되는지 확인하고, 함수의 경우 단사인지 전사인지 알아보아라. 만일 전단사함수이면 역함수를 구하여라.

    (a) $f : \mathbb{R} \to X,\ f(x) = \{x\}$

    (b) $g : X \to \mathbb{R},\ g(\{x\}) = x$

17. $X = \{\{n, n+1\} \mid n \in \mathbb{N}\}$이라 하자. 아래 식이 함수가 되는지 확인하고, 함수의 경우 단사인지 전사인지 알아보아라. 만일 전단사함수이면 역함수를 구하여라.

    (a) $f : \mathbb{N} \to X,\ f(n) = \{n, n+1\}$

    (b) $f : X \to \mathbb{N},\ f(\{n, n+1\}) = n$

    (c) $f : X \to \mathbb{N},\ f(\{n, n+1\}) = n+1$

    (d) $f : X \to \mathbb{N},\ f(\{n-1, n\}) = n$

18. 아래 식이 함수가 되는지 확인하고, 함수의 경우 단사인지 전사인지 알아보아라. 만일 전단사함수이면 역함수를 구하여라.

    (a) $f : \mathbb{N} \to P(\mathbb{N}),\ f(p) = \{p\}$

    (b) $f : \mathbb{N} \to \{\{p\} \mid p \in \mathbb{N}\},\ f(p) = \{p\}$

    (c) $f : \mathbb{N} \to \{\mathbb{N} - \{p\} \mid p \in \mathbb{N}\},\ f(p) = \mathbb{N} - \{p\}$

    (d) $f : \mathbb{R} \to \{\mathbb{R} - \{p\} \mid p \in \mathbb{R}\},\ f(p) = \mathbb{R} - \{p\}$

19. 특성함수 $\chi_A : X \to \{0, 1\}$에 대해, 다음을 증명하여라:

    (a) A는 공집합이 아닌 X의 진부분 집합이다. $\iff$ χ_A는 전사함수이다.

    (b) $\chi_A : X \to \{0, 1\}$가 단사인 것은 어느 때인가?

20. X, Y는 각각 m, n개의 원소를 지닌 유한한집합일 때 다음 사실이 성립함을 증명하여라.

    (a) $m > n$이면 단사 $f : X \to Y$는 존재하지 않는다.

    (b) $m \leq n$이면 $n!/(n-m)!$개의 단사가 존재한다.

5.4 함수의 합성

이제 두 함수의 합성에 대해 알아보자.

정 의 5.63 $f : X \to Y$ 와 $g : Y \to Z$가 함수일 때 합성(composition) $g \circ f : X \to Z$는

$$(g \circ f)(x) = g(f(x))$$

로 정의되는 함수이다. 집합을 사용하여 엄밀히 정의하면 아래와 같다.

$$g \circ f = \{(x, z) \in X \times Z \mid \exists y \in Y,\ (x, y) \in f \wedge (y, z) \in g\}$$

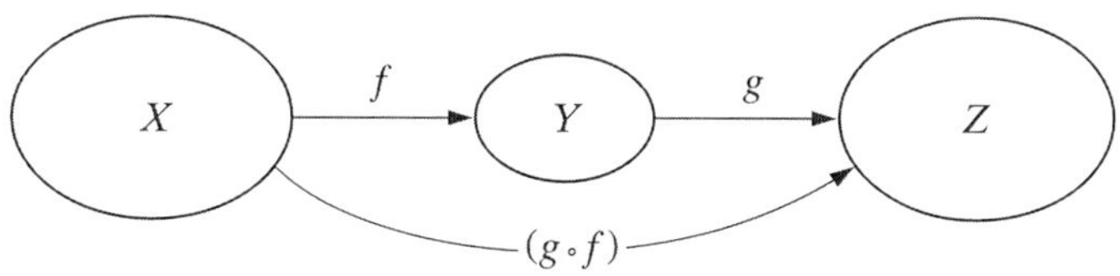

그림 22 합성함수

참 고 5.64 f와 g가 함수일 때 합성함수 $g \circ f : X \to Z$는 실제로 함수가 된다.

참 고 5.65 함수의 합성은 교환법칙이 성립하지 않는다. 합성함수가 정의 된다고 하여도 $g \circ f \neq f \circ g$이다.

예 **5.66** 함수 f와 g가 아래 그림과 같이 정의되었을 경우 합성함수 $g \circ f$의 함수값은 다음과 같다.

$$(g \circ f)(a) = g(f(a)) = g(y) = t$$
$$(g \circ f)(b) = g(f(b)) = g(z) = r$$
$$(g \circ f)(c) = g(f(c)) = g(y) = t$$

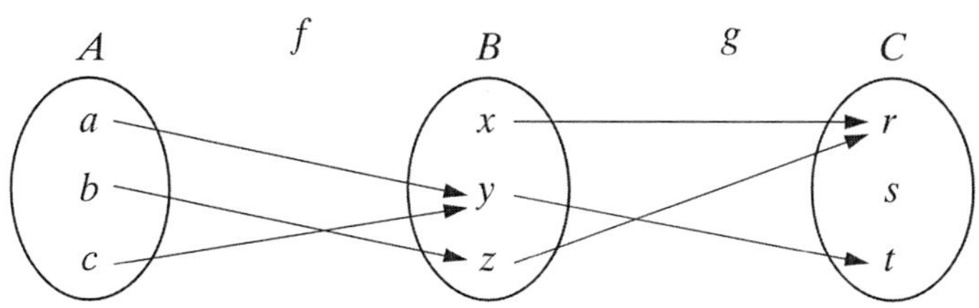

그림 23 합성함수 $g \circ f$

참 고 **5.67** 함수의 합성은 교환 법칙이 성립하지 않는다.즉 $g \circ f \neq f \circ g$이다. 예를 들어, $\mathbb{R}$에서 $\mathbb{R}$로 가는 두 함수 $f(x) = 3x$, $g(x) = x^2 + 1$에 대해 합성함수를 구하면

$$(f \circ g)(x) = f(g(x)) = f(x^2 + 1) = 3(x^2 + 1) = 3x^2 + 3$$

$$(g \circ f)(x) = g(f(x)) = g(3x) = (3x)^2 + 1 = 9x^2 + 1$$

과 같이 다른 함수가 됨을 알 수 있다.

정 리 **5.68** [결합법칙(associative law)]
함수 $f : X \to Y$, $g : Y \to Z$, $h : Z \to W$에 대해 합성에 대한 결합법칙이 성립한다. 즉,

$$(h \circ g) \circ f = h \circ (g \circ f).$$

【증명】 (1) $\mathrm{Dom}((h \circ g) \circ f) = \mathrm{Dom}(f) = X$
$\mathrm{Dom}(h \circ (g \circ f)) = \mathrm{Dom}(g \circ f) = \mathrm{Dom}(f) = X$
$\therefore \mathrm{Dom}((h \circ g) \circ f) = \mathrm{Dom}(h \circ (g \circ f))$.
(2) $\forall x \in X$,

$$((h \circ g) \circ f)(x) = (h \circ g)(f(x)) \tag{5.25}$$
$$= h(g(f(x))) \tag{5.26}$$
$$= h((g \circ f)(x)) \tag{5.27}$$
$$= (h \circ (g \circ f))(x) \tag{5.28}$$

(1), (2) 에 의해서 $(h \circ g) \circ f = h \circ (g \circ f)$ □

항등함수는 함수의 합성 연산에 대해 항등원의 역할을 한다.

정 리 **5.69** 임의의 함수 $f : X \to Y$에 대해 다음 사실이 성립한다.
(1) $f \circ I_X = f$
(2) $I_Y \circ f = f$.

【증명】 연습문제. □

역함수는 함수의 합성 연산에 대해 역원의 역할을 한다.

정 리 **5.70** 함수 $f : X \to Y$가 역함수 f^{-1}를 가지면 다음 사실이 성립한다.
(1) $f^{-1} \circ f = I_X$
(2) $f \circ f^{-1} = I_Y$

【증명】 (1) 정의역의 임의의 x를 택하고 $f(x) = y$라 하자. 그러면 $x = f^{-1}(y)$이다. 따라서 $(f^{-1} \circ f)(x) = f^{-1}(f(x)) = f^{-1}(y) = x = I_X(x)$이다. 모든 $x \in X$에 대해 성립하므로 $f^{-1} \circ f = I_X$이다.

(2) 비슷한 방법으로 증명된다. □

위 정리는 역함수를 가질 때 성립하지만, 역함수를 갖지 않는 함수에 대해서도 (1)이나 (2)가 성립할 수가 있다. 아래 예를 살펴보고 어떤 경우에 이 성질이 성립하는지 알아보자.

예 5.71 집합 $A = \{a, b\}$, $B = \{1, 2, 3\}$에 대해
단사함수 $f : A \to B$, $f(a) = 1, f(b) = 2$가 정의되었을 경우 함수 $g : B \to A$를 아래 그림과 같이 정의하면 $g \circ f = I_A$가 된다.

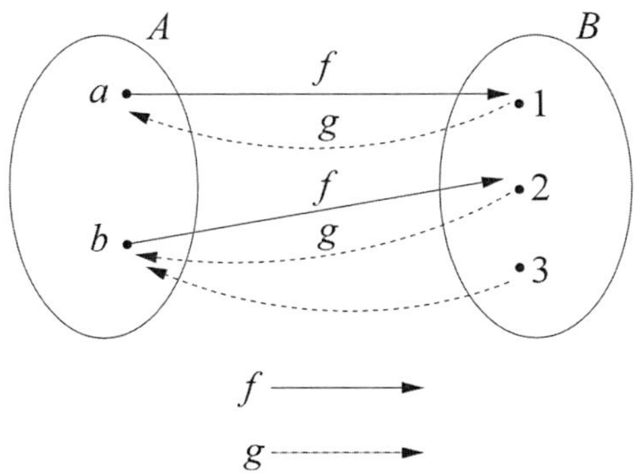

그림 24 $g \circ f = I_A$

실제로 다음 정리와 같이 어떤 함수가 단사함수이기 위한 필요충분조건은 좌역원(left inverse)이 존재하는 것이다.

정리 5.72 $f : X \to Y$가 함수일 때
$\exists g : Y \to X,\ g \circ f = I_X \iff f$는 단사함수이다.

【증명】 (⇒)

$$
\begin{aligned}
f(x_1) = f(x_2) \implies & f(x_1) = f(x_2) \in Y && (5.29)\\
\implies & g(f(x_1)) = g(f(x_2)) \quad (\because g : \text{함수}) && (5.30)\\
\implies & (g \circ f)(x_1) = (g \circ f)(x_2) && (5.31)\\
\implies & I_X(x_1) = I_X(x_2) && (5.32)\\
\implies & x_1 = x_2 && (5.33)
\end{aligned}
$$

(⇐) 함수 f가 단사이므로 공역을 줄인 함수 $f : X \to f(X)$는 전단사함수이다(참고 5.50). 따라서 역함수 $f^{-1} : f(X) \to X$가 존재한다. 이제 $g : Y \to X$를

$$
g(y) = \begin{cases} f^{-1}(y), & y \in f(X)\text{일 때} \\ x_0 \in X, & y \notin f(X)\text{일 때} \end{cases}
$$

와 같이 정의하면 g는 함수가 된다(정리 5.18). 단 x_0는 X의 임의의 원소이다. $x \in X$에 대해 $y = f(x)$라 하면,

$$
(g \circ f)(x) = g(f(x)) = g(y) = f^{-1}(y) = x = I_X(x)
$$

이다. 따라서 $g \circ f = I_X$가 된다. □

마찬가지로 다음 정리와 같이 어떤 함수가 전사함수이기 위한 필요충분조건은 우역원(right inverse)이 존재하는 것이다.

정 리 **5.73** $f : X \to Y$가 함수일 때
$\exists h : Y \to X,\ f \circ h = I_Y \iff f$는 전사함수이다.

【증명】 (⇒) $y \in Y$라 하면 $h(y) \in X$이다. 그런데

$$
f(h(y)) = (f \circ h)(y) = I_Y(y) = y
$$

이므로 f는 전사함수이다.
$(\Leftarrow)$ $f : X \to Y$가 전사함수이므로 $y \in Y$에 대해 원상이 항상 존재한다. $f(x) = y$가 되는 x중 하나를 x_y라 하고, 함수 $h : Y \to X$, $h(y) = x_y$를 정의하자. 그러면 모든 $y \in Y$에 대해

$$(f \circ h)(y) = f(h(y)) = f(x_y) = y = I_Y(y)$$

이다. 따라서 $f \circ h = I_Y$. □

위 정리의 증명에서 선택공리를 사용하였다. 선택공리에 대해서는 나중에 9장에서 다룬다.

정 리 5.74 [역함수의 유일성(uniqueness of the inverse)]
두 함수 $f : X \to Y$와 $g : Y \to X$가 $g \circ f = I_X$이고 $f \circ g = I_Y$이면 f는 전단사함수이고 $g = f^{-1}$이다.

【증명】 위 정리에 의해 f가 전단사함수가 되는 것은 분명하다.
이제 $g = f^{-1}$을 보이자.

$$\begin{aligned} x = g(y) &\implies f(x) = f(g(y)) = (f \circ g)(y) = I_Y(y) = y \\ &\implies x = f^{-1}(y). \end{aligned}$$

또한

$$\begin{aligned} x = f^{-1}(y) &\implies y = f(x) \\ &\implies g(y) = g(f(x)) = (g \circ f)(x) = I_X(x) = x \\ &\implies x = g(y). \end{aligned}$$

따라서 $\forall y \in Y,\ x = f^{-1}(y) \iff x = g(y)$이다.
그러므로 $\forall y \in Y,\ f^{-1}(y) = g(y)$. 즉 $f^{-1} = g$. □

정 리 **5.75** $f : X \to Y,\quad g : Y \to Z$일 때

(1) f와 g가 단사이면, $g \circ f$ 도 단사이다.

(2) f와 g가 전사이면, $g \circ f$ 도 전사이다.

(3) f와 g가 전단사이면, $g \circ f$ 도 전단사이다.

【증명】

(1)

$$\begin{aligned}(g \circ f)(a) = (g \circ f)(b) &\implies g(f(a)) = g(f(b)) \\ &\implies f(a) = f(b) \quad (\because g : \text{단사}) \\ &\implies a = b \quad (\because f : \text{단사})\end{aligned}$$

$\therefore g \circ f$ 는 단사함수이다.

(2)

$$\begin{aligned}(g \circ f)(X) &= g(f(X)) \\ &= g(Y) \quad (\because f : \text{전사}) \\ &= Z \quad (\because g : \text{전사})\end{aligned}$$

따라서 $g \circ f$ 는 전사함수이다.

(3) 위의 (1)과 (2)로부터 성립한다. □

정 리 **5.76** 전단사함수 $f : X \to Y,\quad g : Y \to Z$에 대해
$(g \circ f)^{-1} = f^{-1} \circ g^{-1}$

【증명】 f와 g가 전단사이므로 합성함수 $g \circ f$도 전단사가 되고, 따라서 역함수를 가진다. 역함수의 유일성(정리 5.74)에 의해 아래 두 가지 사실만 보이면 된다.

$$(f^{-1} \circ g^{-1}) \circ (g \circ f) = I_X,$$

$$(g \circ f) \circ (f^{-1} \circ g^{-1}) = I_Z.$$

그런데 함수의 합성은 결합법칙이 성립하므로

$$\begin{aligned}
(f^{-1} \circ g^{-1}) \circ (g \circ f) &= f^{-1} \circ [g^{-1} \circ (g \circ f)] \\
&= f^{-1} \circ [(g^{-1} \circ g) \circ f] \\
&= f^{-1} \circ [I_Y \circ f] \\
&= f^{-1} \circ f \\
&= I_X.
\end{aligned}$$

나머지도 마찬가지로 보일 수 있다. 따라서 $(g \circ f)^{-1} = f^{-1} \circ g^{-1}$이다. □

정리 5.77 $f : X \to Y,\ \ g : Y \to Z$일 때 $g \circ f$가 단사함수이면 f도 단사함수이다.

【증명】 대우명제를 증명하자. f가 단사가 아니라 하자. $a \neq b$이고 $f(a) = f(b)$인 $a, b \in X$가 존재한다. g가 함수이므로 $a \neq b$이고 $g(f(a)) = g(f(b))$인 $a, b \in X$가 존재한다. 그러므로 $a \neq b$이고 $(g \circ f)(a) = (g \circ f)(b)$인 $a, b \in X$가 존재한다. 정의에 의해 $g \circ f$는 단사가 아니다. 따라서 대우법칙에 의해 정리가 성립한다. □

정리 5.78 $f : X \to Y,\ \ g : Y \to Z$일 때 $g \circ f$가 전사함수이면 g도 전사함수이다.

【증명】 대우명제를 증명하자. g가 전사가 아니므로 $g(Y) \subsetneq Z$이다. 따라서 $g(f(X)) \subseteq g(Y) \subsetneq Z$이다. 그러므로 $(g \circ f)(X) \subsetneq Z$. 정의에 의해 $g \circ f$는 전사가 아니다. 따라서 대우법칙에 의해 정리가 성립한다. □

따름정리 **5.79** $f : X \to Y,\ g : Y \to Z$일 때 $g \circ f$가 전단사함수이면, f는 단사이고 g는 전사함수이다.

예 **5.80** $f : \mathbb{R}^+ \to \mathbb{R},\ f(x) = \sqrt{x}$이고 $g : \mathbb{R} \to \mathbb{R}^+,\ g(x) = x^2$일 때 $g \circ f : \mathbb{R}^+ \to \mathbb{R}^+$는 $(g \circ f)(x) = (\sqrt{x})^2 = x$로써 전단사함수이지만 f는 전사가 아닌 단사함수이고, g도 단사가 아닌 전사함수이다.

정 리 **5.81** $f : X \to Y$가 단사함수
$\iff \forall A \subseteq X,\ A = f^{-1}(f(A))$.

【증명】 $(\Rightarrow)$ 분명히 $A \subseteq f^{-1}(f(A))$은 성립하므로 나머지 포함관계만 보이면 된다.

$$\begin{aligned} x \in f^{-1}(f(A)) &\implies f(x) \in f(A) \\ &\implies \exists a \in A,\ f(x) = f(a) \\ &\implies \exists a \in A,\ a = x \quad (\because f : \text{단사}) \\ &\implies x \in A \end{aligned}$$

$$\therefore f^{-1}(f(A)) \subseteq A$$

$(\Leftarrow)$ $f(a) = f(b)$라 하자. 그러면 $\{a\} = f^{-1}(f(\{a\})) = f^{-1}(\{f(a)\}) = f^{-1}(\{f(b)\}) = f^{-1}(f(\{b\})) = \{b\}$이다. 따라서 $\{a\} = \{b\}$이다. 즉, $a = b$이다. 정의에 의해 f는 단사함수이다. □

정 리 5.82 $f : X \to Y$가 전사함수
$\iff \forall B \subseteq Y,\ B = f(f^{-1}(B))$.

【증명】 $(\Leftarrow)$

$$\begin{aligned} Y &= f(f^{-1}(Y)) \quad (\because Y \subseteq Y) \\ &= f(X) \quad (\because \text{함수의 정의}, f^{-1}(Y) = X) \end{aligned}$$

따라서 f는 전사함수이다.
$(\Rightarrow)$ 분명히 $f(f^{-1}(B)) \subseteq B$는 성립하므로 나머지 포함관계만 보이면 된다.
대우법칙을 이용하기 위해 어떤 $B \subseteq Y$에 대해
$B \not\subseteq f(f^{-1}(B))$이라 하자.
$\Longrightarrow \exists y \in B,\ y \notin f(f^{-1}(B))$
$\Longrightarrow \exists y \in B,\ y \neq f(x),\ \forall x \in f^{-1}(B)$
$\Longrightarrow \exists y \in B,\ y \neq f(x),\ \forall f(x) \in B$
$\Longrightarrow \exists y \in B,\ y \notin B \cap f(X)$
$\Longrightarrow \exists y \in B \cap f(X)^c$
$\Longrightarrow \exists y \in B - f(X) \subseteq Y - f(X)$
$\Longrightarrow Y \neq f(X)$
$\Longrightarrow f$: 전사가 아니다.
따라서 대우법칙에 의해 성립한다. □

연습문제 5.4

1. 모든 $x \in \mathbb{R}$에 대하여 $f(x) = 2x^3 + 1,\ g(x) = \sin x$로 각각 정의된 함수 $f : \mathbb{R} \to \mathbb{R},\ g : \mathbb{R} \to \mathbb{R}$에 대하여 다음을 구하여라.

   (a) 합성함수 $g \circ f$

   (b) 합성함수 $f \circ g$

2. 모든 $x \in \mathbb{R}$에 대하여 $f(x) = \log_{10} x$, $g(x) = 10^x$로 각각 정의된 함수 $f : \mathbb{R}^+ \to \mathbb{R}$, $g : \mathbb{R} \to \mathbb{R}^+$에 대하여 다음을 구하여라.

   (a) 합성함수 $g \circ f : \mathbb{R}^+ \to \mathbb{R}^+$

   (b) 합성함수 $f \circ g : \mathbb{R} \to \mathbb{R}$

3. 세 함수 $f(x) = 2x^2 + 5$, $g(x) = \cos x$, $h(x) = x^3 - 1$에 대하여 다음을 구하여라.

   (a) 합성함수 $g \circ f$

   (b) 합성함수 $h \circ g$

   (c) 합성함수 $h \circ (g \circ f)$

   (d) 합성함수 $(h \circ g) \circ f$

   (e) 두 합성함수 $h \circ (g \circ f)$, $(h \circ g) \circ f$는 같은 함수인가?

4. 함수 $f : X \to Y$와 두 함수 $g : Y \to X$, $h : Y \to X$가 존재해서 $g \circ f = I_X$, $f \circ h = I_Y$이 되면, $f : X \to Y$는 전단사이고 $g = h = f^{-1}$임을 증명하여라.

5. $f : Y \to Z$를 함수라 하자. f가 단사함수일 필요충분조건은 모든 함수 $g : X \to Y$, $h : X \to Y$에 대해 다음 사실이 성립하는 것임을 보여라.

$$f \circ g = f \circ h \Longrightarrow g = h$$

6. $f : X \to Y$를 함수라 하자. f가 전사함수일 필요충분조건은 모든 함수 $g : Y \to Z$, $h : Y \to Z$에 대해 다음 사실이 성립하는 것임을 보여라.

$$g \circ f = h \circ f \Longrightarrow g = h$$

7. X에서 Y로 가는 관계 R, Y에서 Z로 가는 관계 T에 대하여 합성함수의 경우와 같이 두 관계의 합성(composition)을 다음과 같이 정의한다.

$$T \circ R = \{(x, z) \in X \times Z \mid (\exists y)[(x, y) \in R \wedge (y, z) \in T]\}$$

이때 다음을 증명하여라.

(a) $(T \circ R)^{-1} = R^{-1} \circ T^{-1}$

(b) 만일 S가 Z에서 W로 가는 관계이면 $S \circ (T \circ R) = (S \circ T) \circ R$

Chapter 6

무한집합의 분류

중세 이전에는 무한의 개념은 신의 영역으로 간주되었다. 하지만 근세에 들어와서 여러 수학자들이 미적분과 수열 등 무한의 개념이 포함된 수학적 개념들을 생각하기 시작하였고 19세기 말에 칸토어에 의해 무한의 개념도 여러 가지가 있으며, 유한처럼 여러 가지 연산이 가능하다는 것을 보여 줌으로써 현대 수학에 중요한 기초를 제공하게 되었다. 이 장에서는 무한의 개념 중 가장 기본적인 가부번집합과 비가부번집합에 대해 알아본다.

- 유한집합, 무한집합의 정의와 성질
- 집합의 대등
- 가부번집합, 비가부번집합
- 가산집합, 비가산집합

6.1 유한집합과 무한집합

이 장에서는 무한집합의 특성에 대해서 알아본다. 무한집합의 특성을 자세히 알아보기 위하여 데디킨트(Dedekind)가 정의한 무한집합의 정의를 사용하여 이론을 전개하기로 하자.

정 의 6.1 적당한 진부분집합과 일대일 대응이 존재하는 집합을 무한집합(infinite set)이라 한다. 무한집합이 아닌 집합을 유한집합(finite set)이라 한다.

참 고 6.2 정의에 의하면 X가 무한집합이 될 필요충분조건은 X에서 X로 가는 전사가 아닌 단사함수가 존재하는 것이다. 즉,

X가 무한집합

$\iff$ $f : X \to X$ 이고 $f(X) \neq X$ 인 단사함수가 존재

예 제 6.3 공집합과 한원소 집합(singleton set)은 유한집합이 됨을 보여라.

【풀이】 공집합의 진부분집합이 존재하지 않으므로 ϕ은 무한집합일 수 없다. 그러므로 ϕ은 유한집합이다.

임의의 한원소 집합 $\{a\}$에 대하여 이 집합의 진부분집합은 공집합 뿐이다. 그런데 $\{a\}$와 ϕ 사이에는 일대일 대응이 존재하지 않는다. 따라서 $\{a\}$는 유한집합이다.

예 6.4 (1) 자연수의 집합 $\mathbb{N}$은 진부분집합인 짝수인 자연수의 집합 $\mathbb{N}_e$과 일대일 대응이 되므로 무한집합이다.

(2) 짝수인 자연수의 집합 $\mathbb{N}_e$ 도 진부분집합인 4의 배수인 자연수의 집합과 일대일 대응이 되므로 무한집합이다.

정 리 **6.5** (1) 무한집합의 포함집합은 무한집합이다.

(2) 유한집합의 부분집합은 유한집합이다.

【증명】 (1) X를 무한집합이라하고, $X \subseteq Y$라 하자. X가 무한집합이므로 $f : X \to X$이고 $f(X) \neq X$인 단사함수가 있다.

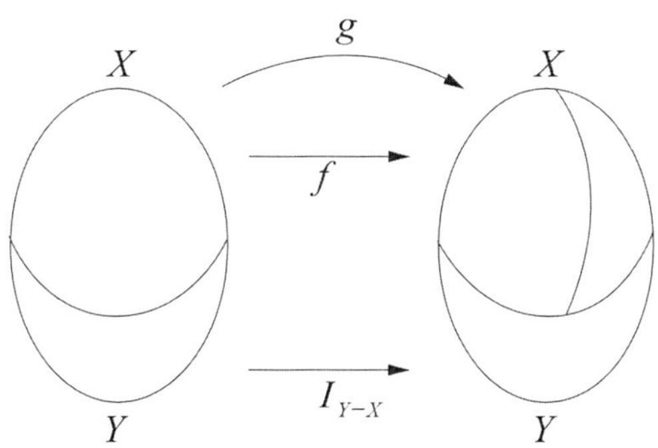

그림 25

지금 함수 $g : Y \to Y$를

$$g(y) = \begin{cases} f(y), & y \in X\text{일 때} \\ y, & y \in Y - X\text{일 때} \end{cases}$$

로 정의하면 g는 단사함수이다(그림 참조).

($\because$) $g(y) = g(y')$라고 하면 $g(y) \in X$ 또는 $g(y) \in Y - X$이다.
i) $g(y) \in X$일 경우:
$\Longrightarrow g(y') \in X$

$\Longrightarrow f(y) = g(y) = g(y') = f(y')$

$\Longrightarrow y = y' \quad (\because f$: 단사)

ii) $g(y) \in Y - X$ 일 경우:

$\Longrightarrow g(y') \in Y - X$

$\Longrightarrow y = g(y) = g(y') = y'$

$\Longrightarrow y = y'$

따라서 i)과 ii)에 의해 g는 단사함수이다.

또한 $g(Y) \neq Y$ 이다.

$(\because)$ $f : X \to X$ 가 전사함수가 아니므로

$\exists x_0 \in X,\ [f(x) \neq x_0, \forall x \in X]$

$\Longrightarrow \exists x_0 \in Y$ 이고 $\forall y \in Y,\ g(y) \neq x_0$.

따라서 $g(Y) \neq Y$ 이다.

따라서 Y 는 무한집합이다.

(2) Y 를 유한집합이라 하고, $X \subseteq Y$ 라 하자. 결론을 부정하여 X 가 무한집합이라고 가정하면, 위 (1)에 의해 $X \subseteq Y$ 이므로 Y 도 무한집합이다. 이는 가정에 모순이 된다. 따라서 X 는 유한집합이다. □

예 **6.6** $\mathbb{N} \subseteq \mathbb{Q}$이므로 유리수의 집합 $\mathbb{Q}$는 무한집합이다.
$\mathbb{N} \subseteq \mathbb{R}$이므로 실수의 집합 $\mathbb{R}$은 무한집합이다.

정 리 **6.7** $f : X \to Y$ 가 전단사함수라 하자.

(1) X 가 무한집합이면 Y 도 무한집합이다.

(2) X 가 유한집합이면 Y 도 유한집합이다.

【증명】 (1) X가 무한집합이므로 전사가 아닌 단사함수 $g : X \to X$가 존재한다. 이제 함수 $h : Y \to Y$를

$$h(y) = (f \circ g \circ f^{-1})(y)$$

로 정의하자.

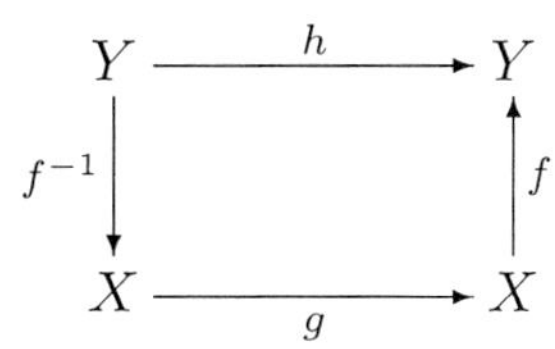

그림 26

그러면 세 함수 f^{-1}, g, f가 단사함수이므로 h도 단사함수가 된다. 또한 $h : Y \to Y$는 전사함수가 아니다.

$(\because)\ g(X) \neq X$
$\Longrightarrow f(g(X)) \neq f(X) \quad (\because f$: 전단사)
$\Longrightarrow f(g(f^{-1}(Y))) \neq f(f^{-1}(Y)) \quad (\because f^{-1}(Y) = X)$
$\Longrightarrow h(Y) \neq I_Y(Y) = Y$
따라서 $h(Y) \neq Y$이다.

따라서 Y는 무한집합이다.

(2) 만일 Y가 무한집합이면 $f^{-1} : Y \to X$가 전단사함수이므로, X도 무한집합이 된다. 이것은 가정에 모순이 되므로 Y는 유한집합이다. □

예 **6.8** (1) $f : \mathbb{N} \to \mathbb{N}_o, f(x) = 2x - 1$는 자연수의 집합과 홀수인 자연수의 집합 $\mathbb{N}_o$ 사이의 전단사 함수이므로 홀수인 자연수의 집합은 무한집합이다.
(2) $f : \mathbb{N} \to A, f(x) = 3x$가 자연수의 집합과 3의 배수인 자연수의 집합 A 사이의 전단사 함수이므로 3의 배수인 자연수의 집합은 무한집합이다.

정 리 **6.9** 집합 X가 무한집합이고 $x_0 \in X$이면 $X - \{x_0\}$도 무한집합이다.

【증명】 X가 무한이므로 $f(X) \neq X$인 단사함수 $f : X \to X$가 존재한다.

(1) $x_0 \in f(X)$인 경우:

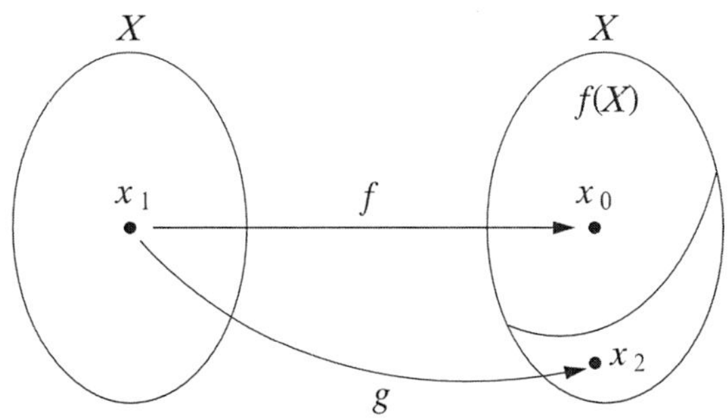

그림 27

$\exists x_1 \in X,\ f(x_1) = x_0$. 만일 $x_1 = x_0$이면 $f : (X - \{x_0\}) \to (X - \{x_0\})$가 전사가 아닌 단사함수이다. 따라서 정의에 의해 $X - \{x_0\}$는 무한집합이다. 이제 $x_1 \neq x_0$라 하고 함수 $g : (X - \{x_0\}) \to (X - \{x_0\})$를 다음과 같이 정의하자.

$$g(x) = \begin{cases} f(x), & x \neq x_1 \text{일 때} \\ x_2, & x = x_1 \text{일 때} \end{cases}$$

여기서 x_2는 임의의 $X - f(X)$의 임의의 원소이다. 그러면 g는 단사함수이다. 또한 g는 전사함수가 아니다.

$(\because)\ g(X - \{x_0\})$
$= g(X - \{x_0, x_1\}) \cup g(\{x_1\})$
$= f(X - \{x_0, x_1\}) \cup \{x_2\}$

$= (f(X) - \{f(x_0), f(x_1)\}) \cup \{x_2\} \quad (\because f : \text{단사함수})$
$\neq X - \{x_0\} \quad (\because f(x_0) \notin \text{좌변}, f(x_0) \in \text{우변})$
즉 g는 전사함수가 아니다.

전사가 아닌 단사함수가 존재하므로, $X - \{x_0\}$는 무한집합이다.

(2) $x_0 \notin f(X)$인 경우: $g : (X - \{x_0\}) \to (X - \{x_0\})$를 $g(x) = f(x)$로

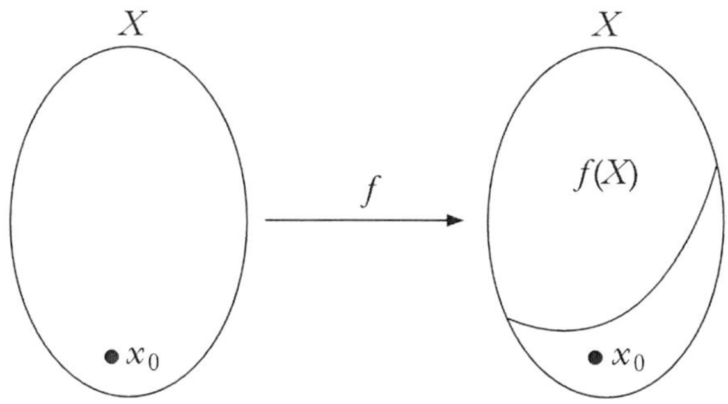

그림 28

정의하자. 그러면 f가 단사이므로 g도 단사함수이다. 그런데

$$
\begin{aligned}
g(X - \{x_0\}) &= f(X - \{x_0\}) && (6.1)\\
&= f(X) - f(\{x_0\}) \quad (\because f : \text{단사함수}) && (6.2)\\
&\neq X - \{x_0\} \quad (\because f(x_0) \notin \text{좌변}, f(x_0) \in \text{우변}) && (6.3)
\end{aligned}
$$

따라서 g는 전사가 아니다. 전사가 아닌 단사함수가 존재하므로, $X - \{x_0\}$는 무한집합이다.

위의 두 가지 경우 모두 $X - \{x_0\}$는 무한집합이다. □

따름정리 **6.10** 집합 X가 무한집합이고 $x_1, x_2, \ldots, x_n \in X$이면, $X - \{x_1, x_2, \ldots, x_n\}$도 무한집합이다.

예 **6.11** $\mathbb{N}$이 무한집합이므로 집합 $\{2, 3, 4, \ldots\}$, $\{5, 6, 7, \ldots\}$, $\{100, 101, 102, \ldots\}$ 등도 무한집합이다.

정 의 **6.12** 앞으로는 임의의 $k \in \mathbb{N}$ 에 대하여 1부터 k까지의 모든 자연수의 집합을 $\mathbb{N}_k$로 나타낸다. 즉

$$\mathbb{N}_k = \{1, 2, 3, 4, \ldots, k\}.$$

예 **6.13** $\mathbb{N}_1 = \{1\}$, $\mathbb{N}_4 = \{1, 2, 3, 4\}$.

예 제 **6.14** 모든 자연수 k에 대해 $\mathbb{N}_k$는 유한집합이다. 이를 보여라.

【풀이】 수학적 귀납법으로 증명하자. 먼저 $k = 1$일 때, $\mathbb{N}_1 = \{1\}$은 한원소 집합이므로 유한집합이다. $k = n$일 때 성립한다고 하면 $k = n + 1$일 때도 성립한다. 즉, $\mathbb{N}_n$을 유한집합이라 가정하면 $\mathbb{N}_{n+1}$도 유한집합이다.

> ($\because$) $\mathbb{N}_{n+1}$이 무한집합이면 $\mathbb{N}_n = \mathbb{N}_{n+1} - \{n+1\}$도 무한집합이다. 이것은 $\mathbb{N}_n$이 유한집합이라는 가정에 모순이다. 따라서 $\mathbb{N}_{n+1}$은 유한집합이다.

그러므로 수학적 귀납법에 의해 모든 $\mathbb{N}_k$는 유한집합이다.

정 리 **6.15** X가 유한집합이 되기 위한 필요충분조건은 $X = \phi$ 이거나, X와 어떤 $\mathbb{N}_k$ 사이에 일대일 대응이 존재하는 것이다.

【증명】 ($\Leftarrow$) 공집합은 분명히 유한집합이다. 또한 모든 $\mathbb{N}_k$가 유한집합이므로, 정리 6.7에 의해, $\mathbb{N}_k$와 일대일 대응이 되는 X도 유한집합이다.

(⇒) 대우명제를 생각하자. 즉 X가 공집합이 아니면서 모든 $\mathbb{N}_k$와 일대일 대응이 존재하지 않으면 X가 무한집합이 됨을 보이도록 하자. $X \neq \phi$이므로 $x_1 \in X$이라 하자. 그러면 $X - \{x_1\} \neq \phi$이다.

> (∵) 만일 $X - \{x_1\} = \phi$이면 $X = \{x_1\}$이 되고, 따라서 X와 $\mathbb{N}_1$사이에 일대일 대응이 존재하게 되어, 가정에 모순이 되기 때문이다.

$X - \{x_1\} \neq \phi$이므로, $x_2 \in X - \{x_1\}$를 택할 수 있다. 그러면 $X - \{x_1, x_2\} \neq \phi$이다. 마찬가지 방법으로 모든 자연수 k에 대해 $x_k \in X - \{x_1, x_2, \ldots x_{k-1}\}$을 택할 수 있다. $Y = \{x_k \mid k \in \mathbb{N}\}$로 놓자. 그러면 Y는 X의 원소를 선택해서 만들어진 집합이므로 $Y \subseteq X$이다. 또한 Y는 무한집합이 된다.

> (∵) 함수 $f : \mathbb{N} \to Y$를 $f(n) = x_n$로 정의하면 이 함수는 일대일 대응이다. 따라서 Y는 무한집합이다.

그런데 X는 Y의 포함집합이므로 X는 무한집합이다. □

예 **6.16** (1) $\{a, b, c\}$는 $\mathbb{N}_3$와 일대일 대응이 존재하므로 유한집합이다.

(2) $\{w, x, y, z\}$는 $\mathbb{N}_4$와 일대일 대응이 존재하므로 유한집합이다.

(3) $\{a, b, c, d, \{e, f\}, \{g, h\}\}$는 $\mathbb{N}_6$와 일대일 대응이 존재하므로 유한집합이다.

(4) $\{\phi\}$는 $\mathbb{N}_1$과 일대일 대응이 존재하므로 유한집합이다.

(5) $\{\phi, 1, \{\phi\}, \{\phi, 1\}\}$는 $\mathbb{N}_4$와 일대일 대응이 존재하므로 유한집합이다.

연습문제 6.1

1. $f : X \to Y$가 단사함수일 때 X가 무한집합이면 Y도 무한집합이다. 이것을 증명하여라.

2. $g : X \to Y$가 전사함수일 때 X가 유한집합이면 Y도 유한집합이다. 이것을 증명하여라.

3. 집합 $\mathbb{Z}, \mathbb{Q}, \mathbb{R}$은 모두 무한집합임을 증명하여라.

4. 무리수의 집합 $\mathbb{Q}^c$가 무한집합임을 증명하여라.

5. A, B가 각각 무한집합이면 $A \cup B$도 무한집합이다. 이것을 증명하여라.

6. A, B가 각각 유한집합이면 $A \cup B$도 유한집합이다. 이것을 증명하여라.

7. 유한개의 유한집합의 합집합은 유한집합이다. 이것을 증명하여라.

8. 두 집합 A, B에 대하여 $A \cup B$가 무한집합이면 A, B 중 적어도 하나는 무한집합이다. 이것을 증명하여라.

9. 무한집합 X의 부분집합 Y가 유한집합이면 $X - Y$는 무한집합이다. 이것을 증명하여라.

10. $P(A)$가 무한집합이 되기 위한 필요충분조건은 A가 무한집합이 되는 것이다. 정리를 사용하지 말고 정의만을 사용해서 증명하여라.

11. $P(A)$가 유한집합이 되기 위한 필요충분조건은 A가 유한집합이 되는 것이다. 이를 증명하여라.

12. 아래 물음에 답하여라.

    (a) 소수가 무한히 많다는 것을 증명하여라.

    (b) 위 결과를 사용해서 무리수의 집합 $\mathbb{Q}^c$가 무한집합임을 증명하여라. (힌트: p가 소수이면 $\sqrt{p}$는 무리수)

13. 집합 $\{x \in [0,1] \mid x$는 순환소수$\}$은 유한인가, 무한인가? 그 이유를 밝혀라.

14. 집합 $\{x \in [0,1] \mid x$는 비순환 무한소수$\}$은 유한인가, 무한인가? 그 이유를 밝혀라.

15. 집합 $\{(x,y,z) \in \mathbb{N} \times \mathbb{N} \times \mathbb{N} \mid x^2 + y^2 = z^2\}$은 유한인가, 무한인가? 그 이유를 밝혀라.

16. $n > 2$일 때 집합 $\{(x,y,z) \in \mathbb{N} \times \mathbb{N} \times \mathbb{N} \mid x^n + y^n = z^n\}$은 유한인가, 무한인가? 그 이유를 밝혀라. (힌트: 페르마의 정리 사용)

17. 집합 $\{(a,b) \in \mathbb{Q} \times \mathbb{Q} \mid a^b \in \mathbb{Q}^c\}$은 유한인가, 무한인가? 그 이유를 밝혀라.

18. 집합 $\{(a,b) \in \mathbb{Q}^c \times \mathbb{Q}^c \mid a^b \in \mathbb{Q}\}$은 유한인가, 무한인가? 그 이유를 밝혀라. (힌트: $a = 2^{\sqrt{2}}$, $b = \sqrt{2}$이면 $a^b = 4$이다)

19. 정의를 사용해서 집합 $\mathcal{F} = \{F \subseteq \mathbb{N} \mid F$는 유한집합$\}$가 무한집합임을 보여라.

6.2 집합의 대등

유한집합에서 원소의 개수가 같은 두 집합 사이에는 일대일 대응(전단사함수)이 존재한다. 역으로 두 유한집합 사이에 일대일 대응이 존재하면 두 집합의 원소의 개수가 서로 같다.

이와 마찬가지로 무한집합 A와 B 사이에 일대일 대응이 존재하면 이 두 집합의 원소의 개수가 같다고 볼 수 있다. 이 절에서는 무한집합을 분류하는 도구로서 일대일 대응에 대해 알아보자.

정 의 6.17 두 집합 X, Y 사이에 일대일 대응이 존재할 때 X와 Y는 대등(equipotent)하다고 말하고 이것을 $X \sim Y$로 나타낸다.

예 6.18 $\mathbb{N}_e$가 0보다 큰 짝수의 집합일 때 $f : \mathbb{N} \to \mathbb{N}_e$, $f(x) = 2x$가 전단사함수이므로, 자연수의 집합 $\mathbb{N}$과 0보다 큰 짝수의 집합 $\mathbb{N}_e$는 대등하다. 즉 $\mathbb{N} \sim \mathbb{N}_e$이다.

예 6.19 함수 $f : \mathbb{N} \to \mathbb{N}_o$, $f(x) = 2x - 1$이 전단사함수이므로, 자연수의 집합 $\mathbb{N}$과 0보다 큰 홀수의 집합 $\mathbb{N}_o$는 대등하다. 즉 $\mathbb{N} \sim \mathbb{N}_o$이다.

예 6.20 0보다 큰 3의 배수의 집합 $A = \{3n \mid n \in \mathbb{N}\}$를 생각할 때, 함수 $f : \mathbb{N} \to A$, $f(n) = 3n$이 전단사함수이므로, $\mathbb{N} \sim A$이다.

정 리 6.21 대등관계 "$\sim$"는 집합족 위에서 동치관계이다.

【증명】 (1) 모든 집합 X에 대해, $I_X : X \to X$가 전단사함수이므로, $X \sim X$이다.

(2) $X \sim Y$라 하자. 정의에 의해 전단사함수 $f : X \to Y$가 존재한다. 따라서 역함수 $f^{-1} : Y \to X$도 전단사함수이다. 그러므로 $Y \sim X$이다.

(3) $X \sim Y$이고 $Y \sim Z$라 하자. 정의에 의해 전단사함수 $f : X \to Y$와 $g : Y \to Z$가 존재한다. 따라서 합성함수 $g \circ f : X \to Z$도 전단사함수이다. 결국 $X \sim Z$이다.

(1), (2), (3)에 의해 관계 "$\sim$"은 동치관계이다. □

예 제 **6.22** (1) $(0,1) \sim (-1,1)$을 보여라.

(2) $(-1,1) \sim \mathbb{R}$임을 보여라.

(3) $(0,1) \sim \mathbb{R}$임을 보여라.

【풀이】 (1) 함수 $f : (0,1) \to (-1,1)$를 $f(x) = 2x - 1$로 정의하면 이 함수는 전단사함수이다.

> ($\because$) i) $f(a) = f(b) \Longrightarrow 2a - 1 = 2b - 1 \Longrightarrow a = b$. 따라서 f는 단사함수이다.
> ii) $y \in (-1,1)$ 놓자. 그러면 $\dfrac{y+1}{2} \in (0,1)$이고,
> $$f\left(\frac{y+1}{2}\right) = 2 \cdot \frac{y+1}{2} - 1 = y.$$
> 따라서 f는 전사함수이다.
> i), ii)에 의해서 f는 전단사함수이다.

따라서 $(0,1) \sim (-1,1)$이다.

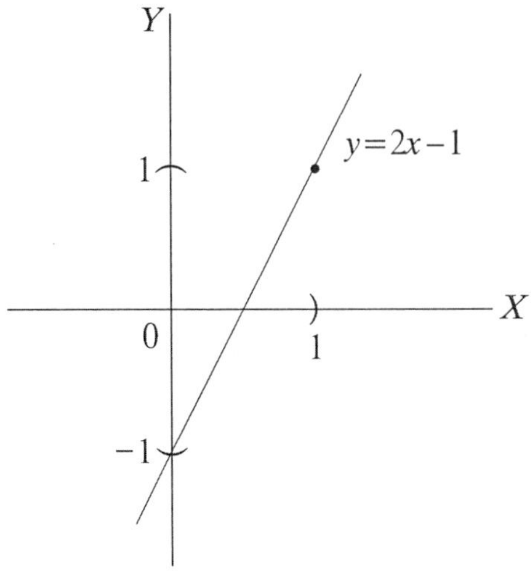

그림 29

(2) 함수 $g : (-1, 1) \to \mathbb{R}$를

$$g(x) = \tan\left(\frac{\pi x}{2}\right)$$

로 정의하면 g는 전단사함수이다. 따라서 $(-1, 1) \sim \mathbb{R}$이 된다.

(3) 위에서 정의한 두 함수의 합성함수 $g \circ f : (0, 1) \to \mathbb{R}$는 전단사함수이다. 따라서 $(0, 1) \sim \mathbb{R}$이다.

정리 6.23 $f : X \sim Y,\ g : Z \sim W,\ X \cap Z = \phi = Y \cap W$이면 $(f \cup g) : (X \cup Z) \sim (Y \cup W)$이다.

【증명】 $h = f \cup g$라 정의하면 분명히 $h : (X \cup Z) \to (Y \cup W)$는 함수이다.

(1) h는 단사함수이다.

($\because$) $h(a) = h(b)$라 하면 $h(a) = h(b) \in Y$이거나 $h(a) = h(b) \in W$이다($\because Y \cap W = \phi$). 만일 $h(a) = h(b) \in Y$이면 $f(a) =$

$h(a) = h(b) = f(b)$이다. f가 단사함수이므로 $a = b$이다. 마찬가지로 $h(a) = h(b) \in W$이면, $g(a) = h(a) = h(b) = g(b)$이다. g가 단사함수이므로 $a = b$이다. 결국 h는 단사함수이다.

(2) h는 전사함수이다.

($\because$) $y \in Y \cup W$라 하자. 그러면 $y \in Y$이거나 $y \in W$이므로, 이제 $y \in Y$라 가정하자. f가 전단사함수이므로 $f^{-1}(y) \in X$이다. 이제 $x = f^{-1}(y)$라 하면 $f(x) = f(f^{-1}(y)) = y$이다. 그러므로 $x \in X \cup Z$이고 $h(x) = (f \cup g)(x) = f(x) = y$ 마찬가지로 $y \in W$일 때도 보일 수 있다. 따라서 $h = f \cup g$는 전사함수이다.

그러므로 (1)과 (2)에 의해 $h = f \cup g$는 전단사함수이다. □

예 **6.24** $\{1, 2, 3\} \sim \{a, b, c\}$, $\{4, 5\} \sim \{x, y\}$이므로 $\{1, 2, 3, 4, 5\} \sim \{a, b, c, x, y\}$이다.

정 리 **6.25** $X \sim Y$, $Z \sim W$이면 $X \times Z \sim Y \times W$이다.

【증명】 대등관계를 만족하는 함수를 $f : X \sim Y$, $g : Z \sim W$라 하자. 이제 함수 $h : X \times Z \to Y \times W$를 $h(x, z) = (f(x), g(z))$로 정의하자. f와 g가 함수이므로 분명히 h는 함수가 된다.

(1) h는 단사함수이다.

($\because$) $h(x, z) = h(x', z')$
$\Longrightarrow (f(x), g(z)) = (f(x'), g(z'))$
$\Longrightarrow f(x) = f(x') \wedge g(z) = g(z')$
$\Longrightarrow x = x' \wedge z = z'$ ($\because f, g$: 전단사함수)
$\Longrightarrow (x, z) = (x', z')$

(2) h는 전사함수이다.

$(\because)$ $(y,w) \in Y \times W$
$\Longrightarrow y \in Y \wedge w \in W$
$\Longrightarrow$ $\exists x \in X,\ f(x) = y$이면서 $\exists z \in Z,\ g(z) = w$이다.
$(\because f, g:$전단사함수$)$
그러므로 $\exists (x,z) \in X \times Z$이고 $h(x,z) = (f(x), g(z)) = (y,w)$
이다. 따라서, h는 전사함수이다.

(1), (2)에 의해 h는 전단사함수이다. □

예 **6.26** $\mathbb{N} \sim \mathbb{N}_e$이고 $\mathbb{N} \sim \mathbb{N}_e$이므로 $\mathbb{N} \times \mathbb{N} \sim \mathbb{N}_e \times \mathbb{N}_e$이다.

예 **6.27** $(0,1) \sim (-1,1)$이고 $(0,1) \sim (-1,1)$이므로
$(0,1) \times (0,1) \sim (-1,1) \times (-1,1)$이다.

예 **6.28** $(0,1) \sim \mathbb{R}$이고 $(0,1) \sim \mathbb{R}$이므로 $(0,1) \times (0,1) \sim \mathbb{R} \times \mathbb{R}$이다.

연습문제 6.2

1. $x \in A$일 때 A가 무한집합이기 위한 필요충분조건은 $A \sim (A - \{x\})$임을 증명하여라.

2. 두 집합 X, Y에 대하여 $X \times Y \sim Y \times X$ 임을 증명하여라.

3. 두 집합 X, Y에 대하여 $(X - Y) \sim (Y - X)$이면 $X \sim Y$임을 증명하여라.

4. 집합 $X, Y \subseteq Z$에 대하여 $(Z - X) \sim (Z - Y)$이면 $X \sim Y$이 되는지 알아보아라.

5. $A \sim B, C \sim D, C \subseteq A$이고 $D \subseteq B$라 하자. $(A - C) \sim (B - D)$가 성립하는지 알아보아라.

6. $A \sim B, C \subseteq A$이고 $D \subseteq B$라 하자. 만일 $(A - C) \sim (B - D)$이면 $C \sim D$가 성립하는지 알아보아라.

7. $\{X_\gamma \mid \gamma \in \Gamma\}$, $\{Y_\gamma \mid \gamma \in \Gamma\}$가 각각 서로 소인 집합들의 족일 때 모든 $\gamma \in \Gamma$에 대하여 $X_\gamma \sim Y_\gamma$이면 $\bigcup_{\gamma \in \Gamma} X_\gamma \sim \bigcup_{\gamma \in \Gamma} Y_\gamma$임을 증명하여라.

8. A가 유한집합이면 $A \times A$도 유한집합임을 증명하여라.

9. A가 무한집합이면 $A \times A$도 무한집합임을 증명하여라.

10. 공집합이 아닌 집합 A에 대하여, A로부터 $\{0, 1\}$로 가는 모든 함수의 집합을 2^A이라 할 때 $P(A) \sim 2^A$ 임을 증명하여라.

6.3 가부번집합

무한집합 중에서 가장 간단한 집합은 자연수의 집합인데, 자연수의 집합과 일대일 대응이 되는 집합을 가부번집합이라 한다.

정 의 6.29 집합 X가 $X \sim \mathbb{N}$일 때 X를 가부번집합(denumerable set)이라고 한다. 그리고 유한이거나 가부번인 집합을 가산집합(countable set)이라 한다. 무한집합 중에 가부번이 아닌 집합을 비가부번집합(nondenumerable set) 또는 비가산집합(uncountable set)이라 한다.

예 6.30 (1) 공집합은 가산집합이다.

(2) 자연수의 집합 $\mathbb{N}$은 가부번집합이다. 따라서 가산집합이다.

(3) 짝수인 자연수의 집합 $\mathbb{N}_e = \{2n \mid n \in \mathbb{N}\}$는 가부번집합이다. 따라서 가산집합이다.

(4) 홀수인 자연수의 집합 $\mathbb{N}_o = \{2n-1 \mid n \in \mathbb{N}\}$는 가부번집합이다. 따라서 가산집합이다.

참 고 6.31 X가 가부번집합이면 X의 원소를 나열하여 $X = \{x_1, x_2, x_3, \dots\}$와 같이 쓸 수 있다.

정 리 6.32 X가 가부번집합이고 Y가 X의 무한부분집합이면, Y도 가부번집합이다.

【증명】 X가 가부번집합이므로 $X = \{x_1, x_2, x_3, \ldots\}$로 나타낼 수 있다. Y가 무한 부분집합일 때 n_1을 $x_{n_1} \in Y$을 만족시키는 가장 작은 첨자라 하자. 또 n_2를 $x_{n_2} \in Y - \{x_{n_1}\}$을 만족시키는 가장 작은 첨자라 하자. 이와 같이 $x_{n_1}, x_{n_2}, x_{n_3}, \ldots, x_{n_{k-1}}$을 찾아낸 후에 $x_{n_k} \in Y - \{x_{n_1}, x_{n_2}, x_{n_3}, \ldots, x_{n_{k-1}}\}$이 되는 가장 작은 첨자를 n_k라 하자. 집합 Y가 무한집합이므로 그런 x_{n_k}는 항상 존재한다. 그러면 Y의 모든 원소가 이런 형태로 표현이 되고, 따라서 $Y = \{x_{n_1}, x_{n_2}, x_{n_3}, \ldots\}$가 된다. 이제 함수 $f : \mathbb{N} \to Y$, $f(i) = x_{n_i}$를 생각하면 f는 전단사함수이다. 따라서 Y는 가부번집합이다. □

예 **6.33** 소수의 집합이 무한 집합이라는 것을 알고 있다(연습문제 6.1). 따라서 소수의 집합 $P = \{x \mid x\text{는 소수}\}$는 자연수의 무한 부분집합이 되어, 가부번집합이다.

따름정리 **6.34** 가산집합의 모든 부분집합은 가산집합이다.

정 리 **6.35** 유한집합과 가부번집합의 합집합은 가부번집합이다.

【증명】 A를 유한집합, B를 가부번집합이라 하면, $A = \{x_1, x_2, \ldots, x_n\}$, $B = \{y_1, y_2, \ldots\}$로 나타낼 수 있다. 따라서

$$A \cup B = \{x_1, x_2, \ldots, x_n, y_1, y_2, \ldots\}$$

로 나타나게 되어 가부번집합이 된다. □

정 리 **6.36** 두 개의 가부번집합의 합집합은 가부번집합이다.

【증명】 A와 B를 가부번집합이라 하면 정의에 의해, $A \sim \mathbb{N}$이고 $B \sim \mathbb{N}$이다. 그런데 $\mathbb{N} \sim \mathbb{N}_e = \{2n \mid n \in \mathbb{N}\}$, $\mathbb{N} \sim \mathbb{N}_0 = \{2n-1 \mid n \in \mathbb{N}\}$이다. 그러므로 $A \sim \mathbb{N}_e$이고 $B \sim \mathbb{N}_o$이다.

(1) $A \cap B = \phi$일 경우:
$A \cup B \sim \mathbb{N}_e \cup \mathbb{N}_o = \mathbb{N}$이다. 따라서 $A \cup B$는 가부번집합이다.

(2) $A \cap B \neq \phi$일 경우:
$B - A = C$라 하면 $A \cup B = A \cup C$이다.

(a) 만일 C가 무한집합이면 C는 가부번집합이 된다. 따라서 $A \cup C \sim \mathbb{N}_o \cup \mathbb{N}_e$ ($\because A \cap C = \phi$). 그런데 $A \cup B = A \cup C$이므로 $A \cup B \sim \mathbb{N}$. 따라서 $A \cup B$는 가부번집합이다.

(b) 만일 C가 유한집합이면 $A \cup C$는 분명히 가부번집합이다. 그런데 $A \cup B = A \cup C$이다. 따라서 $A \cup B$는 가부번집합이다.

(1)과 (2)에 의해 정리가 성립한다. □

따름정리 **6.37** $\{A_i\}_{i=1,2,\ldots,n}$가 가부번집합들의 집합족이면 $\bigcup_{i=1}^{n} A_i$는 가부번집합이다.

정 리 **6.38** $\mathbb{N} \times \mathbb{N}$은 가부번집합이다.

【증명】 함수 $f : \mathbb{N} \times \mathbb{N} \to \mathbb{N}$를

$$f(i, j) = 2^i 3^j$$

로 정의하자. 그러면 f는 단사함수이다. 그러므로 $\mathbb{N} \times \mathbb{N} \sim f(\mathbb{N} \times \mathbb{N})$이다. $\mathbb{N} \times \mathbb{N}$이 무한집합이므로 $f(\mathbb{N} \times \mathbb{N})$도 무한집합이다. 그런데 $f(\mathbb{N} \times \mathbb{N}) \subseteq \mathbb{N}$이므로 $f(\mathbb{N} \times \mathbb{N})$은 가부번집합의 무한 부분집합이 된다. 따라서 $f(\mathbb{N} \times \mathbb{N})$는 가부번집합이다. 그런데 $\mathbb{N} \times \mathbb{N} \sim f(\mathbb{N} \times \mathbb{N})$이므로, $\mathbb{N} \times \mathbb{N}$이 가부번집합이다. □

따름정리 6.39 두 집합 A, B가 가부번집합이면 $A \times B$도 가부번집합이다.

【증명】 두 집합 A, B가 가부번집합이므로 $A \sim \mathbb{N}$, $B \sim \mathbb{N}$이고 정리 6.25에 의해 $A \times B \sim \mathbb{N} \times \mathbb{N}$. 그런데 $\mathbb{N} \times \mathbb{N}$이 가부번 집합이므로 $A \times B$도 가부번집합이다. □

정 리 6.40 모든 $k \in \mathbb{N}$에 대해 A_k가 가부번집합이고, 모든 $i \neq j$에 대해 $A_i \cap A_j = \phi$이면, $\bigcup_{k \in \mathbb{N}} A_k$는 가부번집합이다.

【증명】 모든 $k \in \mathbb{N}$에 대해 A_k가 가부번집합이므로, $A_k \sim \mathbb{N}$이다. 또한 모든 고정된 $k \in \mathbb{N}$에 대해, $f(i) = (i, k)$가 전단사함수이므로 $\mathbb{N} \sim \mathbb{N} \times \{k\}$이다. 따라서 모든 $k \in \mathbb{N}$, $A_k \sim \mathbb{N} \times \{k\}$이다. 그러므로 $\bigcup_{k \in \mathbb{N}} A_k \sim \bigcup_{k \in \mathbb{N}} \mathbb{N} \times \{k\}$이다.

($\because$) $f_k : A_k \sim \mathbb{N} \times \{k\}$가 전단사함수라 할 때 함수

$$f : \bigcup_{k \in \mathbb{N}} A_k \sim \bigcup_{k \in \mathbb{N}} \mathbb{N} \times \{k\}, \ x \in A_k \text{이면 } f(x) = f_k(x)$$

도 전단사이다.

그런데 $\bigcup_{k\in\mathbb{N}} \mathbb{N}\times\{k\} = \mathbb{N}\times\mathbb{N}$이므로 $\bigcup_{k\in\mathbb{N}} A_k \sim \mathbb{N}\times\mathbb{N}$이고, 따라서 가부번집합이다. □

따름정리 6.41 모든 $k\in\mathbb{N}$에 대해 A_k가 가산집합이면, $\bigcup_{k\in\mathbb{N}} A_k$도 가산집합이다.

예 제 6.42 유리수의 집합 $\mathbb{Q}$는 가부번집합이다. 이를 보여라.

【풀이】 모든 유리수를 서로소인 $p\in\mathbb{N}, q\in\mathbb{Z}$를 사용해서 분수 형태인 $\dfrac{q}{p}$로 나타내면 오직 한 가지 방법으로만 표현된다.

$$\mathbb{Q}^+ = \{\frac{q}{p} \mid \frac{q}{p} > 0\},\quad \mathbb{Q}^- = \{-\frac{q}{p} \mid \frac{q}{p} \in \mathbb{Q}^+\}$$

라 하면, $\mathbb{Q} = \mathbb{Q}^+\cup\{0\}\cup\mathbb{Q}^-$이 된다. 이제 $\mathbb{Q}^+$가 가부번집합임을 증명하자.

$$f:\mathbb{Q}^+\to\mathbb{N}\times\mathbb{N},\ f\left(\frac{q}{p}\right) = (p,q)$$

로 정의하자. 그러면 분명히 f는 단사함수이다. 따라서 $\mathbb{Q}^+ \sim f(\mathbb{Q}^+) \subseteq \mathbb{N}\times\mathbb{N}$. 그런데 $\mathbb{Q}^+ \supseteq \mathbb{N}$이므로 $\mathbb{Q}^+$는 무한집합이다. 그러므로 $f(\mathbb{Q}^+)$은 가부번집합 $\mathbb{N}\times\mathbb{N}$의 무한 부분집합이다. 따라서 $f(\mathbb{Q}^+)$은 가부번집합이다. $\mathbb{Q}^+ \sim f(\mathbb{Q}^+)$이므로 $\mathbb{Q}^+$도 가부번집합이다. 그런데 $\mathbb{Q}^+ \sim \mathbb{Q}^-$이므로 $\mathbb{Q}^-$도 가부번집합이다. 결국, $\mathbb{Q} = \mathbb{Q}^+\cup\{0\}\cup\mathbb{Q}^-$는 가부번집합이다.

예 6.43 위 예제에 의해 $\mathbb{Q}$가 가부번집합이므로 $\mathbb{Q}\sim\mathbb{N}$임을 알 수 있다.

예 6.44 $\mathbb{N}\sim\mathbb{Q}$이므로 $\mathbb{N}\times\mathbb{N}\sim\mathbb{Q}\times\mathbb{Q}$이고, 따라서 $\mathbb{Q}\times\mathbb{Q}$는 가부번집합이다.

정 리 **6.45** 임의의 무한집합에 대하여 그 부분집합 중에 가부번집합이 존재한다.

【증명】 X를 무한집합이라 하자. $X \neq \phi$이므로 $x_1 \in X$을 택할 수 있다. 또한 $X - \{x_1\} \neq \phi$이므로 $x_2 \in X - \{x_1\}$을 택할 수 있다. X가 무한집합이므로, 이와 같은 방법을 사용해서 모든 자연수 k에 대해 $x_k \in X - \{x_1, x_2, \ldots, x_{k-1}\}$를 택할 수 있다. 이제 집합 $Y = \{x_k \mid k \in \mathbb{N}\}$를 생각하면 분명히 $Y \subseteq X$이고 Y는 가부번집합이다. □

연습문제 6.3

1. 모든 정수의 집합 $\mathbb{Z}$는 가부번집합임을 증명하여라.

2. 모든 짝수의 집합 $\mathbb{N}_e$와 모든 홀수의 집합 $\mathbb{N}_o$은 각각 가부번집합임을 증명하여라.

3. 가부번집합 X의 부분집합 Y가 유한집합일 때, $X - Y$는 가부번집합임을 증명하여라.

4. 가부번집합 X와 유한집합 Y에 대하여 $X \cup Y$는 가부번집합임을 증명하여라.

5. 유한개의 가산집합들의 합집합은 가산집합이다. 이것을 증명하여라.

6. 정리 6.32를 이용해서 소수의 집합이 가부번집합임을 보여라.

7. 정리 6.38의 증명에서 함수를 $f : \mathbb{N} \times \mathbb{N} \to \mathbb{N}$, $f(i, j) = i^j$로 정의하면 이 함수는 단사인가? $f(i, j) = ij$일 경우는?

8. 각 $k \in \mathbb{N}$에 대하여 B_k가 가부번집합이면 $\bigcup_{k \in \mathbb{N}} B_k$도 가부번집합임을 증명하여라. 정리 6.40과 비교하면 어떤 차이가 있는가?

9. $\mathbb{R}^n$의 부분집합 $\mathbb{Q}^n = \mathbb{Q} \times \mathbb{Q} \times \cdots \times \mathbb{Q}$는 가산집합임을 증명하여라.

10. 단사함수 $f : \mathbb{Q} \to \mathbb{Z} \times \mathbb{N}$가 있음을 보임으로써 유리수의 집합이 가부번 집합임을 증명하여라.

11. 평면에서 유리수의 좌표를 가지는 점 전체의 집합은 가산집합임을 보여라.

12. 좌표평면에서 원점을 중심으로 하고 반지름의 길이가 유리수인 원들은 가부번 개 밖에 없다는 것을 증명하여라.

13. 좌표평면에서 중심의 좌표와 반지름의 길이가 모두 유리수인 원 전체의 집합은 가부번집합이다(원 각각을 원소로 가지는 집합임). 이것을 증명하여라.

14. n이 양의 정수일 때, 유리수 계수를 가지는 x의 n차 다항식 전체를 모아 놓은 집합

$$\mathbb{Q}[x, n] = \{a_0 + a_1 x + \cdots + a_n x^n \mid a_i \in \mathbb{Q}\}$$

이 가산집합임을 증명하여라.

15. 수직선 상에서 서로소인 개구간들의 집합족 $\mathcal{A} = \{I_\gamma \mid \gamma \in \Gamma\}$는 가산집합임을 증명하여라.

6.4 비가산집합

지금까지 살펴본 무한집합들은 모두 가부번집합이다. 그래서 무한집합들은 모두 가부번집합일 것이라고 추측할 수도 있다. 하지만 칸토어가 직접 비가부번집합이 존재한다는 것을 보임으로서 그런 추측을 일소하였다. 다음 장에서 살펴보겠지만 실제로 칸토어는"서로 다른" 무한집합들이 무한히 많이 존재한다는 것을 보였다.

정 리 **6.46** 실수의 구간 $(0,1)$은 비가산집합이다.

【증명】 먼저 모든 실수 $x \in (0,1)$를

$$0.x_1x_2x_3\ldots$$

와 같은 꼴의 무한소수로 전개한다. 여기서 각 $n \in \mathbb{N}$에 대하여 $x_n \in \{0,1,2,\ldots,9\}$이다. 한가지 표현만을 사용하기 위해, 예를 들어 $1/2$의 경우 $0.5000\ldots$ 이 아니라 $0.49999\ldots$ 와 같이 0이 아닌 항이 무한히 나타나도록 표현하자. 이와 같이 나타내면 각각의 소수 전개에서 대응하는 숫자들이 같을 때에 두 수는 같아지고, 소수 전개가 다를 때에 두 수도 다르다. 이제 구간 $(0,1)$이 가부번이라 가정하면, 정의에 의해 전단사함수 $f:\mathbb{N}\to(0,1)$가 존재한다. 따라서

$$\begin{aligned} f(1) &= 0.a_{11}a_{12}a_{13}\ldots \\ f(2) &= 0.a_{21}a_{22}a_{23}\ldots \\ f(3) &= 0.a_{31}a_{32}a_{33}\ldots \\ \ldots \end{aligned}$$

와 같이 나타나게 된다(단, $a_{ij} \in \{0,1,\ldots 9\}$이다). 이제 새로운 무한소수

$z = 0.z_1z_2z_3\ldots$ 를

$$z_i = \begin{cases} 5 & (a_{ii} \neq 5\text{일 때}), \\ 1 & (a_{ii} = 5\text{일 때}) \end{cases}$$

로 정의하면, 소수점 이하 각 자리수가 1이거나 5이므로 분명히 $z \in (0,1)$이다. 그러나 모든 $n \in \mathbb{N}$에 대해 $z_n \neq a_{nn}$이므로 $z \neq f(n)$이다. 즉, $z \in (0,1) - f(\mathbb{N})$이다. 그러므로 f는 전단사가 아니다. 이것은 f가 전단사 함수라는 가정에 모순이다. 결국, 구간 $(0,1)$은 비가산이다. □

예 제 6.47 실수의 집합 $\mathbb{R}$은 비가산이다. 이를 보여라.

【풀이】 $\mathbb{R}$이 가부번이면 $\mathbb{R} \sim \mathbb{N}$이다. 그런데 $(0,1) \sim \mathbb{R}$이므로 $(0,1) \sim \mathbb{N}$. 따라서 (0,1)은 가부번이다. 이것은 모순이다. 그러므로 $\mathbb{R}$은 비가산이다.

예 제 6.48 무리수의 집합 $\mathbb{Q}^c$은 비가산이다. 이를 보여라.

【풀이】 $\mathbb{Q}^c$이 가부번이라면 $\mathbb{R} = \mathbb{Q}^c \cup \mathbb{Q}$은 가부번이다. 그러나 이것은 모순이다. 그러므로 $\mathbb{Q}^c$은 비가부번이다. 즉, 비가산이다.

연습문제 6.4

1. A와 B가 대등한 집합일 때 A가 비가부번집합이면 B도 비가부번집합이다. 이것을 증명하여라.

2. 비가부번집합의 임의의 포함집합은 비가부번집합이다. 이를 증명하여라.

3. 0과 1 사이의 모든 무리수의 집합은 비가부번집합이다. 이것을 증명하여라.

4. X가 비가산집합이고 A가 가산집합이면, $X - A$는 비가산집합임을 보여라.

Chapter 7

기수의 정의와 연산

자연수는 하나, 둘, 셋, ... 등과 같이 개수를 세는 중요한 기능을 가지고 있다. 이 장에서는 자연수의 이 개념을 더욱 확장하여 기수의 개념을 도입한다. 이 기수의 개념을 사용하여 칸토어는 무한의 개념들을 여러 가지로 분류하였을 뿐만 아니라, 그들 사이에 연산을 주어 덧셈과 곱셈, 지수 등의 계산이 가능하도록 하여 무한을 자유자재로 다루었다. 칸토어가 제기하여 오랫동안 해결하지 못했고, 수학기초론에 많은 영향을 끼쳤던 연속체가설에 대해서도 알아본다.

- 기수의 정의
- 칸토어-베른슈타인 정리
- 칸토어 정리
- 기수의 합, 곱, 지수
- 기수의 계산법
- 연속체가설

7.1 기수의 정의

유한집합에서는 원소의 개수가 중요한 역할을 하며, 원소의 개수를 나타내는 데는 자연수가 사용된다. 그러나 무한 집합에서는 원소의 개수가 모두 무한이므로 원소의 개수라는 개념은 쓸모가 없다. 그러나 무한집합도 여러 종류가 있는데 이를 구분하기 위한 도구가 필요하게 된다. 이제 유한집합의 원소의 개수를 일반화하여 '기수'라는 개념을 도입하기로 하자.

정의 7.1 집합의 기수(cardinal number)란 아래와 같은 4 가지 성질을 가지는 개념이다.

(C1) 모든 집합 A에 대해 기수 $\operatorname{card} A$가 있고, 모든 기수 a에 대해 $\operatorname{card} A = a$가 되는 집합 A가 존재한다.

(C2) $A = \phi \iff \operatorname{card} A = 0.$

(C3) $A \sim \mathbb{N}_k \iff \operatorname{card} A = k.$

(C4) $A \sim B \iff \operatorname{card} A = \operatorname{card} B.$

(C1)에 의하면 모든 집합은 기수를 가진다는 것을 알 수 있고, 어떤 기수에 대해서도 그 기수를 가지는 집합이 존재한다. (C2), (C3) 는 유한집합의 기수를 정의하고 있으며, 유한집합의 기수는 그 집합의 원소의 개수와 같다는 것을 말하고 있다. (C4)는 무한집합의 기수를 정의하고 있다.

정의 7.2 유한집합의 기수를 유한기수(finite cardinal)라 하고, 무한집합의 기수를 초한기수(transfinite cardinal) 또는 무한기수(infinite cardinal)라 한다.

참 고 **7.3** 공리 (C2), (C3)은 유한기수가 분명히 음이 아닌 정수임을 보여 주고 있다. 따라서 유한기수는 (자연수의) 크기

$$0 < 1 < 2 < 3 < \cdots < k < k+1 < \cdots$$

를 지닌다.

임의의 두 초한기수에 대해서는 (C4)에 의하여 같은지 다른지만을 알 수 있고 어느 것이 더 큰지는 알 수 없다. 따라서 초한 기수에 대해 크기를 정해 보기로 하자.

정 의 **7.4** 집합 A, B에 대하여, A가 B의 적당한 부분집합과 대등할 때 $\operatorname{card} A$는 $\operatorname{card} B$보다 작거나 같다(less than or equal to)고 하며,

$$\operatorname{card} A \leq \operatorname{card} B$$

로 나타낸다.

예 **7.5** (1) $\operatorname{card}\{0,1\} \leq \operatorname{card}\{0,1,2\}$, $\operatorname{card}\{0,1\} \leq \operatorname{card}\{a,b,c\}$

(2) $\operatorname{card}\mathbb{N} \leq \operatorname{card}\mathbb{Q}$, $\operatorname{card}\mathbb{N} \leq \operatorname{card}\mathbb{R}$, $\operatorname{card}\mathbb{Q} \leq \operatorname{card}\mathbb{R}$

참 고 **7.6** (1) $\operatorname{card} A \leq \operatorname{card} B$가 되는 필요충분조건은 단사함수 $f : A \to B$가 존재하는 것이다.

(2) $A \subseteq B \Longrightarrow \operatorname{card} A \leq \operatorname{card} B$이다.

정 리 **7.7** 임의의 집합 A, B, C에 대해 다음 사실이 성립한다.

(1) $\operatorname{card} A \leq \operatorname{card} A$

(2) $\operatorname{card} A \leq \operatorname{card} B$, $\operatorname{card} B \leq \operatorname{card} C \Longrightarrow \operatorname{card} A \leq \operatorname{card} C$

【증명】 연습문제. □

정 리 **7.8** 집합 A의 부분집합 B에 대하여 단사함수 $f : A \to B$가 존재하면 전단사함수 $h : A \sim B$가 존재한다.

【증명】 $B = A$인 경우 $I_A : A \to B = A$가 전단사 함수가 되므로 정리가 성립한다. 이제 B가 A의 진부분집합이라고 가정하자.

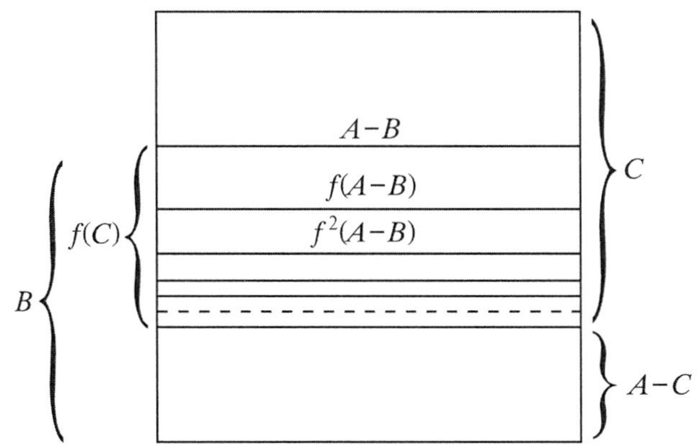

그림 30

$f^0 = I_A$라 하고, $f^k(x) = f(f^{k-1}(x))$라 하고, 집합 $C = \bigcup_{n\geq 0} f^n(A-B)$라 정의하자. 이제 $z \in A$에 대해 $h(z)$를 다음과 같이 정의한다.

$$h(z) = \begin{cases} f(z) & (z \in C\text{일 때}) \\ z & (z \in A - C\text{일 때}) \end{cases}$$

그러면 $A - B \subseteq C$이고, $f(C) \subseteq C$이다. 또한 $m \neq n \Longrightarrow f^m(A-B) \cap f^n(A-B) = \phi$이다.

> ($\because$) 아니라면 $A - B$의 두 원소 x, x'에 대해 $f^m(x) = f^n(x')$이고 따라서 $f^{n-m}(x') = f^{m-m}(x) = f^0(x) = x$이다. 그런데

$f^{n-m}(x') \in B$이므로 $x \in B$이다. 그러나 $x \in A - B$이므로 $x \notin B$이다. 이것은 모순이다.

따라서

$$\begin{aligned} h(A) &= (A - C) \cup f(C) && (7.1)\\ &= [A - \bigcup_{n\geq 0} f^n(A-B)] \cup f(\bigcup_{n\geq 0} f^n(A-B)) && (7.2)\\ &= [A - \bigcup_{n\geq 0} f^n(A-B)] \cup [\bigcup_{n\geq 1} f^n(A-B)] && (7.3)\\ &= A - f^0(A-B) && (7.4)\\ &= A - (A-B) && (7.5)\\ &= B && (7.6) \end{aligned}$$

그러므로 $h(A) = B$. 즉, $h : A \to B$는 전사이다. 그런데 f가 단사이므로 정의에 의해 $h : A \to B$는 단사이다. 결국 h는 전단사이다. □

정 리 **7.9** [칸토어-베른슈타인 정리(Cantor-Bernstein Theorem)]
임의의 집합 A, B에 대하여, A가 B의 부분집합과 대등하고 B가 A의 부분집합과 대등하면, A와 B는 대등하다.

【증명】 $f_0 : A \sim B_0 \subseteq B$, $g_0 : B \sim A_0 \subseteq A$라 하자. 함수 $f : A \to A_0$를 $f(x) = g_0(f_0(x))$라 하면 f_0, g_0가 단사이므로 이 함수 f는 단사이다. 따라서 위의 보조정리에 의하여 전단사함수 $h : A \sim A_0$이 존재한다.

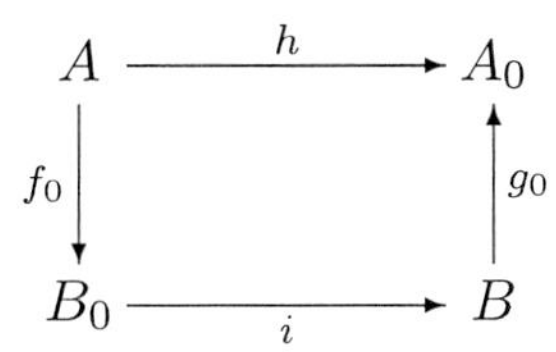

그림 31

그러면 두 전단사 $h : A \sim A_0,\ g_0^{-1} : A_0 \sim B$의 합성함수 $g_0^{-1} \circ h : A \sim B$도 전단사이다. 결국 A와 B는 대등하다. □

따름정리 7.10 $\operatorname{card} A \le \operatorname{card} B$이고 $\operatorname{card} B \le \operatorname{card} A$이면, $\operatorname{card} A = \operatorname{card} B$이다.

정 리 7.11 임의의 기수 a, b, c에 대해 다음 사실이 성립한다.

(1) $a \le a$

(2) $a \le b,\ b \le a \Longrightarrow a = b$

(3) $a \le b,\ b \le c \Longrightarrow a \le c$

위 정리의 세 가지 조건을 만족시키는 관계를 순서관계라 한다. 즉, 기수의 크기 "$\le$"는 순서관계이다.

정 의 7.12 $\operatorname{card} A \le \operatorname{card} B$이지만 $\operatorname{card} A \ne \operatorname{card} B$일 때, $\operatorname{card} A$는 $\operatorname{card} B$보다 작다(less than)고 하며 $\operatorname{card} A < \operatorname{card} B$로 나타낸다.

초한기수의 크기에 관한 이 정의는 유한기수에 대해서도 적용된다. 그리고 유한기수에 적용될 때 그 결과는 자연수의 크기와 같다.

예 제 7.13 $\operatorname{card} \mathbb{N} < \operatorname{card} \mathbb{R}$이다. 이를 보여라.

【증명】 집합 $\mathbb{N}$은 $\mathbb{R}$의 부분집합이므로 $\mathbb{N}$은 $\mathbb{R}$의 부분집합 $\mathbb{N}$과 대등하다. 즉 $\mathbb{N} \sim \mathbb{N} \subseteq \mathbb{R}$. 따라서 $\operatorname{card} \mathbb{N} \le \operatorname{card} \mathbb{R}$이다. 그러나 $\mathbb{R}$은 비가

부번집합이므로 $\mathbb{R}$은 $\mathbb{N}$과 대등하지 않다. 즉, $\operatorname{card}\mathbb{N} \neq \operatorname{card}\mathbb{R}$. 따라서 $\operatorname{card}\mathbb{N} < \operatorname{card}\mathbb{R}$이다. □

연습문제 7.1

1. 다음 각 집합의 기수를 구하여라.

   $\{\phi\}, \{\phi, \{\phi\}\}, \{\phi, \{\phi\}, \{\phi, \{\phi\}\}\}$

2. 집합 $\{x \in \mathbb{R} \mid x^2 - 3x + 2 = 0\}$의 기수를 구하여라.

3. 집합 $A = \{x \in \mathbb{R} \mid x^2 + 1 = 0\}$와 $B = \{x \in \mathbb{C} \mid x^2 + 1 = 0\}$의 기수를 구하여라.

4. 집합 $\{x \in \mathbb{C} \mid x^{17} + 1 = 0\}$의 기수를 구하여라. (힌트: 대수학의 기본 정리)

5. 모든 자연수는 기수임을 보여라.

6. $A = \{a, b, c\}$, $B = \{1, 2\}$에 대하여 다음 기수를 각각 구하여라.

   $\operatorname{card} A$, $\operatorname{card} B$, $\operatorname{card}(A \cup B)$, $\operatorname{card}(A \times B)$

7. 임의의 유한기수 n에 대하여 $n < \operatorname{card}\mathbb{N}$임을 증명하여라.

8. 두 집합 A, B에 대하여 $A \subseteq B$이면 $\operatorname{card} A \leq \operatorname{card} B$임을 증명하여라. 역은 성립하는가?

9. 임의의 초한기수 a에 대하여 $\operatorname{card}\mathbb{N} \leq a$임을 증명하여라. 즉 $\operatorname{card}\mathbb{N}$은 가장 작은 초한기수임을 증명하여라.

10. 두 집합 A, B에 대하여 단사함수 $f : A \to B$가 존재하기 위한 필요충분조건이 $\operatorname{card} A \leq \operatorname{card} B$임을 증명하여라.

11. 집합 A, B, C에 대하여 다음을 증명하여라.

(a) $\operatorname{card} A \leq \operatorname{card} B$ 이고 $\operatorname{card} B \leq \operatorname{card} C$ 이면 $\operatorname{card} A \leq \operatorname{card} C$

(b) $\operatorname{card} A < \operatorname{card} B$ 이고 $\operatorname{card} B < \operatorname{card} C$ 이면 $\operatorname{card} A < \operatorname{card} C$

12. 집합 A, B, C 에 대하여 $A \subseteq B \subseteq C$, $A \sim C$ 이면 $A \sim B$ 임을 증명하여라.

7.2 칸토어 정리

멱집합이란 그 집합의 부분집합들을 모두 모아놓은 집합인데, 칸토어는 임의의 집합보다 그 멱집합의 원소가 많다는 것을 보였다.

정 리 7.14 [칸토어 정리(Cantor Theorem)]
임의의 집합 X에 대하여 다음 사실이 성립한다.

$$\text{card}\, X < \text{card}\, P(X)$$

【증명】 $X = \phi$이면 $\text{card}\,\phi = 0 < 1 = \text{card}\, P(\phi)$이므로 정리가 성립한다. 이제 $X \neq \phi$이라 하자. 함수 $g : X \to P(X)$를 $g(x) = \{x\}$로 정의하면 이 함수는 단사이다. 그러므로 $X \sim g(X) = \{\{x\} \mid x \in X\} \subseteq P(X)$이다. 다시 말하면 $\text{card}\, X \leq \text{card}\, P(X)$. 그러므로 X와 $P(X)$가 대등하지 않다는 것을 보이면 충분하다. 이를 보이기 위해 전단사 $f : X \sim P(X)$가 존재한다고 가정하여 모순을 찾자. 집합 $S = \{x \in X \mid x \notin f(x)\}$, 즉 원소 $x \in X$로서 f에 의한 상 $f(x)$에 속하지 않는 것의 집합 S를 생각하면 $S \subseteq X$이므로 $S \in P(X)$이다. 그런데 $f : X \sim P(X)$이므로 적당한 $e \in X$가 존재해서 $f(e) = S$이다. 이제 원소 e를 생각하면 $e \in S$이거나 $e \notin S$ 둘 중 하나이다.

(1) $e \in S$인 경우

집합 S의 정의에 따라 $e \notin f(e)$. 한편 $f(e) = S$이므로 $e \notin S$. 이것은 모순이다.

(2) $e \notin S$인 경우

$f(e) = S$이므로 $e \notin f(e)$. 한편 S의 정의에 의하여 $e \in S$이므로 모순이다.

따라서 어느 경우든 모순이 생긴다. 즉, $X \not\sim P(X)$이고, 그러므로 $\operatorname{card} X \neq \operatorname{card} P(X)$. 결국 $\operatorname{card} X < \operatorname{card} P(X)$. □

참 고 **7.15** 칸토어 정리의 의의는 무한히 많은 새로운 초한기수를 구성할 수 있는 길을 터 놓았다는 데에 있다. 이를테면 다음과 같이 초한기수들을 얼마든지 생각할 수 있다.

$$\operatorname{card} \mathbb{R} < \operatorname{card} P(\mathbb{R}) < \operatorname{card} P(P(\mathbb{R})) < \cdots$$

참 고 **7.16** 칸토어 정리의 관점에서 볼 때 지극히 자연스러운 의문이 생길 수 있었는데 그것은 다음과 같다. 즉

$$\operatorname{card} \mathbb{N} < x < \operatorname{card} P(\mathbb{N})$$

를 만족시키는 기수 x가 존재하겠는가? 연속체문제(continuum problem)로 불리우는 이 의문은 장기간 칸토어와 그밖의 다른 수학자들의 주목을 끌었다. 이 문제에 관해서는 7.7 절에서 다루기로 하겠다.

연습문제 7.2

1. 서로 다른 무한 기수의 예를 세 개 들어라.

2. 가장 큰 기수는 존재하지 않는다는 것을 보여라.

3. 집합 A, B에 대하여 $A \sim B$이면 $\operatorname{card} P(A) = \operatorname{card} P(B)$을 증명하여라. 단, $P(A)$와 $P(B)$ 사이에 전단사함수가 존재한다는 사실을 사용할 것.

4. 임의의 가부번집합 A에 대하여 A의 멱집합 $P(A)$는 비가부번집합임을 증명하여라.

7.3 기수의 합

기수에 대해서도 덧셈을 정의할 수 있는데, 유한기수의 덧셈은 자연수의 덧셈과 일치한다.

정의 7.17 a, b가 기수일 때 기수의 합(cardinal sum) $a+b$는 아래와 같이 정의한다.

$$a+b = \operatorname{card}(A \cup B)$$

단, $\operatorname{card} A = a,\ \operatorname{card} B = b,\ A \cap B = \phi$.

정리 7.18 a, b가 기수라면,

(1) $\operatorname{card} A = a,\ \operatorname{card} B = b,\ A \cap B = \phi$인 집합 A, B가 존재한다.

(2) $\operatorname{card} A = \operatorname{card} C,\ \operatorname{card} B = \operatorname{card} D,\ A \cap B = C \cap D = \phi$이면, $\operatorname{card}(A \cup B) = \operatorname{card}(C \cup D)$이다.

【증명】 (1) 공리 (C1)에 의해 $\operatorname{card} X = a, \operatorname{card} Y = b$인 집합 X, Y가 존재한다. $A = X \times \{0\}, B = Y \times \{1\}$라 하면 $A \sim X,\ B \sim Y$이고 $A \cap B = \phi$이다. 따라서 (C4)에 의해 $\operatorname{card} A = \operatorname{card} X = a,\ \operatorname{card} B = \operatorname{card} Y = b$.

(2) $\operatorname{card} A = \operatorname{card} C$이므로 $A \sim C$이고, $\operatorname{card} B = \operatorname{card} D$이므로 $B \sim D$이다. 그런데 $A \cap B = C \cap D = \phi$이므로 $A \cup B \sim C \cup D$이다. 따라서 (C4)에 의해 $\operatorname{card}(A \cup B) = \operatorname{card}(C \cup D)$가 성립한다. □

예제 7.19 기수의 덧셈 $3+4$을 계산하여라.

【풀이】 $3 = \mathrm{card}\,\{1,2,3\}$, $4 = \mathrm{card}\,\{4,5,6,7\}$ 이고 $\{1,2,3\}\cap\{4,5,6,7\} = \phi$이다. 따라서

$$\begin{aligned} 3+4 &= \mathrm{card}\,(\{1,2,3\}\cup\{4,5,6,7\}) \\ &= \mathrm{card}\,\{1,2,3,4,5,6,7\} \\ &= \mathrm{card}\,\mathbb{N}_7 \\ &= 7 \end{aligned}$$

참 고 **7.20** 위 예제에서 보는 바와 같이 유한기수의 합은 자연수의 합과 같다.

정 리 **7.21** x, y, z가 기수일 때 다음 사실이 성립한다.

(1) $x + y = y + x$ (교환법칙)

(2) $(x + y) + z = x + (y + z)$ (결합법칙)

【증명】 $x = \mathrm{card}\,X$, $y = \mathrm{card}\,Y$, $z = \mathrm{card}\,Z$, $X\cap Y = \phi, X\cap Z = \phi, Y\cap Z = \phi$라 하자.

(1)

$$\begin{aligned} x+y &= \mathrm{card}\,(X\cup Y) \\ &= \mathrm{card}\,(Y\cup X) \\ &= y+x \end{aligned}$$

(2)

$$
\begin{aligned}
(x+y)+z &= \operatorname{card}(X \cup Y) + \operatorname{card} Z \\
&= \operatorname{card}((X \cup Y) \cup Z) \\
&\quad (\because (X \cup Y) \cap Z = \phi) \\
&= \operatorname{card}(X \cup (Y \cup Z)) \\
&= \operatorname{card} X + \operatorname{card}(Y \cup Z) \\
&\quad (\because X \cap (Y \cup Z) = \phi) \\
&= x + (y+z)
\end{aligned}
$$

□

정 의 7.22 자연수 전체 집합의 기수를 히브리어 문자를 사용해서 $\aleph_0$(aleph zero 또는 aleph null이라 읽는다)라 하고 실수 전체 집합의 기수를 c(독일어의 세 번째 문자로서 "체"라 읽는다)라 한다. 즉,

$$\aleph_0 = \operatorname{card} \mathbb{N},$$

$$c = \operatorname{card} \mathbb{R}.$$

예 7.23 $\mathbb{Q} \sim \mathbb{N}$이므로 $\operatorname{card} \mathbb{Q} = \aleph_0$. 또한 $(0,1) \sim \mathbb{R}$이므로 $\operatorname{card}(0,1) = c$.

예 제 7.24 $\aleph_0 + \aleph_0 = \aleph_0$임을 보여라.

【풀이】 $\aleph_0 = \operatorname{card} \mathbb{N}_e$, $\aleph_0 = \operatorname{card} \mathbb{N}_o$이고 $\mathbb{N}_e \cap \mathbb{N}_o = \phi$이다. 따라서 $\aleph_0 + \aleph_0 = \operatorname{card}(\mathbb{N}_e \cup \mathbb{N}_o) = \operatorname{card} \mathbb{N} = \aleph_0$

예 제 7.25 $\aleph_0 + c = c$임을 보여라.

【풀이】 $\aleph_0 = \text{card}\,\mathbb{N}$, $c = \text{card}\,(0,1)$을 생각하면 $\mathbb{N} \cap (0,1) = \phi$이다. 그런데 $\mathbb{N} \cup (0,1) \subseteq \mathbb{R}$이므로 $\aleph_0 + c = \text{card}\,(\mathbb{N} \cup (0,1)) \leq \text{card}\,\mathbb{R} = c$. 또한 $c = \text{card}\,(0,1) \leq \text{card}\,(\mathbb{N} \cup (0,1)) = \aleph_0 + c$. 따라서 칸토어-베른슈타인 정리에 의해 $c = \aleph_0 + c$.

예 제 **7.26** $c + c = c$임을 보여라.

【풀이】 $c = \text{card}\,(0,1)$, $c = \text{card}\,(1,2)$을 생각하면 $(0,1) \cap (1,2) = \phi$이다. 그런데 $(0,1) \cup (1,2) \subseteq (0,2) \sim (0,1)$이므로 $c + c = \text{card}\,((0,1) \cup (1,2)) \leq \text{card}\,(0,2) = c$. 또한 $(0,1) \subseteq (0,1) \cup (1,2)$이므로 $c = \text{card}\,(0,1) \leq \text{card}\,((0,1) \cup (1,2)) = c + c$. 따라서 칸토어-베른슈타인 정리에 의해 $c + c = c$.

연습문제 7.3

1. 임의의 기수 x에 대하여 $x + 0 = x$임을 증명하여라.

2. 임의의 유한기수 n에 대하여 다음 사실이 성립합을 증명하여라.

   (a) $n + \aleph_0 = \aleph_0$

   (b) $n + c = c$

3. 유한기수 n과 초한 기수 a에 대하여 $n + a = a$가 됨을 보여라.

4. $a + 1 = a$이면 a가 초한 기수임을 보여라.

5. 임의의 기수 x, y, z에 대하여 다음 물음에 답하여라.

   (a) $x \leq y$이면 $x + z \leq y + z$이다. 이것을 증명하여라.

   (b) 위의 (a)에 있어서 "$\leq$ " 를 "$<$"로 바꿔 놓은 명제는 참이 아닐 수도 있다. 이것에 대한 반례를 하나 들어라.

6. 기수에 대해 소거법칙 $x + y = x + z \Longrightarrow y = z$가 성립하지 않는 예를 들어라.

7. 기수의 무한합도 정의 7.17과 비슷하게 정의된다고 할 때 집합의 포함관계를 이용하여 아래 사실을 증명하여라.

   (a) $\aleph_0 + \aleph_0 + \aleph_0 + \cdots = \aleph_0$

   (b) $c + c + c + \cdots = c$

7.4 기수의 곱

이제 기수의 곱을 정의하자. 유한기수의 곱은 자연수의 곱과 일치하게 된다.

정 의 7.27 a 와 b가 기수일 때 기수의 곱(cardinal product) ab 는 $a = \mathrm{card}\, A,\ b = \mathrm{card}\, B$ 인 집합의 곱집합 $A \times B$ 의 기수로 정의한다. 즉,

$$ab = \mathrm{card}\,(A \times B).$$

참 고 7.28 정리 6.25에 의해 기수의 곱은 집합의 선택과 무관하다. 즉, $\mathrm{card}\, A = \mathrm{card}\, A',\ \mathrm{card}\, B = \mathrm{card}\, B'$ 일 때, $\mathrm{card}\,(A \times B) = \mathrm{card}\,(A' \times B')$ 이다.

예 7.29 $3 \cdot 4 = \mathrm{card}\, \mathbb{N}_3 \times \mathbb{N}_4$
$= \mathrm{card}\, \{(1,1),(1,2),(1,3),(1,4),(2,1),\ldots,(3,4)\} = \mathrm{card}\, \mathbb{N}_{12} = 12$

정 리 7.30 임의의 기수 x, y, z에 대해 다음 사실이 성립한다.

(1) $xy = yx$ (교환법칙)

(2) $(xy)z = x(yz)$ (결합법칙)

(3) $x(y+z) = xy + xz$ (분배법칙)

【증명】 (1) $x = \mathrm{card}\, X$, $y = \mathrm{card}\, Y$라 하면 함수 $f : X \times Y \to Y \times X$, $f((a,b)) = (b,a)$가 전단사함수이므로 $X \times Y \sim Y \times X$이다. 따라서

$$\begin{aligned} xy &= \mathrm{card}\,(X \times Y) \\ &= \mathrm{card}\,(Y \times X) \\ &= yx \end{aligned}$$

(2) 생략.

(3) $x = \mathrm{card}\, X$, $y = \mathrm{card}\, Y$, $z = \mathrm{card}\, Z$, $Y \cap Z = \phi$라 하면 $X \times Y \cap X \times Z = \phi$이므로,

$$\begin{aligned} x(y+z) &= \mathrm{card}\,(X \times (Y \cup Z)) \\ &= \mathrm{card}\,(X \times Y \cup X \times Z) \\ &= \mathrm{card}\, X \times Y + \mathrm{card}\, X \times Z \\ &= xy + xz \end{aligned}$$

이다. □

예 제 7.31 모든 유한기수 k에 대해 $1 \cdot k = k$임을 보여라.

【풀이】 $1 = \mathrm{card}\, \mathbb{N}_1 = \mathrm{card}\, \{1\}$, $k = \mathrm{card}\, \mathbb{N}_k$이므로 $1 \cdot k = \mathrm{card}\, \{1\} \times \mathbb{N}_k = \mathrm{card}\, \mathbb{N}_k = k$

예 제 7.32 $\aleph_0 \cdot \aleph_0 = \aleph_0$임을 보여라.

【풀이】 $\aleph_0 \cdot \aleph_0 = \mathrm{card}\, \mathbb{N} \times \mathbb{N} = \mathrm{card}\, \mathbb{N} = \aleph_0$

예 제 7.33 $c \cdot c = c$임을 보여라.

【풀이】 (1) $c \cdot c \le c$

(∵) 곱집합 $(0,1) \times (0,1)$에서 구간 $(0,1)$로 가는 단사함수가 존재함을 보이면 충분하다. 이를 위해 각 실수 $x \in (0,1)$을 무

한소수로 나타내기로 하자. 이를테면 $\frac{1}{2}$ 은 $0.5000\ldots$ 가 아니라 $0.4999\ldots$ 로 나타낸다. 이와 같이 구간 $(0,1)$에 속하는 각 실수를 무한소수로 유일하게 나타낼 때, 함수 $f:(0,1)\times(0,1)\to(0,1)$을

$$f(0.x_1x_2x_3\ldots,0.y_1y_2y_3\ldots)=0.x_1y_1x_2y_2x_3y_3\ldots$$

으로 정의하면 이 함수 f는 단사이다(연습문제). 그러므로 $\mathrm{card}\,((0,1)\times(0,1))\leq\mathrm{card}\,(0,1)$. 따라서 $c\cdot c\leq c$이다.

(2) $c\leq c\cdot c$

($\because$) 함수 $g:(0,1)\to(0,1)\times(0,1)$를 $g(x)=(x,\frac{1}{2})$로 정의하면 g는 단사함수이다. 따라서 $c=\mathrm{card}\,(0,1)\leq\mathrm{card}\,((0,1)\times(0,1))=c\cdot c$.

결국 (1), (2)와 칸토어-베른슈타인 정리에 의해서 $c\cdot c=c$이 된다.

예 **7.34** 위 예제에 의해 평면상의 모든 점의 집합 $\mathbb{R}^2$과 실수의 집합 $\mathbb{R}$이 대등함을 알 수 있다. 또한 수학적 귀납법을 사용하면 n 차원 공간 상의 모든 점의 집합 $\mathbb{R}^n$은 실수의 집합 $\mathbb{R}$과 대등함을 보일 수 있다.

연습문제 7.4

1. 세 집합 X,Y,Z에 대해 $Y\cap Z=\phi$일 때 $X\times Y\cap X\times Z=\phi$임을 보여라.

2. $X\times(Y\cup Z)=X\times Y\cup X\times Z$임을 보여라.

3. 유한기수 n과 임의의 기수 a에 대하여 $a+a+\cdots+a=na$가 됨을 보여라. (수학적 귀납법 사용)

4. 기수에 대해 $ab=ac\Longrightarrow b=c$가 성립하지 않는 예를 들어라.

5. 기수 x, y, z에 대하여 $x \leq y$ 이면 $xz \leq yz$이다. 이것을 증명하여라.

6. 다음 명제를 증명하거나 반례를 보여라.

   임의의 기수 x, y, z 에 대하여 $x < y$이고 $z \neq 0$이면 $xz < yz$이다.

7. 유한기수 n에 대하여 $n\aleph_0 = \aleph_0$ 임을 증명하여라.

8. 기수 x, y에 대하여 다음을 증명하여라.

   (a) $xy = 0$이면 $x = 0$ 또는 $y = 0$이다.

   (b) $xy = 1$이면 $x = 1$이고 $y = 1$이다.

9. 함수 $f : (0,1) \times (0,1) \to (0,1)$가

$$f(0.x_1x_2x_3x_4\cdots, 0.y_1y_2y_3\cdots) = 0.x_1y_1x_2y_2x_3y_3\cdots$$

   로 정의되어 있다. 이 함수가 단사임을 보여라.

10. $\aleph_0 c = c$임을 증명하여라.

7.5 기수의 지수

자연수와 마찬가지로 기수에도 지수를 정의할 수 있다. 기수의 지수를 정의하기 위해 먼저 함수들의 집합인 B^A의 정의를 알아보자.

정 의 7.35 집합 A, B에 대하여 A에서 B로 가는 함수 전체의 집합을 B^A로 나타낸다. 즉,

$$B^A = \{f \mid f : A \to B \text{는 함수}\}$$

로 정의한다. 특히 $B = \{0,1\}$일 때, $\{0,1\}^A$을 2^A으로 나타낸다.

정 의 7.36 a, b가 기수일 때 지수(exponent) b^a은 다음과 같이 정의한다.

$$b^a = \operatorname{card} B^A$$

단, $a = \operatorname{card} A, b = \operatorname{card} B$.

정 리 7.37 집합 A, B, X, Y에 대하여 $A \sim X, B \sim Y$이면 $B^A \sim Y^X$이다.

【증명】 조건에 의해 $f : B \sim Y$, $g : A \sim X$를 각각 전단사라고 하자. 지금 함수 $\psi : B^A \to Y^X$를, 각 $h \in B^A$에 대해 $\psi(h) = f \circ h \circ g^{-1}$로 정의하자.

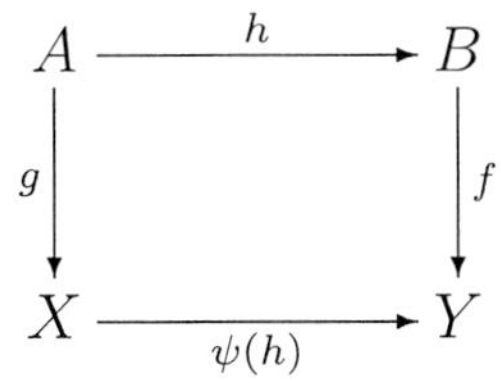

그림 32

(1) ψ는 단사함수이다.

$(\because)\ \psi(h) = \psi(k)$
$\Longrightarrow f \circ h \circ g^{-1} = f \circ k \circ g^{-1}$
$\Longrightarrow f^{-1} \circ (f \circ h \circ g^{-1}) = f^{-1} \circ (f \circ k \circ g^{-1})$
$\Longrightarrow (f^{-1} \circ f) \circ (h \circ g^{-1}) = (f^{-1} \circ f) \circ (k \circ g^{-1})$
$\Longrightarrow I_B \circ h \circ g^{-1} = I_B \circ k \circ g^{-1}$
$\Longrightarrow h \circ g^{-1} = k \circ g^{-1}$
$\Longrightarrow (h \circ g^{-1}) \circ g = (k \circ g^{-1}) \circ g$
$\Longrightarrow h \circ (g^{-1} \circ g) = k \circ (g^{-1} \circ g)$
$\Longrightarrow h \circ I_A = k \circ I_A$
$\Longrightarrow h = k$
따라서 단사함수이다.

(2) ψ는 전사함수이다.

$(\because)$ $j \in Y^X$에 대해 $f^{-1} \circ j \circ g \in B^A$이고 $\psi(f^{-1} \circ j \circ g) = f \circ (f^{-1} \circ j \circ g) \circ g^{-1} = j$. 따라서 전사함수이다.

(1)과 (2)에 의해 ψ는 전단사함수이다. 그러므로 $B^A \sim Y^X$이고 $\operatorname{card} B^A = \operatorname{card} Y^X$이다. □

예 제 7.38 임의의 집합 A에 대해서 $\operatorname{card} P(A) = 2^{\operatorname{card} A}$이 성립함을 보여라.

【풀이】 집합 $B = \{0, 1\}$라 하고, 함수 $\psi : P(A) \to B^A$를 E에 대해 E의 특성함수를 대응시키는 함수, 즉, $\psi(E) = \chi_E$라 정의하자.

(1) ψ는 단사함수이다.

> ($\because$) $\chi_D = \chi_E$라 하면 $\forall a \in A, \chi_D(a) = \chi_E(a)$이다. 따라서 $a \in D \iff \chi_D(a) = 1 \iff \chi_E(a) = 1 \iff a \in E$. 그러므로 $D = E$이다.

(2) ψ는 전사함수이다.

> ($\because$) 함수 $f \in B^A$에 대해 $D = \{x \in A \mid f(x) = 1\}$라 하면 $D \in P(A)$이다. 그런데 $\chi_D(a) = 1 \iff a \in D \iff f(a) = 1$이므로 $\chi_D = f$이다. 따라서 $\psi(D) = \chi_D = f$이고, 그러므로 ψ는 전사함수이다.

결국 ψ는 전단사이고, $\operatorname{card} P(A) = \operatorname{card} B^A = 2^{\operatorname{card} A}$이다.

정 리 7.39 [지수법칙(exponential law)]
기수 a, x, y에 대해 다음 법칙이 성립한다.

$$a^x \cdot a^y = a^{x+y}$$

【증명】 $a = \operatorname{card} A$, $x = \operatorname{card} X$, $y = \operatorname{card} Y$, $X \cap Y = \phi$라 하자. $A^X \times A^Y \sim A^{X \cup Y}$을 보이면 된다. 함수 $\psi : A^X \times A^Y \to A^{X \cup Y}$를 $\psi(f, g) = f \cup g$로 정의하면 ψ는 전단사함수이다(연습문제). 따라서 정리가 성립한다. □

정 리 **7.40** [지수법칙(exponential law)]
기수 x, y, z에 대해 다음 법칙이 성립한다.

$$(z^y)^x = z^{yx}$$

【증명】 $x = \operatorname{card} X$, $y = \operatorname{card} Y$, $z = \operatorname{card} Z$라 하자. 이제 $(Z^Y)^X \sim Z^{Y\times X}$을 보이면 된다. 모든 $a \in X$에 대해 $f^a(b) = f(b,a)$로 정의되는 함수 $f^a : Y \to Z$를 생각 할 수 있다. 이제 함수 $\psi : Z^{Y\times X} \to (Z^Y)^X$를 $\psi(f) = e_f$로 정의하자. 단, $e_f : X \to Z^Y$는 $e_f(a) = f^a$로 정의되는 함수이다.

(1) ψ는 단사함수이다.

$(\because)$ $\psi(f) = \psi(g)$
$\Longrightarrow e_f = e_g \in (Z^Y)^X$.
즉 $e_f = e_g : X \to Z^Y$이다.
따라서 $\forall a \in X,\ f^a = g^a$
$\Longrightarrow \forall a \in X,\ [\forall b \in Y, f^a(b) = g^a(b)]$
$\Longrightarrow \forall a \in X,\ [\forall b \in Y,\ f(b,a) = g(b,a)]$
$\Longrightarrow \forall (b,a) \in Y \times X,\ f(b,a) = g(b,a)$
$\Longrightarrow f = g$.

(2) ψ는 전사함수이다.

$(\because)$ $h \in (Z^Y)^X$라 하자. 이제 함수 $f : Y \times X \to Z$를 $f(b,a) = h(a)(b)$로 정의하면 $f \in Z^{Y\times X}$이고 $\psi(f) = h$이다.

$(\because)$ $\psi(f) = e_f : X \to Z^Y$이고 $h : X \to Z^Y$이므로
$\forall a \in X, \forall b \in Y$에 대해,
$\psi(f)(a)(b) = e_f(a)(b) = f^a(b) = f(b,a) = h(a)(b)$
$\Longrightarrow \forall a \in X,\ \psi(f)(a) = h(a)$
$\Longrightarrow \psi(f) = h$.

따라서 ψ는 전사함수이다.

그러므로 $\psi : Z^{Y\times X} \to (Z^Y)^X$는 전단사함수이고, $Z^{Y\times X} \sim (Z^Y)^X$이다. 결국, $z^{yx} = \operatorname{card}(Z^{Y\times X}) = \operatorname{card}((Z^Y)^X) = (z^y)^x$이다. □

정 리 **7.41** [지수법칙(exponential law)]
기수 a, b, x에 대해 다음 법칙이 성립한다.

$$(ab)^x = a^x \cdot b^x$$

【증명】 $a = \operatorname{card} A, b = \operatorname{card} B, x = \operatorname{card} X$라 하자. 이제 $(A\times B)^X \sim A^X \times B^X$을 보이면 된다.

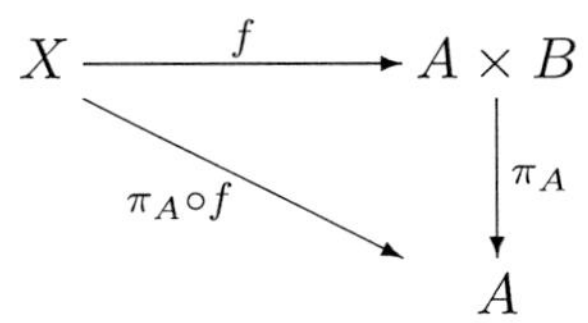

그림 33

함수 $\psi : (A\times B)^X \to A^X \times B^X$를 $\psi(f) = (\pi_A \circ f, \pi_B \circ f)$로 정의하면 ψ는 단사함수이다.

$(\because)$ $\psi(f) = \psi(g) \Longrightarrow (\pi_A \circ f, \pi_B \circ f) = (\pi_A \circ g, \pi_B \circ g)$
$\Longrightarrow \pi_A \circ f = \pi_A \circ g$ 그리고 $\pi_B \circ f = \pi_B \circ g$. 따라서 $f = g$.

또한 ψ는 전사함수이다.

$(\because)$ $(f, g) \in A^X \times B^X$이라 하자. 이제 함수 $h : X \to A \times B$를 $h(x) = (f(x), g(x))$로 정의하면 $\psi(h) = (f, g)$이다. 즉, $h \in (A\times B)^X$이고 $\psi(h) = (f, g)$이므로 ψ는 전사함수이다.

따라서 ψ는 전단사이고, $(A\times B)^X \sim A^X \times B^X$이다. 그러므로 $(ab)^x = \operatorname{card}(A\times B)^X = \operatorname{card}(A^X \times B^X) = a^x \cdot b^x$. □

정 리 7.42 $2^{\aleph_0} = c$

【증명】 (1) $c \leq 2^{\aleph_0}$

($\because$) 함수 $f : \mathbb{R} \to P(\mathbb{Q})$를 $f(r) = \{x \in \mathbb{Q} \mid x < r\}$와 같이 정의하여 f가 단사함수임을 보이자. $r \neq r'$이므로 $r < r'$이거나 $r' < r$이다. 이제 $r < r'$이라 하자. 유리수의 성질에 의해 $r < q < r'$인 $q \in \mathbb{Q}$가 존재한다. 그러면 $q \notin f(r)$이고 $q \in f(r')$이다. 따라서 $f(r) \neq f(r')$이다. 그러므로 f는 단사함수이다. 따라서 $\text{card}\,\mathbb{R} \leq \text{card}\,P(\mathbb{Q})$이고, 결국 $c \leq 2^{\aleph_0}$이다.

(2) $2^{\aleph_0} \leq c$

($\because$) 함수 $\psi : \{0,1\}^{\mathbb{N}} \to \mathbb{R}$을

$$\psi(g) = 0.g(1)g(2)g(3)\ldots$$

로 정의하면 ψ는 단사함수이다. 그러므로 $\text{card}\,\{0,1\}^{\mathbb{N}} \leq \text{card}\,\mathbb{R}$이고, 따라서 $2^{\aleph_0} \leq c$이다.

칸토어-베른슈타인 정리와 (1), (2)에 의해서 $c = 2^{\aleph_0}$이다. □

따름정리 7.43 $\aleph_0 < c$

【증명】 $\aleph_0 = \text{card}\,\mathbb{N} < \text{card}\,P(\mathbb{N}) = 2^{\aleph_0} = c$ □

연습문제 7.5

1. 아래 집합의 기수를 구하여라.

   (a) $\{0\}^{\{0\}}$

   (b) $\{\phi\}^{\{\phi\}}$

   (c) $\{0,1,2\}^{\{a,b\}}$

   (d) $\{\phi,\{\phi\}\}^{\{a,b\}}$

   (e) $\{a,b,c\}^{\{\phi,\{\phi\}\}}$

2. 임의의 기수 a에 대하여 다음을 증명하여라.

   $a^0 = 1$, $a^1 = a$, $1^a = 1$, 또 $a \neq 0$ 이면 $0^a = 0$

3. 임의의 기수 a에 대하여 $2^a > a$임을 보여라.

4. 기수 a, b, x, y에 대하여 $a \leq b$, $x \leq y$ 이면 $a^x \leq b^y$ 임을 증명하여라.

5. 임의의 유한기수 $n \geq 2$ 에 대하여 $n^{\aleph_0} = c = {\aleph_0}^{\aleph_0}$ 임을 증명하여라.

6. 임의의 유한기수 $n \geq 1$ 에 대하여 $c^{\aleph_0} = c = c^n$ 임을 증명하여라.

7. 모든 복소수의 집합 $\mathbb{C}$에 대하여 $\text{card}\,\mathbb{C} = c$임을 증명하여라.

8. 기수의 성질을 이용하여 $A \sim B$이면 $\text{card}\,P(A) = \text{card}\,P(B)$가 됨을 증명하여라.

9. 유한기수 n과 임의의 기수 a에 대하여 $a \cdot a \cdots a = a^n$이 됨을 보여라. (수학적 귀납법 사용)

7.6 기수의 계산

예 제 **7.44** $c \cdot c = c$임을 보여라.

【풀이】 $c \cdot c = 2^{\aleph_0} \cdot 2^{\aleph_0} = 2^{\aleph_0 + \aleph_0} = 2^{\aleph_0} = c$ (예제 7.33과 비교).

예 **7.45** $\operatorname{card} \mathbb{R}^2 = \operatorname{card}(\mathbb{R} \times \mathbb{R}) = c \cdot c = c$이므로 $\mathbb{R}^2 \sim \mathbb{R}$이 됨을 알 수 있다. 마찬가지로 $\operatorname{card} \mathbb{R}^3 = \operatorname{card} \mathbb{R}^4 = \cdots = \operatorname{card} \mathbb{R}^n = c$이다. 따라서 모든 자연수 n에 대해 $\mathbb{R}^n \sim \mathbb{R}$이 성립한다.

참 고 **7.46** 무한집합들 사이의 대등 관계를 살펴보면

$$\begin{aligned} \mathbb{N} \sim \mathbb{Q} \quad &\not\sim \quad \mathbb{R} \sim \mathbb{R}^2 \sim \mathbb{R}^3 \sim \cdots \sim \mathbb{R}^n \\ &\not\sim \quad P(\mathbb{R}) \\ &\not\sim \quad P(P(\mathbb{R})) \\ &\cdots \end{aligned}$$

이 되고 이들의 기수를 적어보면

$$\begin{aligned} \aleph_0 \quad &< \quad c \\ &< \quad 2^c \\ &< \quad 2^{(2^c)} \\ &\cdots \end{aligned}$$

와 같이 된다.

예 **7.47** $\operatorname{card}\{f \mid f : \mathbb{R} \to \mathbb{R}$는 함수 $\} = \operatorname{card} \mathbb{R}^{\mathbb{R}} = c^c = (2^{\aleph_0})^c = 2^{\aleph_0 \cdot c} = 2^c > c$

예 제 **7.48** $C(\mathbb{R},\mathbb{R})=\{f \mid f:\mathbb{R}\to\mathbb{R}$는 연속함수 $\}$,
$C(\mathbb{Q},\mathbb{R})=\{f \mid f:\mathbb{Q}\to\mathbb{R}$는 연속함수 $\}$,
$K(\mathbb{R},\mathbb{R})=\{f \mid f:\mathbb{R}\to\mathbb{R}$는 상수함수 $\}$이라 하면
$\operatorname{card}C(\mathbb{R},\mathbb{R})=\operatorname{card}C(\mathbb{Q},\mathbb{R})=\operatorname{card}K(\mathbb{R},\mathbb{R})=c$이다. 이를 보여라.

【풀이】 임의의 함수 $f:\mathbb{R}\to\mathbb{R}$에 대해 정의역 축소함수인 $f|_{\mathbb{Q}}:\mathbb{Q}\to\mathbb{R}$, $f|_{\mathbb{Q}}(x)=f(x)$인 함수를 생각할 수 있다. 이제 함수 $\psi:C(\mathbb{R},\mathbb{R})\to C(\mathbb{Q},\mathbb{R})$를 $\psi(f)=f|_{\mathbb{Q}}$라 정의하자. 분명히 이 함수 ψ는 잘 정의된 함수이고 단사함수이다.

> ($\because$) $f,g\in C(\mathbb{R},\mathbb{R})$에 대해, $\psi(f)=\psi(g)\Longrightarrow f|_{\mathbb{Q}}=g|_{\mathbb{Q}}$ $\Longrightarrow \forall x\in\mathbb{Q},\ f|_{\mathbb{Q}}(x)=g|_{\mathbb{Q}}(x)\Longrightarrow\forall x\in\mathbb{Q},\ f(x)=g(x)$ 이고 f,g는 $\mathbb{Q}$에서 연속함수이다. 그런데 위상수학의 정리에 의하면 조밀한 집합에서 함수값이 같은 두 연속함수는 전체에서 같은 함수가 되므로, $f=g$이다. 따라서 함수 ψ는 단사이다.

$C(\mathbb{R},\mathbb{R})$에서 $C(\mathbb{Q},\mathbb{R})$로 가는 단사함수가 존재하므로 $\operatorname{card}C(\mathbb{R},\mathbb{R})\le\operatorname{card}C(\mathbb{Q},\mathbb{R})$이다. 따라서

$$\operatorname{card}C(\mathbb{R},\mathbb{R})\le\operatorname{card}C(\mathbb{Q},\mathbb{R}) \quad \cdots\cdots \quad (1)$$

그런데

$$\begin{aligned}\operatorname{card}C(\mathbb{Q},\mathbb{R})&\le\operatorname{card}\mathbb{R}^{\mathbb{Q}}=c^{\aleph_0}\\&=(2^{\aleph_0})^{\aleph_0}=2^{\aleph_0\cdot\aleph_0}=2^{\aleph_0}\\&=c \quad \cdots\cdots \quad (2)\end{aligned}$$

임의의 $a\in\mathbb{R}$에 대해 함수 $f_a:\mathbb{R}\to\mathbb{R}$를 $f_a(x)=a$로 정의하면 f_a는 상수함수가 된다. 또한 $a\neq b\Longrightarrow f_a\neq f_b$이므로

$$c=\operatorname{card}\mathbb{R}\le\operatorname{card}K(\mathbb{R},\mathbb{R}) \quad \cdots\cdots \quad (3)$$

한편 모든 상수 함수는 연속함수이므로 $K(\mathbb{R},\mathbb{R})\subseteq C(\mathbb{R},\mathbb{R})$이다. 따라서

$$\operatorname{card}K(\mathbb{R},\mathbb{R})\le\operatorname{card}C(\mathbb{R},\mathbb{R}) \quad \cdots\cdots \quad (4)$$

(1), (2), (3), (4)에 의해서

$$\begin{aligned} \operatorname{card} C(\mathbb{R},\mathbb{R}) &\le \operatorname{card} C(\mathbb{Q},\mathbb{R}) \le c \\ &\le \operatorname{card} K(\mathbb{R},\mathbb{R}) \le \operatorname{card} C(\mathbb{R},\mathbb{R}) \end{aligned}$$

이다. 그러므로 칸토어-베른슈타인 정리에 의해서

$$\begin{aligned} \operatorname{card} C(\mathbb{R},\mathbb{R}) &= \operatorname{card} C(\mathbb{Q},\mathbb{R}) = \operatorname{card} K(\mathbb{R},\mathbb{R}) \\ &= \operatorname{card} C(\mathbb{R},\mathbb{R}) = c \end{aligned}$$

이다.

예 제 7.49 집합

$$D(\mathbb{R},\mathbb{R}) = \{f \mid f : \mathbb{R} \to \mathbb{R}\text{는 미분가능한 함수}\}$$

의 기수 $\operatorname{card} D(\mathbb{R},\mathbb{R})$를 구하여라.

【풀이】 모든 상수함수는 미분가능이므로 $K(\mathbb{R},\mathbb{R}) \subseteq D(\mathbb{R},\mathbb{R})$이다. 또한 미분가능한 함수는 연속이므로 $D(\mathbb{R},\mathbb{R}) \subseteq C(\mathbb{R},\mathbb{R})$이다. 그러므로 $\operatorname{card} K(\mathbb{R},\mathbb{R}) \le \operatorname{card} D(\mathbb{R},\mathbb{R}) \le \operatorname{card} C(\mathbb{R},\mathbb{R})$. 따라서 $\operatorname{card} D(\mathbb{R},\mathbb{R}) = c$이다.

예 제 7.50 $\operatorname{card} \mathbb{Q}^c = c$임을 보여라.

【풀이】 $\mathbb{Q}^c \subseteq \mathbb{R}$이므로 $\operatorname{card} \mathbb{Q}^c \le \operatorname{card} \mathbb{R} = c$이다. 또한 $\mathbb{Q}^c$는 무한집합이므로 분명히 $\operatorname{card} \mathbb{Q}^c \ge \aleph_0$이다. 만일 $\operatorname{card} \mathbb{Q}^c = \aleph_0$이면 $c = \operatorname{card} \mathbb{R} = \operatorname{card} (\mathbb{Q} \cup \mathbb{Q}^c) = \operatorname{card} \mathbb{Q} + \operatorname{card} \mathbb{Q}^c = \aleph_0 + \aleph_0 = \aleph_0$가 되어 모순이 된다. 그러므로 $\operatorname{card} \mathbb{Q}^c = c$.

예 7.51 (1) $\operatorname{card} (\mathbb{Q} \cap [0,1]) = \aleph_0$

(2) $\operatorname{card} (\mathbb{Q} \times \mathbb{Q}^c \times \mathbb{R}) = \aleph_0 \cdot c \cdot c = \aleph_0 \cdot c = c$

(3) $\text{card}\,(\mathbb{R} \times \mathbb{R} \times \mathbb{R}) = c \cdot c \cdot c = c$

(4) $\text{card}\,(\mathbb{N} \times \mathbb{Q}^c) = \aleph_0 \cdot c = c$

(5) $\text{card}\,(\{0,1\} \times \mathbb{Q}^c) = 2 \cdot c = c$

(6) $\text{card}\,(\{0,1\} \times \mathbb{R} \times \mathbb{R}) = 2 \cdot c \cdot c = c$

예 **7.52** (1) $\aleph_0 + 3 = \aleph_0$, $3 + \aleph_0 = \aleph_0$

(2) $3 + c = c$, $c + 3 = c$

(3) $\aleph_0 + c = c$

(4) $\aleph_0 + \aleph_0 = \aleph_0$

(5) $c + c = c$

(6) $\aleph_0 \cdot c = c$

(7) $\aleph_0 \cdot \aleph_0 = \aleph_0$

(8) $c \cdot c = c$

(9) $3 \cdot \aleph_0 = \aleph_0$

예 제 **7.53** ${\aleph_0}^{\aleph_0} = 2^{\aleph_0} = c$임을 보여라.

【풀이】 $\{f \mid f : \mathbb{N} \to \{0,1\}$는 함수 $\} \subseteq \{f \mid f : \mathbb{N} \to \mathbb{N}$는 함수 $\}$ $\subseteq \{f \mid f : \mathbb{N} \to \mathbb{N}$는 관계 $\} = \{f \mid f \subseteq \mathbb{N} \times \mathbb{N}\} = P(\mathbb{N} \times \mathbb{N})$ 이므로, 이들의 기수를 비교하면 $2^{\aleph_0} \leq {\aleph_0}^{\aleph_0} \leq 2^{\aleph_0 \cdot \aleph_0}$. 그런데 $2^{\aleph_0 \cdot \aleph_0} = 2^{\aleph_0} = c$ 이므로, ${\aleph_0}^{\aleph_0} = 2^{\aleph_0} = c$.

예 **7.54** (1) $2^{\aleph_0} = c$

(2) $\aleph_0^3 = \aleph_0 \cdot \aleph_0 \cdot \aleph_0 = \aleph_0$

(3) $c^{\aleph_0} = (2^{\aleph_0})^{\aleph_0} = 2^{\aleph_0 \cdot \aleph_0} = 2^{\aleph_0} = c$

(4) $c^c = (2^{\aleph_0})^c = 2^{\aleph_0 \cdot c} = 2^c$

예 제 **7.55** $\aleph_0^c = 2^c$ 임을 보여라.

【풀이】 $\{0,1\}^{\mathbb{R}} \subseteq \{f \mid f : \mathbb{R} \to \mathbb{N}$는 함수$\} \subseteq \{f \mid f \subseteq \mathbb{R} \times \mathbb{N}\} = P(\mathbb{R} \times \mathbb{N})$ 이므로 이들의 기수를 비교하면 $2^c \leq \aleph_0^c \leq 2^{c \cdot \aleph_0}$. 그런데 $2^{c \cdot \aleph_0} = 2^c$ 이므로 $\aleph_0^c = 2^c$.

예 **7.56** $2^{\aleph_0} = 3^{\aleph_0} = \cdots = \aleph_0^{\aleph_0} = c^{\aleph_0} = c$.
$2^c = 3^c = \cdots = {\aleph_0}^c = c^c$.

예 **7.57** $c(\aleph_0 + c + 2^{\aleph_0} + 2^c) = c(\aleph_0 + 2^{\aleph_0} + 2^{\aleph_0} + 2^c) = c \cdot 2^c = 2^c$

예 **7.58** $c^{\aleph_0}(\aleph_0 + c + 2^{\aleph_0} + 2^c) = c^{\aleph_0}(\aleph_0 + 2^{\aleph_0} + 2^{\aleph_0} + 2^c)$
$= c^{\aleph_0} \cdot 2^c = c \cdot 2^c = 2^c$

연습문제 7.6

1. n차원 공간 $\mathbb{R}^n = \mathbb{R} \times \mathbb{R} \times \cdots \times \mathbb{R}$의 점은 단위 개구간 (0,1)의 점만큼 많다. 이것을 증명하여라.

2. 함수 $f : P(A) \to \{0,1\}^A$를 $f(D) = \chi_D$로 정의하면 전단사함수가 됨을 증명하여라.

3. 아래 집합들의 기수를 구하여라.

   (a) $P(\mathbb{N})$

   (b) $P(\mathbb{R})$

   (c) $\mathcal{A} = \{\{p\} \mid p \in \mathbb{N}\}$

(d) $\mathcal{A} = \{\{p\} \mid p \in \mathbb{R}\}$

(e) $\mathcal{A} = \{\mathbb{Q} - \{p\} \mid p \in \mathbb{N}\}$

(f) $\mathcal{A} = \{\mathbb{R} - \{p\} \mid p \in \mathbb{Q}\}$

(g) $\mathcal{A} = \{(\{p\}, \mathbb{R} - \{p\}) \mid p \in \mathbb{N}\}$

(h) $\mathcal{D} = \{(A, B) \mid A \cap B = \phi,\ A \cup B = \mathbb{N}\}$

(i) $\mathcal{D} = \{(A, B) \mid A \cap B = \phi,\ A \cup B = \mathbb{Q}\}$

(j) $\mathcal{D} = \{(A, B) \mid A \cap B = \phi,\ A \cup B = \mathbb{R}\}$

4. 아래 집합들의 기수를 구하여라.

(a) $X = \{f \mid f : \{0,1\} \to \mathbb{N}$는 함수$\}$

(b) $X = \{f \mid f : \mathbb{N} \to \mathbb{N}$는 함수$\}$

(c) $X = \{f \mid f : \mathbb{N} \to \{0,1\}$는 함수$\}$

(d) $X = \{f \mid f : \{0,1\} \to \mathbb{Q}$는 함수$\}$

5. 집합 $\mathcal{I} = \{A \in P(\mathbb{N}) \mid A$는 무한집합$\}$의 기수를 구하여라.

6. 집합 $\mathcal{F} = \{A \in P(\mathbb{N}) \mid A$는 유한집합$\}$의 기수를 구하여라.

7. 모든 자연수 n에 대해 $X_n = \{0,1\}$이라 할 때, 집합 $X = \prod_{n=1}^{\infty} X_n$의 기수를 구하여라.

8. 집합 A, X, Y에 대하여 $X \cap Y = \phi$일 때 함수를 $\psi : A^X \times A^Y \to A^{X \cup Y}$, $\psi(f, g) = f \cup g$로 정의하면 전단사가 됨을 보여라.

9. $\mathbb{R}^{\aleph_0}$을 무한실수열 $< x_1, x_2, x_3, \ldots >$로 이루어진 모든 점들의 집합이라 할 때, 모든 x_k가 정수인 점 $< x_1, x_2, x_3, \ldots >$을 $\mathbb{R}^{\aleph_0}$에서의 격자점(lattice point)이라고 한다. 공간 $\mathbb{R}^{\aleph_0}$의 점은 그 격자점만큼 많다는 것을 보여라.

10. 치역이 $\{0,1\}$인 일변수 실가함수는 꼭 n변수 실가함수만큼 많다는 것을 보여라. 여기서 n은 임의의 자연수이다.

7.7 연속체가설

19세기 말에 칸토어에 의하여 소위 연속체문제(continuum problem)로 알려진 중요한 의문이 제기된 바 있다. 즉,

$$\aleph_0 < x < 2^{\aleph_0} = c$$

를 만족시키는 기수 x가 존재하는가? 다시 말하면 집합 $\mathbb{R}$의 비가부번 무한부분집합으로서 기수가 $\mathbb{R}$의 기수보다 작은 것이 존재하는가?

그러나 실제의 집합에서 그런 기수를 찾을 수는 없었다. 칸토어를 비롯한 많은 수학자들이 이 문제를 풀려고 많은 노력을 기울였으나 모두 무위로 끝났다. 따라서 칸토어 등의 수학자들은 다음과 같은 연속체가설을 제안했다.

연속체가설(continuum hypothesis) 두 초한기수 $\aleph_0$와 $c(= 2^{\aleph_0})$에 대하여 $\aleph_0 < x < c$를 만족시키는 기수 x는 존재하지 않는다.

위 연속체가설을 좀 더 일반화 해서 아래와 같은 일반 연속체가설이 제안되었다.

일반연속체가설(generalized continuum hypothesis) 임의의 초한기수 a에 대하여 $a < x < 2^a$를 만족시키는 기수 x는 존재하지 않는다.

1900년 독일 수학자 힐베르트(Hilbert)는 파리에서 개최된 국제 수학자대회에서 23개의 중요한 미해결 문제를 제기했는데 그 첫번째 문제가 연속체가설이었다.

1938년 괴델(Gödel)이 "집합론의 공리에 일반 연속체가설을 첨가해서 얻어지는 모순은 본래의 공리만으로도 얻어낼 수 있다"는 것을 증명하였다. 다시 말하면 일반연속체가설은 집합론의 공리와 독립적이라는 것이다.

1963년 스탠포드 대학의 코헨(Cohen)이 "일반연속체가설은 집합론의 공리안에서는 증명 불가능하다"는 것을 증명하였다.

즉 집합론에서 일반연속체가설은 유클리드 기하학에서 "평행선의 공리"와 마찬가지 역할을 하는 것이다. 따라서 연속체가설을 집합론의 하나의 공리로 받아들이거나 받아들이지 않을 수 있으며, 두 경우 모두 모순이 없는 수학적 이론의 구성이 가능하다는 것이다.

연습문제 7.7

1. 힐베르트에 의해 제기된 23개의 미해결문제(open problem)가 무엇인지 조사하여라.

2. 위 23개의 문제 중 오늘까지 해결이 안된 문제는 무엇인가?

3. 위 문제 외에 중요한 미해결문제들은 어떤 것이 있는지 조사하여라.

Chapter 8

순서집합과 격자

우리가 잘 알고 있는 정수의 집합은 원소 사이에 크기 순서가 있다는 사실이 중요하다. 순서가 있으면 여러 가지 수학적인 구조가 생기게 된다. 실수의 경우도 마찬가지이다. 이 장에서는 크기 순서만이 아니라 일반적인 순서의 개념을 정의하고 순서의 여러 가지 성질에 대해 알아보기로 하자. 특히 격자와 정렬집합 등의 개념은 현대 컴퓨터 과학 등의 분야에서 많이 응용되고 있다.

- 순서집합
- 순서보존함수
- 동형사상
- 격자
- 정렬집합

8.1 순서집합

실수나 정수에서의 크기의 개념을 일반화한 것이 순서이다. 크기가 가지는 본질적인 성질이 세 가지 있는데, 이를 공리화하여 순서를 정의한다.

정의 8.1 집합 A 상의 관계 $\leq$가 다음 세 가지 조건을 만족할 때 부분순서(partial order), 순서관계(order relation) 또는 간단히 순서(order)라 한다.

(1) 반사법칙(reflexive law)
$\forall x \in A,\ x \leq x$

(2) 반대칭법칙(anti-symmetric law)
$x \leq y,\ y \leq x \Longrightarrow x = y$

(3) 추이법칙(transitive law)
$x \leq y,\ y \leq z \Longrightarrow x \leq z$

집합 X에 부분순서 $\leq$가 정의되었을 때 $(X, \leq)$를 부분순서집합(partially ordered set) 또는 간단히 순서집합(ordered set)이라 한다.

순서집합에서 두 원소 x, y가 $x \leq y$이고 $x \neq y$일 때 $x < y$로 나타낸다. 먼저 우리가 잘 알고 있는 간단한 집합에서 순서의 예를 들어보기로 하자.

예 8.2 (1) $(\mathbb{N}, \leq)$은 순서집합이다.

(2) $(\mathbb{Q}, \leq)$은 순서집합이다.

(3) $(\mathbb{R}, \leq)$은 순서집합이다.

(4) $([0,1], \leq)$은 순서집합이다.

(5) $(\mathbb{N}, <)$은 순서집합이 아니다.

(6) $(\mathbb{R}, <)$은 순서집합이 아니다.

예 **8.3** (1) 복소수 집합에서 $a \le c$이고 $b \le d$일 때 $a + bi \le c + di$로 정의하면 $(\mathbb{C}, \le)$은 순서집합이다.

(2) 복소수 집합에서 $|a + bi| \le |c + di|$일 때 $a + bi \le c + di$로 정의하면 $(\mathbb{C}, \le)$은 순서집합이 아니다.

정 의 **8.4** A가 순서집합일 때 A의 두 원소 x와 y가

$$x \le y \quad \text{또는} \quad y \le x$$

이면 비교가능(comparable)이라 하고, 그렇지 않을 경우 비교불가능(non-comparable)이라 한다.

정 의 **8.5** $(A, \le)$가 순서집합일 때 A의 임의의 두 원소가 비교가능할 때, 이 집합을 완전순서집합(totally ordered set)이라 하고 순서 $\le$를 완전순서(total order) 또는 선형순서(linear order)라 한다. 특히 부분집합 B가 완전순서집합이면 B를 A의 사슬(chain)이라 부른다.

예 **8.6** (1) $(\mathbb{N}, \le)$은 완전순서집합이다.

(2) $(\mathbb{Q}, \le)$와 $(\mathbb{R}, \le)$도 완전순서집합이다.

(3) $([0, 1], \le)$은 완전순서집합이다.

(4) 복소수 집합에서 $a \le c$이고 $b \le d$일 때 $a+bi \le c+di$로 정의하면 $(\mathbb{C}, \le)$은 순서집합이지만 완전순서집합은 아니다.

참 고 **8.7** 순서집합을 간단히 다이어그램으로 표시할 수 있다. 모든 원소는 점을 사용하여 나타내고, 두 점 x, y에 대해 x가 y의 아래쪽에 있으면서 x에서 y로 이르는 선분이 있을 경우 $x \le y$를 뜻한다. 직접 연결되지 않은 원소의 경우 추이법칙에 의해 순서가 정해진다. 예를 들어 $A = \{a, b, c, d, e, f\}$를 아래 그림과 같이 주어진 순서집합이라 하자.

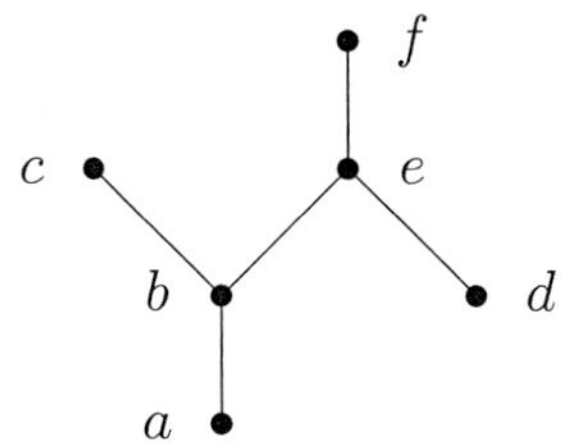

그림 34

그러면 $a \le b$, $b \le c$, $a \le c$, $b \le e$, $a \le e$, $a \le f$, $d \le f$ 등이다.
그러나 $c \not\le f$, $c \not\le e$, $d \not\le c$, $a \not\le d$이다.

참 고 **8.8** 하나의 집합에 여러 가지 다른 순서를 정의할 수 있다.

정 리 **8.9** [삼분법(trichotomy)]
A가 완전순서집합일 때 A의 두 원소 x, y에 대해 다음 세 가지 중 하나가 성립한다.

(1) $x < y$

(2) $x = y$

(3) $x > y$

예 제 **8.10** $X = \{a, b, c\}$라 할 때 X의 멱집합 $P(X)$는 집합의 포함관계 $\subseteq$에 의해, 즉 $A \subseteq B$일 때 $A \le B$라 정의하면, 순서집합이 됨을 보여라.

【풀이】 $X = \{a, b, c\}$의 멱집합은
$P(X) = \{\phi, \{a\}, \{b\}, \{c\}, \{a, b\}, \{a, c\}, \{b, c\}, X\}$이다.
(1) 반사적 : $\forall A \in P(X),\ A \subseteq A$
(2) 반대칭적 : $A, B \in P(X),\ A \subseteq B,\ B \subseteq A \Longrightarrow A = B$
(3) 추이적 : $A, B, C \in P(X),\ A \subseteq B,\ B \subseteq C \Longrightarrow A \subseteq C$
따라서 $(P(X), \subseteq)$은 순서집합이다.
그러나 $\{a\} \not\subseteq \{b\}$이고 $\{b\} \not\subseteq \{a\}$이므로 완전순서가 아니다.

예 **8.11** 위 예제에서, $\phi \subseteq \{a\} \subseteq \{a, b\} \subseteq X$이므로 집합 $\{\phi, \{a\}, \{a, b\}, X\}$는 $P(X)$의 사슬이다.또한 $\phi \subseteq \{c\} \subseteq \{b, c\} \subseteq X$이므로 집합 $\{\phi, \{c\}, \{b, c\}, X\}$는 $P(X)$의 사슬이다. 그리고 $\{\phi, \{a\}\}$도 사슬이 된다.

정 의 **8.12** 두 순서집합 A, B가 있을 때 $A \times B$의 원소 $(a_1, b_1), (a_2, b_2)$에 대해

$$(a_1, b_1) \le (a_2, b_2) \iff \begin{array}{c} a_1 < a_2 \\ \text{또는} \\ a_1 = a_2 \text{이고 } b_1 \le b_2 \end{array}$$

와 같이 순서를 정의하자. 이런 순서를 사전식순서(dictionary order)라고 한다.

참 고 **8.13** 위에서 정의한 사전식 순서는 실제로 부분순서이다(연습문제).

예 **8.14** 집합 $(\mathbb{R}^2, \le)$에 사전식 순서를 주면 완전순서집합이 된다.

예 **8.15** 집합 $\mathbb{R}^2$에 관계를

$$(x_1, y_1) \leq (x_2, y_2) \iff x_1 \leq x_2 \ \wedge \ y_1 \leq y_2$$

로 정의하면 부분순서이다(연습문제). 하지만 $(1,2) \not\leq (2,1)$이고 $(2,1) \not\leq (1,2)$이므로 완전순서가 아니다.

정 의 **8.16** A가 순서집합일 때 다음 성질을 만족시키는 공집합이 아닌 부분집합의 쌍 (L, U)를 A의 절단(cut)이라 한다.

(1) $L \cap U = \phi, L \cup U = A$

(2) $x \in L$이고 $y \leq x \Longrightarrow y \in L$

(3) $x \in U$이고 $y \geq x \Longrightarrow y \in U$

예 **8.17** 순서집합 $(\mathbb{R}, \leq)$에서 $((-\infty, 3], (3, \infty))$는 $\mathbb{R}$의 절단이다. 그러나 $((1,2), (1,2)^c)$는 $\mathbb{R}$의 절단이 아니다.

예 **8.18** $A = \{a, b, c, d, e, f\}$를 참고 8.7의 그림과 같이 주어진 순서집합이라 할 때,
$\{a, b, c\}$, $\{d, e, f\}$, $\{a, b, e, f\}$ 등은 A의 사슬이다.
$L = \{a, b, c, d\}$, $U = \{e, f\}$이면 (L, U)는 A의 절단이다.
$(\{a, b, c\}, \{d, e, f\})$도 A의 절단이다.
$(\{a, b, d\}, \{c, e, f\})$도 A의 절단이다.

연습문제 8.1

1. $A = \{a, b, c\}$라 하자. $P(A)$가 포함관계에 의해서 순서가 정해졌을 경우 $P(A)$의 순서관계를 다이어그램으로 나타내어라.

2. 다음을 보여라.

   (a) 집합 위에서의 상등관계 "="는 부분순서이다.

   (b) 실수 위에서의 크기관계 "$\le$"는 완전순서이다.

   (c) 멱집합 $P(\mathbb{N})$에서의 포함관계 "$\subseteq$"은 부분순서이다.

3. 자연수의 집합 $\mathbb{N}$은 관계 "x는 y의 약수이다"에 의해 부분순서 집합이 됨을 보여라.

4. 모든 함수 $f : \mathbb{R} \to \mathbb{R}$의 집합 F에 대하여

   $R = \{(f, g) \in F \times F \mid \forall x \in \mathbb{R}, f(x) \le g(x)\}$

   로 놓을 때 (F, R)은 부분순서집합임을 증명하여라.

5. 정의 8.12의 사전식 순서가 실제로 부분순서임을 보여라.

6. 예 8.15의 부분순서집합 $(\mathbb{R}^2, \le)$에서 음수가 아닌 임의의 실수 m에 대하여 $(\mathbb{R}^2, \le)$의 부분집합 $\{(x, mx) \mid x \in \mathbb{R}\}$은 사슬임을 보여라.

7. 집합 $\mathbb{R}^2$에 관계를

   $$(x_1, y_1) \le (x_2, y_2) \iff x_1 \le x_2 \ \wedge \ y_1 \le y_2$$

   로 정의하면 부분순서가 됨을 보여라.

8. A와 B를 순서집합이라 하고, C를 A의 사슬, D를 B의 사슬이라 하자. 그리고 $A \times B$가 사전식 순서가 정해졌다고 하자. 이때 $C \times D$는 $A \times B$의 사슬임을 증명하여라.

9. A, B가 순서집합이며 $A \times B$가 사전식순서가 정해졌다고 하자. 이때 (L, U)가 A의 절단이면 $(L \times B, U \times B)$는 $A \times B$의 절단임을 증명하여라.

8.2 순서보존함수와 동형사상

두 개의 순서집합을 비교하려면 순서 구조를 보존해 주는 함수가 필요하다. 어떤 경우는 두 개의 순서집합이 원소의 이름만 다르고 구조 전체가 똑같은 모습을 할 경우가 있는데, 이 때 두 순서집합을 동형이라 부른다.

정 의 8.19 A, B가 순서집합일 때 함수 $f : A \to B$가

$$\forall x, y \in A,\ x \leq y \Longrightarrow f(x) \leq f(y)$$

일 때 증가(increasing) 또는 순서보존(order preserving) 함수라 하며, 함수 f가

$$\forall x, y \in A,\ x < y \Longrightarrow f(x) < f(y)$$

일 때 순증가(strictly increasing) 함수라 한다.

참 고 8.20 일반적으로 순증가함수는 증가함수이다.

예 8.21 (1) 함수 $f : (\mathbb{R}, \leq) \to (\mathbb{R}, \leq),\ f(x) = 2x + 1$는 순증가함수이다.

(2) 함수 $f : (\mathbb{R}, \leq) \to (\mathbb{R}, \leq),\ f(x) = 0$는 증가함수이다. 그러나 순증가함수는 아니다.

예 8.22 아래 그림과 같이 정의된 함수 f는 증가함수이다. 그러나 순증가함수는 아니다.

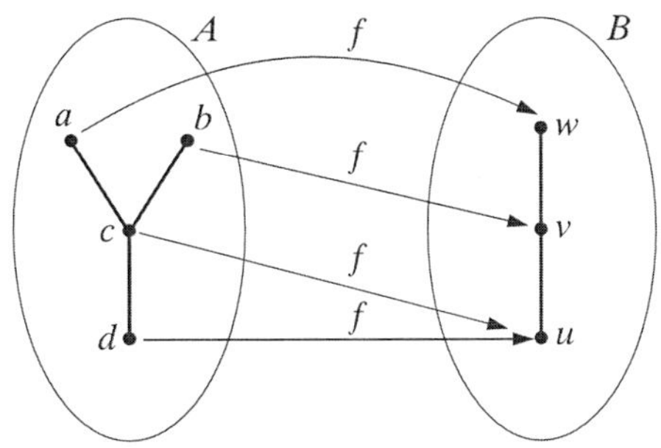

그림 35 증가함수

예 **8.23** 아래 그림과 같이 정의된 함수 f는 순증가함수이다.

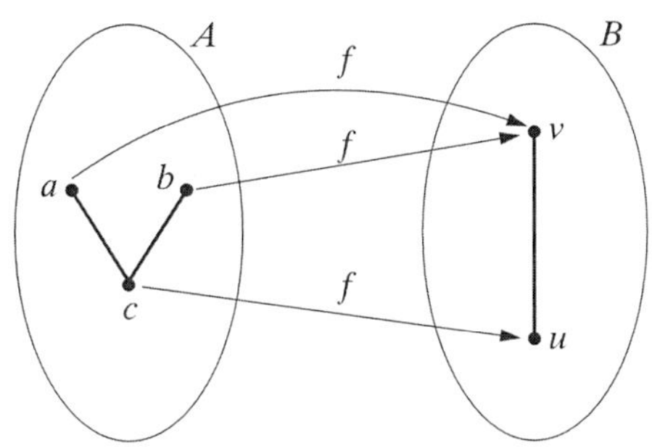

그림 36 순증가함수

정 의 **8.24** A와 B가 순서집합이고 $f : A \to B$가 함수일때 아래 3가지 조건을 만족하면 동형사상(isomorphism)이라 한다.

(1) f가 전단사함수

(2) f가 증가함수

(3) f^{-1}가 증가함수

A와 B사이에 동형사상이 존재할 때 순서집합 A와 B를 동형(isomorphic)이라 하고 $A \approx B$로 나타낸다.

예 **8.25** (1) 항등함수 $I_{\mathbb{R}} : (\mathbb{R}, \leq) \to (\mathbb{R}, \leq),\ I_{\mathbb{R}}(x) = x$는 동형사상이다.

(2) 함수 $f : (\mathbb{R}, \leq) \to (\mathbb{R}, \leq),\ f(x) = 2x + 1$은 동형사상이다.

(3) 함수 $f : (\mathbb{N}, \leq) \to (\mathbb{N}_e, \leq),\ f(x) = 2x$는 자연수의 집합에서 짝수인 자연수의 집합으로 가는 동형사상이다.

(4) 함수 $f : (\mathbb{N}, \leq) \to (\mathbb{N}_o, \leq),\ f(x) = 2x - 1$은 자연수의 집합에서 홀수인 자연수의 집합으로 가는 동형사상이다.

(5) 함수 $f : (\mathbb{N}, \leq) \to (\mathbb{N}, \leq),\ f(x) = 2x + 1$은 동형사상이 아니다. 왜냐하면 전단사 함수가 아니기 때문이다.

예 **8.26** 아래 그림과 같이 정의된 함수 f는 동형사상이다.

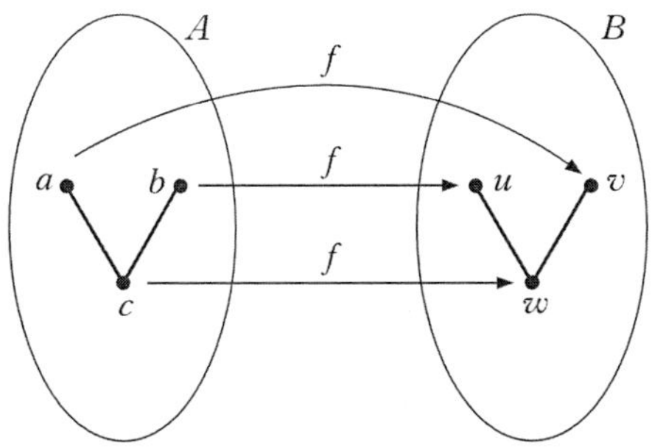

그림 37 동형사상

예 **8.27** 아래 그림과 같이 순서가 정해진 집합
$A = \{a_1, a_2, a_3, a_4\}$와 $B = \{b_1, b_2, b_3, b_4\}$에서

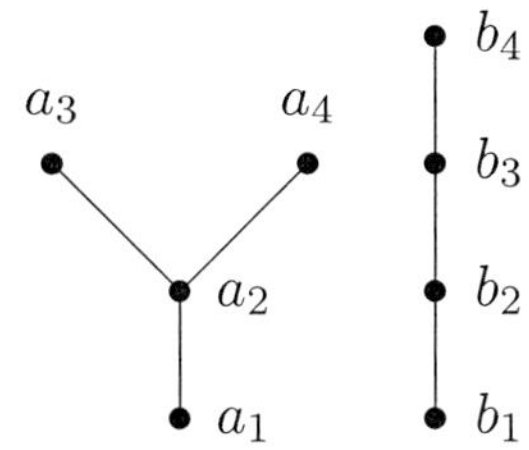

그림 38

함수 $f : A \to B$를

$$f(a_i) = b_i \ (i = 1, 2, 3, 4)$$

로 정의하면 f는 전단사이고 증가함수이다. 그러나 역함수 $f^{-1} : B \to A$는 $f^{-1}(b_i) = a_i(i = 1, 2, 3, 4)$일 때 $b_3 \le b_4$이나 $a_3 \not\le a_4$이므로 f^{-1}는 증가함수가 아니다. 따라서 동형사상이 아니다.

정 리 **8.28** A와 B가 순서집합이고 $f : A \to B$가 전단사함수라 하자. f가 동형사상이 되기 위한 필요충분조건은

$$\forall x, y \in A,\ x \le y \Longleftrightarrow f(x) \le f(y)$$

이다.

【증명】 ($\Rightarrow$) f가 동형사상이라 하자. f가 증가함수이므로,

$$x \le y \Longrightarrow f(x) \le f(y)$$

이다. 또한 f^{-1}가 증가함수이고 f가 전단사이므로,

$$f(x) \le f(y) \Longrightarrow f^{-1}(f(x)) \le f^{-1}(f(y)) \Longrightarrow x \le y$$

이다. 따라서 조건이 만족된다.
($\Leftarrow$) f는 이미 전단사함수이고 조건에 의해 증가함수이다. $f^{-1} : B \to A$가 증가함수임을 보이기 위해 B에서 $y_1 \le y_2$라 하자. 그러면 $f(x_1) = y_1, f(x_2) = y_2$인 적당한 A의 원소 x_1, x_2가 존재한다. 그런데 $f(x_1) \le f(x_2)$이고 f가 전단사함수이므로, $x_1 \le x_2$이다. f가 전단사이므로 $f^{-1}(f(x_1)) = x_1 \le x_2 = f^{-1}(f(x_2))$ 이다. 결국, $f^{-1}(y_1) \le f^{-1}(y_2)$ 이다. 따라서 f^{-1}도 증가함수이다. 결국 f는 동형사상이다. □

예 8.29 아래 그림과 같이 정의된 함수 f는 전단사이고 증가함수이지만 동형사상이 아니다. 왜냐하면 $f(b) \le f(a)$이지만 $b \not\le a$이다.

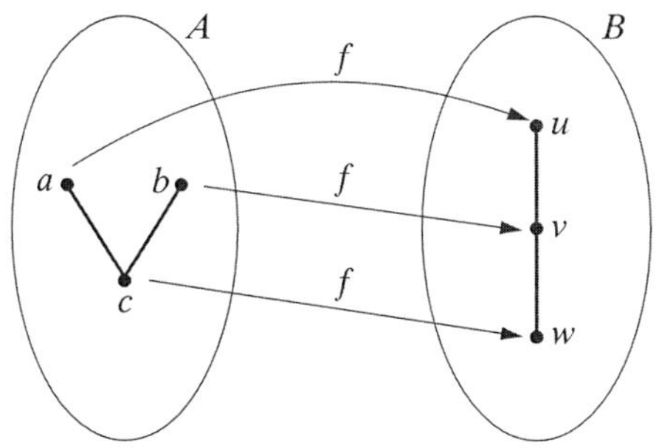

그림 39

정 리 8.30 $f : A \to B$가 동형사상이면

$$x < y \iff f(x) < f(y)$$

이다.

【증명】 ($\Rightarrow$) $x < y$이면 $x \le y$이고, 따라서 $f(x) \le f(y)$이다. 그런데 $f(x) = f(y)$이면 f가 전단사함수이므로 $x = y$이다. 따라서 $f(x) < f(y)$가 된다.
($\Leftarrow$) 마찬가지로 증명가능하다. □

정 리 **8.31** A, B, C가 순서집합일 때

(1) 항등함수 $I_A : A \to A$는 동형사상이다.

(2) $f : A \to B$가 동형사상이면 $f^{-1} : B \to A$도 동형사상이다.

(3) $f : A \to B$와 $g : B \to C$가 동형사상이면 $g \circ f : A \to C$도 동형사상이다.

【증명】 (1) $I_A : A \to A$가 전단사함수이고 $I_A(x) = x, I_A(y) = y$이므로 $x \le y \iff I_A(x) \le I_A(y)$이다. 따라서 I_A는 동형사상이다.
(2) f가 동형사상이면 위 정리에 의해 f^{-1}는 증가함수이다. 즉

$$x \le y \Longrightarrow f^{-1}(x) \le f^{-1}(y).$$

또한

$$\begin{aligned} f^{-1}(x) \le f^{-1}(y) \quad &\Longrightarrow \quad f(f^{-1}(x)) \le f(f^{-1}(y)) \quad (\because f : \text{증가함수}) \\ &\Longrightarrow \quad x \le y \quad (\because f : \text{전단사}). \end{aligned}$$

따라서 f^{-1}는 동형사상이다.
(3) 연습문제. □

따름정리 **8.32** 순서집합 사이의 관계 "≈"는 동치관계이다. 즉, 임의의 순서집합 A, B, C에 대해 다음 세 가지 법칙이 성립한다.

(1) $A \approx A$

(2) $A \approx B \Longrightarrow B \approx A$

(3) $A \approx B,\ B \approx C \Longrightarrow A \approx C$

정 리 **8.33** 순서집합 A의 각 원소 a에 대해 $S(a) = \{x \in A \mid x \leq a\}$라 하고, 집합 $X = \{S(x) \mid x \in A\}$라 하면, $(A, \leq) \approx (X, \subseteq)$이다.

【증명】 함수 $\psi : A \to X$를 $\psi(a) = S(a)$라 정의하자.

(1) ψ는 단사함수이다.

> $(\because)$ $a, b \in A$라 하자.
> $a \neq b \Longrightarrow S(a) \neq S(b) \Longrightarrow \psi(a) \neq \psi(b)$.
> 따라서 ψ는 단사함수.

(2) ψ는 전사함수이다.

> $(\because)$ $S(x) \in X$라 하면 X의 정의에 의해 $x \in A$이다.
> 또한 $\psi(x) = S(x)$이다.
> 따라서 ψ는 전사함수.

(3) $a \leq b \Longrightarrow \psi(a) \subseteq \psi(b)$

> $(\because)$ $a \leq b$라 하자.
> $x \in \psi(a) \Longrightarrow x \in S(a) \Longrightarrow x \leq a \Longrightarrow x \leq b$
> $\Longrightarrow x \in S(b) \Longrightarrow x \in \psi(b)$.
> 따라서 $\psi(a) \subseteq \psi(b)$.

(4) $\psi(a) \subseteq \psi(b) \Longrightarrow a \leq b$

> $(\because)$ $\psi(a) \subseteq \psi(b)$라 하자. 정의에 의해 $a \in S(a)$이다. $S(a) = \psi(a)$이므로 $a \in \psi(a)$이다. 그런데 $\psi(a) \subseteq \psi(b)$이므로 $a \in \psi(b) = S(b)$. 따라서 $S(b)$의 정의에 의해 $a \leq b$.

위 네 가지 사실에 의해 ψ는 동형사상이다. □

예 **8.34** 아래 그림과 같이 주어진 순서집합 A를 생각하자.

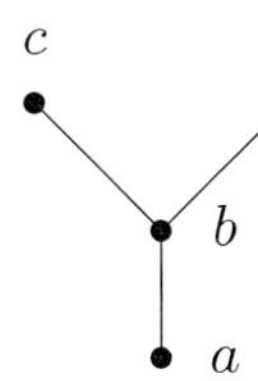

그림 40

이제 위 정리에서 사용한 기호를 사용하면
$S(a) = \{x \in A \mid x \leq a\} = \{a\}$,
$S(b) = \{x \in A \mid x \leq b\} = \{a, b\}$,
$S(c) = \{x \in A \mid x \leq c\} = \{a, b, c\}$,
$S(d) = \{x \in A \mid x \leq d\} = \{a, b, d\}$이므로
$X = \{S(a), S(b), S(c), S(d)\} = \{\{a\}, \{a, b\}, \{a, b, c\}, \{a, b, d\}\}$이다.
이를 포함관계에 의해 다이어그램으로 나타내면

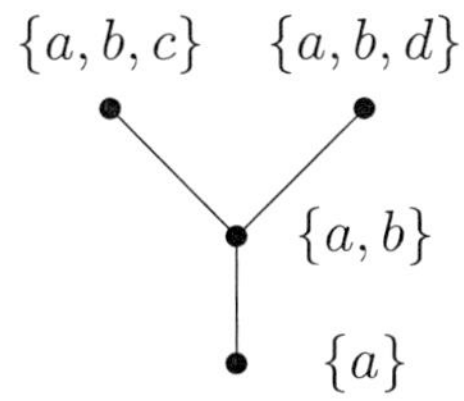

그림 41

와 같다. 따라서 $(A, \leq) \approx (X, \subseteq)$이다.

연습문제 8.2

1. 정리 8.30의 증명을 완성하여라.

2. 정리 8.31의 증명을 완성하여라.

3. $f : A \to B$가 단사이며 증가함수이면, f는 순증가함수임을 증명하여라.

4. $f : A \to B$가 증가함수일 경우 C가 A의 사슬이면 $f(C)$는 B의 사슬임을 증명하여라.

5. A, B를 부분순서집합이라 하자. $A \times B$에 사전식순서가 정해져 있으면 사영함수 $p_1 : A \times B \to A$은 증가함수이다.

6. A, B, C가 서로소이면서 순서집합 $(X, \leq)$의 부분순서집합일 경우, $A \approx B$이면 $(A \cup C) \approx (B \cup C)$임을 증명하여라.

7. A를 완전순서집합, B를 부분순서집합, $f : A \to B$를 증가함수라 하자. 이 때, f가 단사이기 위한 필요충분조건은 f가 순증가함수임을 증명하여라.

8. A를 완전순서집합이라 하고, B를 부분순서집합, $f : A \to B$를 전단사라고 하자. 이때 f가 증가함수이면 f가 동형사상임을 증명하여라.

9. 정리 8.33을 사용해서 아래 순서집합과 동형이고 포함관계를 순서로 가지는 순서집합을 구하여라.

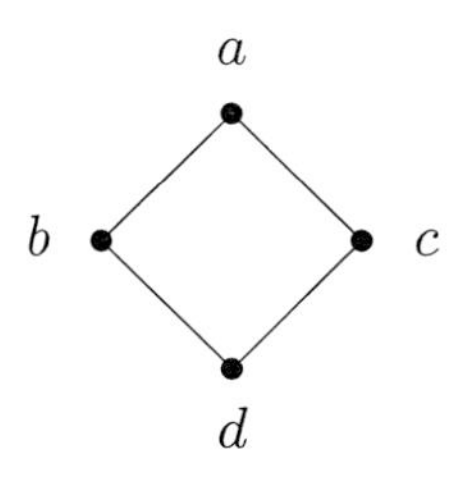

그림 42

10. A를 완전순서집합이라 하고 $\{L, U\}$를 A의 분할이라 하자. 이 때 (L, U)가 A의 절단이기 위한 필요충분조건은 임의의 $x \in L,\ y \in U$에 대해 $x \leq y$임을 증명하여라.

11. $(\mathbb{N}, \leq) \approx (X, \subseteq)$인 집합 X를 구하여라. (힌트: 정리 8.33 사용)

12. $(\mathbb{R}, \leq) \approx (X, \subseteq)$인 집합 X를 구하여라. (힌트: 정리 8.33 사용)

13. 순서집합 $(A, \leq)$의 원소 a 대해 $L(a) = \{x \in A \mid x < a\}$로 정의하고, $L(A) = \{L(a) \mid a \in A\}$라 하자.

    (a) $a \neq b \Longrightarrow L(a) \neq L(b)$인가?

    (b) $\psi : (A, \leq) \to (L(A), \subseteq)$, $\psi(a) = L(a)$라 정의하면 ψ는 증가함수인가? 단사함수인가?

8.3 특수 원소

이제 순서집합의 내부 구조에 관해 알아보기로 하자. 순서집합의 내부 구조를 살펴보려면 몇 가지 특수한 원소들의 성질을 알아야 한다. 이런 특수한 원소들은 순서집합의 연구에서 중요한 역할을 한다.

정 의 8.35 $(A, \leq)$를 순서집합이라 하자.

(1) $a \in A$에 대해

$$\forall x \in A,\ a \leq x \Longrightarrow x = a$$

일 때 a를 A의 극대원소(maximal element)라 한다.

(2) $b \in A$에 대해

$$\forall x \in A,\ x \leq b \Longrightarrow x = b$$

일 때 b를 A의 극소원소(minimal element)라 한다.

(3) $a \in A$에 대해

$$\forall x \in A,\ x \leq a$$

일 경우 a를 A의 최대원소(greatest element)라 한다.

(4) $b \in A$에 대해

$$\forall x \in A,\ b \leq x$$

일 경우 b를 A의 최소원소(least element)라 한다.

예 8.36 실수의 구간 $[0,1]$에서 크기 '$\leq$'를 순서로 생각할 때, 최소원소는 0이고 최대원소는 1이다. 그러나 실수의 구간 $(0,1)$에서는 최소원소와 최대원소가 없다.

예 **8.37** 실수에서의 크기 '$\leq$'를 순서로 생각할 때, 자연수 전체의 집합 $\mathbb{N}$에는 최소원소가 존재하지만 최대원소는 없다. 또 $\mathbb{Z}$에는 최소원소와 최대원소가 없다. 양의 유리수의 집합 $\mathbb{Q}^+$에도 최소원소와 최대원소가 없다.

예 **8.38** $A = \{a, b, c, d, e, f\}$를 아래 그림과 같이 주어진 순서집합이라 할 때

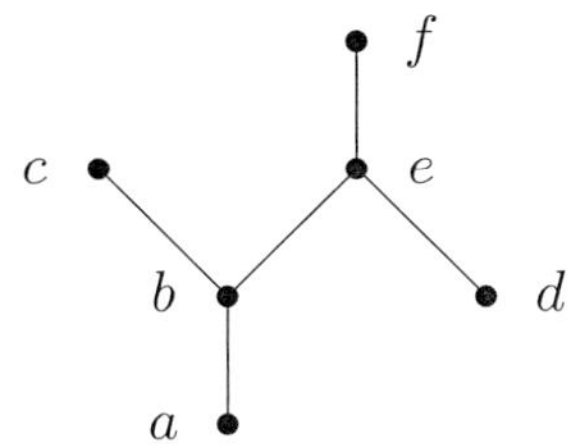

그림 43

극대원소는 c, f이고, 극소원소는 a, d이다. c와 f가 비교불가능하기 때문에 최대원소는 없다. a와 d가 비교불가능하기 때문에 최소원소도 없다.

예 **8.39** 벡터공간 $\mathbb{R}^2$에서, 부분벡터공간들을 모두 모아놓은 집합을 $\mathcal{A}$라 하고 포함관계로써 순서를 정의하면 최소원소는 영벡터공간 $\{0\}$이고 최대원소는 $\mathbb{R}^2$이다.

예 **8.40** n차원 벡터공간 X에서, X의 진부분벡터공간들을 모두 모아놓은 집합을 $\mathcal{A}$라 하고 포함관계로써 순서를 정의하면 최소원소는 영벡터공간 $\{0\}$이고 최대원소는 없다. 또한 $n-1$차원의 부분벡터공간이 $\mathcal{A}$의 극대원소이다. 따라서 극대원소는 많이 존재한다.

참 고 **8.41** 순서집합에 최대원소가 존재하면 그것이 유일한 극대원소이다. 최대원소가 없으면 극대원소는 많이 있을 수도 있고 하나도 없을 수도 있다. 최소원소나 극소원소의 경우도 마찬가지 사실이 성립한다.

정의 8.35에서는 하나의 집합에 대한 여러 가지 특수 원소에 대해 알아보았는데 이제 부분집합과 관계있는 특수 원소들에 대해 알아보자.

정 의 8.42 $(A, \leq)$를 순서집합이라 하자.

(1) $B \subseteq A$일 때

$$\forall x \in B\text{에 대해서 } a \geq x$$

인 원소 $a \in A$를, A에서 B의 상계(upper bound)라고 하고 B의 모든 상계의 집합을 $U(B)$로써 나타낸다. 집합 B가 A에서 상계를 가질 때, 집합 B는 A에서 위로 유계(bounded above)라고 한다.

(2) $B \subseteq A$일 때

$$\forall x \in B\text{에 대해서 } b \leq x$$

인 $b \in A$를 A에서 B의 하계(lower bound)라고 하고 B의 모든 하계의 집합을 $L(B)$로써 나타낸다. 집합 B가 A에서 하계를 가질 때, 집합 B는 A에서 아래로 유계(bounded below)라고 한다.

(3) B의 상계의 집합 $U(B)$가 최소원소를 가질 때 이 원소를 A에서의 B의 최소상계(least upper bound) 또는 상한(supremum)이라 하고 $\sup_A B$로 표기한다.

(4) B의 하계의 집합 $L(B)$가 최대원소를 가질 때 이 원소를 A에서의 B의 최대하계(greatest lower bound) 또는 하한(infimum)이라 하고 $\inf_A B$로 표기한다.

예 제 8.43 $A = \{a, b, c, d, e, f\}$를 아래 그림과 같이 주어진 순서집합

이라 하자.

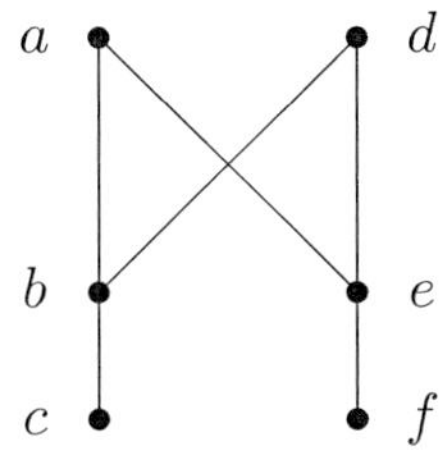

그림 44

A의 부분집합을 $B = \{b, c, e, f\}, C = \{a, b, c, e, f\}, D = \{a, b, c, d\}$라 할 때 각각의 상계 및 상한을 구하여라.

【풀이】 B는 A에서 두 개의 상계 a와 d를 갖지만 상한은 존재하지 않는다. 즉, $U(B) = \{a, d\}$이고 $\sup B$는 없다. C는 A에서 상계 a를 가지며 또한 a는 상한이 된다. 즉, $U(C) = \{a\}$이고 $\sup C = a$이다. D는 A에서 상계를 갖지 않고 따라서 상한도 없다. 즉, $U(D) = \phi$이고 $\sup D$는 없다.

예 **8.44** $A = \{a, b, c, d, e, f\}$를 아래 그림과 같이 주어진 순서집합이라 하고, $B = \{b, c, e\}$라 할 때 상계와 하계, 상한과 하한을 구하면 아래와 같다.

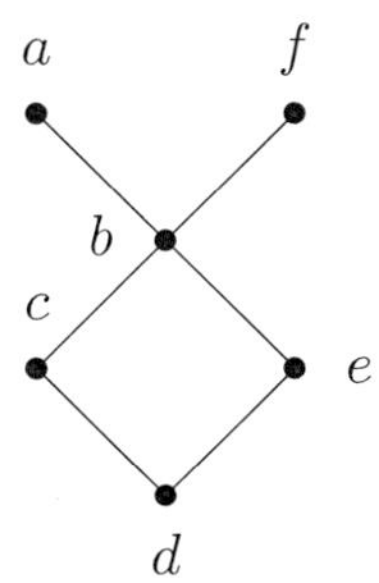

그림 45

$U(B) = \{a, b, f\}$, $L(B) = \{d\}$,
$\sup B = b$, $\inf B = d$.

예 **8.45** 완전순서집합 $(\mathbb{R}, \leq)$에서 구간 $B = (-\sqrt{2}, \sqrt{2})$와 구간 $C =$

$[-\sqrt{2}, \sqrt{2}]$의 상계와 하계, 상한과 하한을 구하면 아래와 같다.
$U(B) = [\sqrt{2}, \infty)$, $L(B) = (-\infty, -\sqrt{2}]$,
$\sup B = \sqrt{2}$, $\inf B = -\sqrt{2}$,
$U(C) = [\sqrt{2}, \infty)$, $L(C) = (-\infty, -\sqrt{2}]$,
$\sup C = \sqrt{2}$, $\inf C = -\sqrt{2}$.

예 제 **8.46** $\mathcal{A}$를 포함관계에 의해서 순서가 정해진 집합족이라 하자. $\mathcal{B} = \{B_i\}_{i \in I}$가 $\mathcal{A}$의 부분집합일 때 $\bigcup B_i$와 $\bigcap B_i$를 $\mathcal{A}$의 원소라 하면 $\sup \mathcal{B} = \bigcup B_i$이고 $\inf \mathcal{B} = \bigcap B_i$ 임을 밝혀라.

【풀이】 $\forall B_i \in \mathcal{B}$에 대해서 $B_i \subseteq \bigcup B_i$이므로 $\bigcup B_i$는 $\mathcal{B}$의 상계다. C를 $\mathcal{B}$의 또 다른 상계라고 하면 $\forall i \in I$에 대해서 $B_i \subseteq C$ 이므로 $\bigcup B_i \subseteq C$이다. 따라서 $\bigcup B_i$는 $\mathcal{B}$의 상한이다. 같은 방법으로 $\bigcap B_i \subseteq B_i$이므로 $\forall i \in I$에 대해서 $\bigcap B_i$는 $\mathcal{B}$의 하계다. D를 B의 또 다른 하계라고 하면 $D \subseteq B_i$이고 따라서 $D \subseteq \bigcap B_i$이다.그러므로 $\bigcap B_i$는 $\mathcal{B}$의 하한이다.

예 **8.47** 위 예제에 의해 공집합이 아닌 집합 X의 멱집합 $(P(X), \subseteq)$에서 임의의 $\mathcal{B} \subseteq P(X)$에 대해 $\bigcup \mathcal{B}, \bigcap \mathcal{B} \in P(X)$이므로 $\bigcup \mathcal{B} = \sup \mathcal{B}$, $\bigcap \mathcal{B} = \inf \mathcal{B}$이다.

예 제 **8.48** $\inf \phi$는 A의 최대원소이고 $\sup \phi$는 A의 최소원소임을 보여라.

【풀이】 임의의 $x \in A$에 대해, 명제 $y \in \phi \to x \leq y$가 참이므로, 모든 x는 공집합의 하계이다. 따라서 $L(\phi) = A$이다. 그런데 이 등식에서 좌변에 있는 $L(\phi)$의 최대원소가 정의에 의해 $\inf \phi$이므로, 우변의 A의 최대원소도 $\inf \phi$가 된다.비슷한 방법으로 A의 최소원소는 $\sup \phi$임을 보일 수 있다.

참 고 **8.49** R이 집합 A에서 순서관계이면 R^{-1}도 A에서 순서관계이다

(연습문제). 그런데

$$x \leq y \in (A, R) \iff x \geq y \in (A, R^{-1})$$

와 같은 관계를 가진다. 따라서
a가 (A, R)에서 극대원소 $\iff$ a가 (A, R^{-1})에서 극소원소
a가 (A, R)에서 최대원소 $\iff$ a가 (A, R^{-1})에서 최소원소
...
등이 성립한다.

참 고 **8.50** P가 부분순서에 관한 명제라 하자. 아래와 같은 대응으로 치환하여 얻어지는 명제 P'을 쌍대명제(dual statement)라 한다.

$\leq$	$\geq$	극대	극소	최대	최소	상계	하계	상한	하한
↓	↓	↓	↓	↓	↓	↓	↓	↓	↓
$\geq$	$\leq$	극소	극대	최소	최대	하계	상계	하한	상한

예 제 **8.51** 아래 명제의 쌍대 명제를 구하여라.

"실수의 부분집합 A가 실수에서 상계를 가지면 반드시 실수에서 최소상계를 가진다."

【풀이】 크기 관계를 쌍대인 관계로 치환해 주면 아래와 같은 명제를 얻는다.

실수의 부분집합 A가 실수에서 하계를 가지면 반드시 실수에서 최대하계를 가진다.

예 **8.52** 명제 "집합 A에서 $\inf A$가 존재하면 유일하다"의 쌍대명제는 "집합 A에서 $\sup A$가 존재하면 유일하다"이다.

정 리 **8.53** [쌍대성의 원리(duality principle)]
어떤 명제가 모든 순서집합에 대해서 성립하면 반드시 그 쌍대명제도 성립한다.

【증명】 명제 P가 순서집합 (A, R)에서 참이라 하자. 그러면 쌍대명제 P'은 (A, R^{-1})에서 참이 된다. 특히 명제 P가 모든 순서집합 (A, R)에 대해 성립하는 정리라 하면 그 명제는 (A, R^{-1})에서도 참이 된다. 따라서 쌍대명제 P'은 (A, R)에서 참이다. 그러므로 P'은 모든 순서집합에 대해 성립하는 정리이다. 따라서 어떤 명제가 모든 순서집합에 대해 성립하면 그 쌍대명제도 성립한다. □

정 리 **8.54** 순서집합 $(A, \leq)$의 부분집합 B, C에 대해 아래와 같은 사실이 성립한다.

(1) $B \subseteq C \Longrightarrow U(C) \subseteq U(B)$.

(1)′ $B \subseteq C \Longrightarrow L(C) \subseteq L(B)$.

(2) $\sup_A B$와 $\sup_A C$가 존재하고 $B \subseteq C$이면 $\sup_A B \leq \sup_A C$이다.

(2)′ $\inf_A B$와 $\inf_A C$가 존재하고 $B \subseteq C$이면 $\inf_A B \geq \inf_A C$이다.

【증명】 쌍대성에 의해 (1)과 (2)만 증명하면 된다. 증명은 연습문제로 남기겠다. □

예 **8.55** 실수의 집합에서 $[1, 2] \subseteq [0, 3]$이고,
$U([0, 3]) = [3, \infty) \subseteq [2, \infty) = U([1, 2])$이다.

정 리 **8.56** 순서집합 $(A, \leq)$의 부분집합 B에 대해 아래 사실이 성립한다.

(1) $B \subseteq U(L(B))$.

(2) $B \subseteq L(U(B))$.

【증명】 $x \in B$라 하면 $y \in L(B)$에 대해 $y \leq x$이다. 따라서 $x \in U(L(B))$이다. 쌍대성에 의해 (2)도 성립한다. □

예 **8.57** $U(L([1,\infty))) = U((-\infty, 1]) = [1,\infty) \supseteq [1,\infty)$, $U(L([1,2])) = U((-\infty, 1]) = [1,\infty) \supseteq [1,2]$

정 리 **8.58** (1) $B \subseteq A$이고 $L(B)$가 A에서 상한을 갖는다고 하면 B는 A에서 하한을 가지며 $\inf B = \sup L(B)$이다.

(2) $B \subseteq A$이고 $U(B)$가 A에서 하한을 갖는다면 B는 A에서 상한을 가지며 $\sup B = \inf U(B)$이다.

【증명】 $a = \sup L(B)$라 하자. $b \in B$이면 $L(B)$의 임의의 원소 c에 대해서 $c \leq b$이다. 따라서 b는 $L(B)$의 상계다. 그런데 a는 최소상계이므로 $a \leq b$. 이것이 $\forall b \in B$에 대해서 성립하므로 a는 B의 하계가 된다. 만일 d가 B의 임의의 하계라 하자. $d \in L(B)$이고 a는 $L(B)$의 상계이므로 $a \geq d$이다. 하한의 정의에 의해 $a = \inf B$이고 결국 $\sup L(B) = \inf B$이다. 쌍대성에 의해 (2)도 성립한다. □

정의 8.59 A를 순서집합이라 하자. 위로 유계이고 공집합이 아닌 A의 모든 부분집합에 대해 상한이 존재할 때, A를 조건부완비(conditionally complete)라 한다.

참고 8.60 쌍대성에 의해 아래로 유계이고 공집합이 아닌 모든 부분집합에 대해 하한이 존재할 때도 조건부완비가 된다.

예 8.61 위로 유계인 모든 부분집합에 대해 상한이 존재하므로 $(\mathbb{R}, \leq)$은 조건부완비이다. 마찬가지로 $(\mathbb{N}, \leq)$도 조건부완비이다.

예제 8.62 유리수의 집합 $\mathbb{Q}$는 조건부완비가 아님을 보여라.

【풀이】 $B = \{x \in \mathbb{Q} \mid x^2 < 2\} \subseteq \mathbb{Q}$인 집합을 생각하자. 이 집합은 위로 유계이지만 상한이 존재하지 않는다. (상한이 될 수 있는 수는 $\sqrt{2}$인데 이는 유리수가 아니므로 생각할 수 없다.) 따라서 $\mathbb{Q}$는 조건부완비가 아니다.

연습문제 8.3

1. 정리 8.54의 증명을 완성하여라.

2. 부분순서집합으로서 극대원소와 극소원소를 각각 둘 이상 가진 예를 들어라.

3. 완전순서집합이 극대원소나 극소원소를 가지면 이것은 각각 하나 뿐이다. 이것을 증명하여라.

4. 완전순서집합으로서 극대원소와 극소원소가 모두 존재하지 않는 예를 들어라.

5. $B \subseteq A$일 경우, 만일 B가 최대원소 b를 가진다면 $b = \sup B$임을 증명하여라.

6. 부분순서집합 $(A, \leq)$의 부분집합 B에 대하여 B의 최소상계(최대하계)가 존재한다면 그것은 유일하다. 이것을 증명하여라.

7. 부분순서집합의 부분집합으로서 최소상계와 최대하계가 모두 존재하지 않는 예를 들어라.

8. 집합 $X = \{a, b, c\}$의 멱집합 $P(X)$에 대하여 부분순서집합 $(P(X), \subseteq)$의 부분 집합 $\{\{a, b\}, \{c, a\}\}$의 상계, 하계, 최소상계, 최대하계를 모두 구하여라.

9. 위 문제에서 $P(X)$의 극대원소과 극소원소를 구하여라.

10. $B \subseteq A$일 경우, $L(B) = L(U(L(B)))$임을 증명하여라.

11. $B \subseteq A, C \subseteq A$일 경우, $L(B \cup C) = L(B) \cap L(C)$임을 증명하여라.

12. $B \subseteq A$일경우, $b = \sup B$이면 $L(U(B)) \cap U(B) = \{b\}$임을 증명하여라.

13. $C \subseteq B, B \subseteq A$일 경우 $\sup_A C \leq \sup_B C$임을 증명하여라.

14. B와 C가 순서집합 A의 부분집합이라 하자. 이때, $\sup B = \sup C$이면 $U(B) = U(C)$임을 증명하여라.

15. A와 B가 순서집합이고, $f : A \to B$를 증가함수라고 하자. 이때 a가 A의 최대원소이면 $f(a)$는 $f(A)$의 최대원소임을 증명하여라.

16. A와 B가 부분순서집합이며 $f : A \to B$가 증가함수, $C \subseteq A$라고 가정하자. 이때 c가 C의 상계이면 $f(c)$는 $f(C)$의 상계임을 증명하여라.

17. A와 B가 부분순서집합이며 $f : A \to B$가 동형사상일 경우, 다음을 증명하여라.

    (a) a가 A의 극대원소일 필요충분조건은 $f(a)$가 B의 극대원소이다.

(b) a가 A의 최대원소일 필요충분조건은 $f(a)$가 B의 최대원소이다.

(c) $C \subseteq A$일 경우, x가 C의 상계일 필요충분조건은 $f(x)$는 $f(C)$의 상계이다.

(d) $b = \sup C$ 일 필요충분조건은 $f(b) = \sup f(C)$이다.

18. $\mathbb{N}, \mathbb{Z}, \mathbb{Q}, \mathbb{R}$ 중 어느 두 개도 동형이 아님을 증명하여라.

8.4 격자

이 절에서는 중요한 순서구조의 한 가지인 격자에 관하여 알아보자.

정 의 8.63 순서집합 $(A, \leq)$에서 임의의 두 원소 부분집합 $\{x, y\}$에 대해서 상한 $\sup\{x, y\}$과 하한 $\inf\{x, y\}$이 존재할 때 A를 격자(lattice)라 한다.

참 고 8.64 격자를 다룰 경우 보통 상한 $\sup\{x, y\}$을

$$x \vee y$$

로 하한 $\inf\{x, y\}$를

$$x \wedge y$$

로 나타내고, $x \vee y$는 "x join y"라 읽으며 $x \wedge y$는 "x meet y"라 읽는다. 이 기호는 논리합, 논리곱의 기호와 같지만 문맥으로 논리 기호인지 상한, 하한의 기호인지 구분이 가능하다.

예 8.65 그림 46과 같이 주어진 순서집합은 격자이며

$$b \vee c = a,\ a \vee b = a,\ a \vee d = a,\ b \vee d = b, \ldots$$

$$b \wedge c = d,\ a \wedge b = b,\ a \wedge d = d,\ b \wedge d = d, \ldots$$

과 같은 관계가 성립한다.

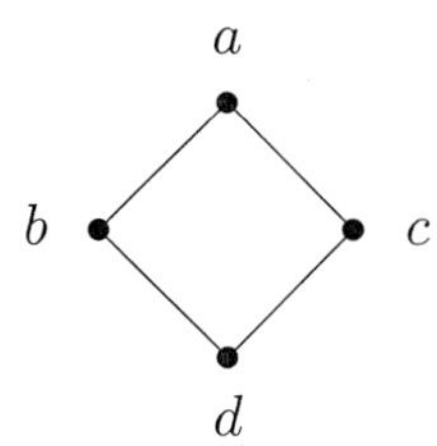

그림 46

예 **8.66** 그림 47과 같이 주어진 순서집합은 격자이다.

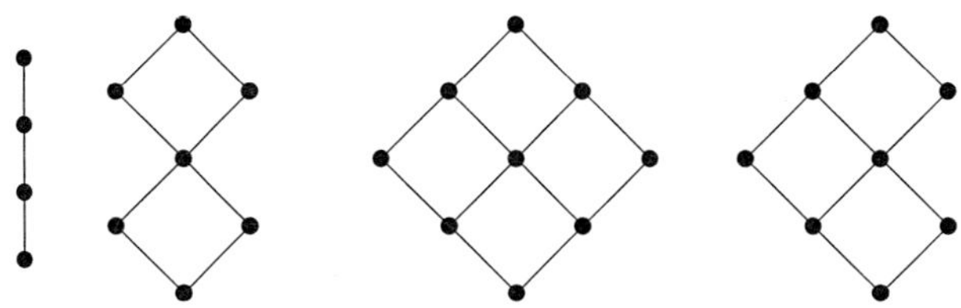

그림 47

예 **8.67** 그림 48과 같이 주어진 순서집합은 격자가 아니다. 왜냐하면 $c \vee d$가 존재하지 않기 때문이다.

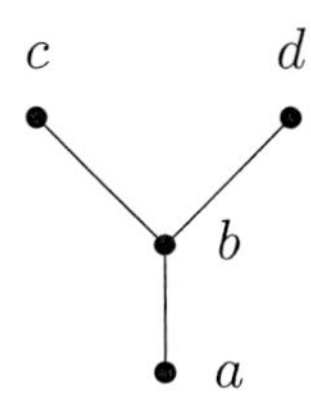

그림 48

예 **8.68** 그림 49와 같이 주어진 순서집합은 격자가 아니다. 왜냐하면 $a \vee b$가 존재하지 않기 때문이다. 또한 $c \wedge d$도 존재하지 않는다.

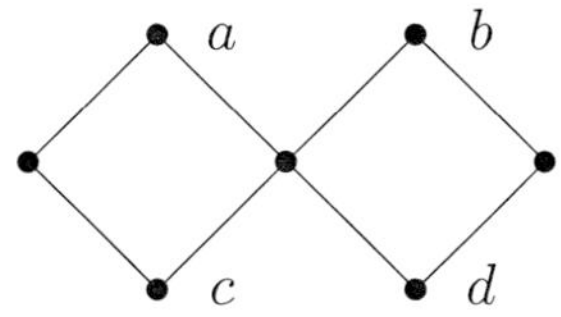

그림 49

참 고 **8.69** 동형인 경우를 제외하면 4개의 원소로 이루어진 격자는 그림 50과 같이 두가지 뿐이다.

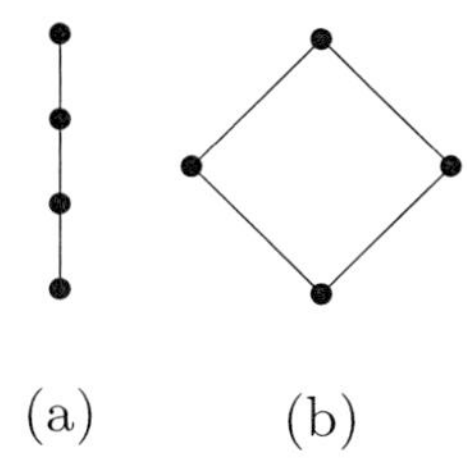

그림 50

참 고 **8.70** 동형인 경우를 제외하면 5개의 원소로 이루어진 격자는 그림 51과 같이 5가지 뿐이다.

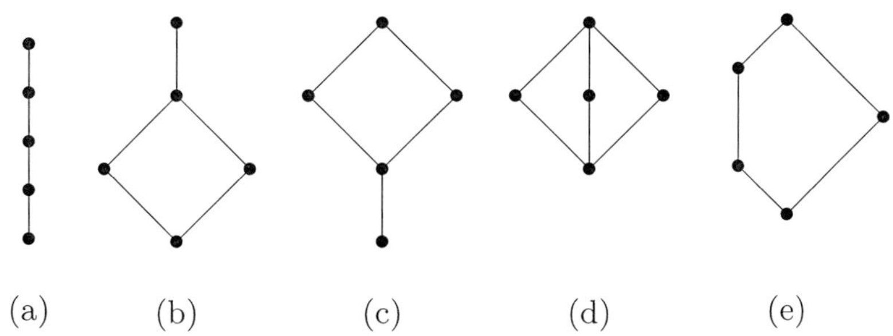

그림 51

예 **8.71** 완전순서집합은 격자이다.
$x \leq y$일 때 $x \vee y = y$이고 $x \wedge y = x$이다.

예 **8.72** (1) $(\mathbb{N}, \leq)$은 격자이다.

(2) $(\mathbb{Q}, \leq)$은 격자이다.

(3) $(\mathbb{R}, \leq)$은 격자이다.

(4) $([0,1], \leq)$은 격자이다.

예 **8.73** 임의의 집합 X의 멱집합 $P(X)$는 포함관계 $\subseteq$를 순서로 생각하면 격자가 된다. 왜냐하면, $P(X)$의 두 원소 부분집합 $\{A, B\}$의 상한은 $A \cup B$이고, 하한은 $A \cap B$이다.

정리 **8.74** 격자 A의 원소 x, y, z에 대해서 다음 관계가 성립한다.

(1) $x \leq x \vee y,\ y \leq x \vee y$
$x \geq x \wedge y,\ y \geq x \wedge y$

(2) $x \leq z,\ y \leq z \Longrightarrow x \vee y \leq z$
$x \geq z,\ y \geq z \Longrightarrow x \wedge y \geq z$

(3) $x \leq y \Longleftrightarrow x \vee y = y$
$x \leq y \Longleftrightarrow x \wedge y = x$

【증명】 (1)와 (2)는 쉽게 보일 수 있다.
(3) $x \leq y$라 하면 $y \leq y$이므로 (2)에 의해 $x \vee y \leq y$이다. 그런데 $y \leq x \vee y$이므로 결국 $x \vee y = y$이다. 역으로 $x \vee y = y$라 하면 (1)에 의해서 $x \leq x \vee y = y$. □

정 리 8.75 A가 격자일 때 다음 법칙들이 성립한다.

(L1) 멱등법칙(idempotent law)

$x \vee x = x,\ x \wedge x = x$

(L2) 교환법칙(commutative law)

$x \vee y = y \vee x,\ x \wedge y = y \wedge x$

(L3) 결합법칙(associative law)

$(x \vee y) \vee z = x \vee (y \vee z),$

$(x \wedge y) \wedge z = x \wedge (y \wedge z)$

(L4) 흡수법칙(absorptive law)

$(x \vee y) \wedge x = x,$

$(x \wedge y) \vee x = x$

【증명】 join의 경우만 증명하면 나머지는 쌍대성에 의해 얻어진다.

(L1)와 (L2)는 상한과 하한의 정의에서 바로 얻어진다.

(L3) 먼저 $(x \vee y) \vee z \leq x \vee (y \vee z)$를 증명하자. $x \leq x \vee (y \vee z)$이고 $y \leq y \vee z \leq x \vee (y \vee z)$이므로, $x \vee y \leq x \vee (y \vee z)$이다. 또한 $z \leq y \vee z \leq x \vee (y \vee z)$이다. 따라서 $(x \vee y) \vee z \leq x \vee (y \vee z)$이다. 마찬가지 방법으로 $(x \vee y) \vee z \geq x \vee (y \vee z)$. 그러므로 $(x \vee y) \vee z = z \vee (y \vee z)$.

(L4) $x = \inf\{x \vee y, x\}$임을 보이면 된다. $x \leq x \vee y$이므로 x는 $\{x \vee y, x\}$의 하계이다. 만일 z가 $\{x \vee y, x\}$의 또 다른 하계이면 $z \leq x$이다. 따라서 x는 $\{x \vee y, x\}$의 최대하계이다. 즉, $x = \inf\{x \vee y, x\}$이다. □

위 정리와 반대로 연산이 주어지고 그 연산으로부터 순서관계를 정의할 수 있다.

정 리 **8.76** 집합 A에 두 연산 $\vee$과 $\wedge$가 주어지고 두 연산이 (L1) – (L4)를 만족한다고 하자. 이제 집합 A에 관계를

$$x \leq y \Longleftrightarrow x \vee y = y$$

와 같이 정의하면 $\leq$는 A에서 순서관계이고 $(A, \leq)$는 격자가 된다.

【증명】 먼저 위에서 정의한 관계 "$\leq$"가 순서관계임을 보이자.
(L1)에 의해 $x \vee x = x$이므로, 주어진 정의에 의해 $x \leq x$이다.
따라서 반사법칙을 만족한다.

$$\begin{aligned} x \leq y,\ y \leq x \quad &\Longrightarrow \quad x \vee y = y,\ y \vee x = x \quad (\because \text{정의}) \\ &\Longrightarrow \quad y = x \vee y = y \vee x = x \quad (\because \text{(L2)}) \\ &\Longrightarrow \quad x = y \end{aligned}$$

따라서 반대칭법칙을 만족한다. 또한

$$\begin{aligned} x \leq y,\ y \leq z \quad &\Longrightarrow \quad x \vee y = y,\ y \vee z = z \quad (\because \text{정의}) \\ &\Longrightarrow \quad x \vee z = x \vee (y \vee z) \\ &\qquad\qquad\ = (x \vee y) \vee z \quad (\because \text{(L3)}) \\ &\qquad\qquad\ = y \vee z = z \\ &\Longrightarrow \quad x \leq z \quad (\because \text{정의}) \end{aligned}$$

따라서 추이법칙을 만족한다.
이제 $\sup\{x, y\} = x \vee y$임을 보이자. 즉, $x \vee y$가 순서 $\leq$에 대해 $\{x, y\}$의 상계임을 보이자. $x \vee (x \vee y) = (x \vee x) \vee y = x \vee y$. 마찬가지로 $y \vee (x \vee y) = x \vee y$. 따라서 $x \leq x \vee y$, $y \leq x \vee y$. 그러므로 $x \vee y$는 $\{x, y\}$

의 상계다. 만일 z가 $\{x, y\}$의 또 다른 상계라면

$$\begin{aligned} x \le z,\ y \le z &\implies x \vee z = z,\ y \vee z = z \\ &\implies (x \vee y) \vee z = x \vee (y \vee z) = x \vee z = z \\ &\implies (x \vee y) \le z \end{aligned}$$

따라서 $x \vee y = \sup\{x, y\}$이다. 쌍대성에 의해 $x \wedge y = \inf\{x, y\}$도 성립하므로 A는 격자이다. □

참 고 **8.77** 위 두 정리에 의해 격자란 (L1)–(L4)의 4가지 성질을 만족시키는 두 연산 $\vee$과 $\wedge$를 갖는 대수체계라 할 수 있다.

예 **8.78** 집합 X의 멱집합 $P(X)$에서 join을 $\cup$으로 meet를 $\cap$으로 생각하면 (L1)–(L4)를 만족하므로 격자가 된다. 그런데

$$A \le B \iff A \vee B = B \iff A \cup B = B \iff A \subseteq B$$

이므로 $(P(X), \le) = (P(X), \subseteq)$이다. (앞에서 다룬 예 8.73과 비교하여 보아라.)

정 의 **8.79** A가 격자이고 $B \subseteq A$이라 하자. $\forall x, y \in B$에 대해

$$x \vee y \in B,\ x \wedge y \in B$$

일 때 B를 A의 부분격자(sublattice)라 한다. 특히 $x \vee y \in B$만이 성립할 때 B를 상반격자(upper semilattice), $x \wedge y \in B$만이 성립할 때 B를 하반격자(lower semilattice)이라 한다.

예 **8.80** (1) $(\mathbb{Q}^+, \le)$은 $(\mathbb{Q}, \le)$의 부분격자이다.

(2) $(\mathbb{R}^+, \le)$은 $(\mathbb{R}, \le)$의 부분격자이다.

(3) $((0,1),\leq)$은 $([0,1],\leq)$의 부분격자이다.

정 의 **8.81** 격자 A가 다음 분배법칙을 만족하면 분배격자(distributive lattice)라 하며, 아래 세가지를 모두 만족할 때 부울격자(Boolean lattice) 또는 부울대수(Boolean algebra)라 한다.

(L5) 분배법칙(distributive law)

$x \wedge (y \vee z) = (x \wedge y) \vee (x \wedge z)$ $x \vee (y \wedge z) = (x \vee y) \wedge (x \vee z)$

(L6) 최대원소(greatest element) 와 최소원소(least element)

A의 모든 원소 x에 대해 $x \vee 0 = x,\ x \wedge 1 = x$가 되는 $0, 1$이 A에 존재한다.

(L7) 여원(complement)

$\forall x \in A,\ x \wedge x' = 0,\ x \vee x' = 1$이 되는 x'이 A에 존재한다.

예 **8.82** 집합 X의 멱집합 $P(X)$에서 연산 $\cup$, $\cap$을 생각하면 $0 = \phi,\ 1 = X,\ A' = A^c$ 등이 되어 (L1)–(L7)을 만족한다. 따라서 부울대수이다.

예 **8.83** 논리식에서 논리곱과 논리합을 생각하면

$$0 = c,\ 1 = t,\ p' = \sim p$$

등이 되어 (L1)–(L7)을 만족한다. 따라서 부울대수이다.

예 **8.84** 아래 그림과 같이 주어진 순서집합 A를 생각하자.

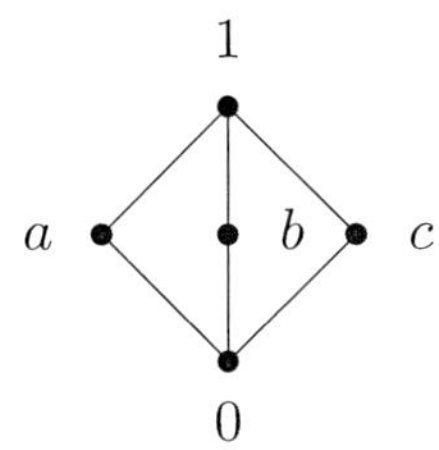

그림 52

최대원소 1과 최소원소 0이 있다. a의 여원 a'은 b, c 두 개가 있다. 마찬가지로 b와 c의 여원도 각각 두 개씩 있다. 그러나 $a \wedge (b \vee c) = a \wedge 1 = a$이지만 $(a \wedge b) \vee (a \wedge c) = 0 \vee 0 = 0$이므로 분배법칙을 만족하지 않는다. 따라서 분배격자가 아니며 부울대수도 아니다.

예 **8.85** 아래 그림과 같이 주어진 순서집합 A를 생각하자.

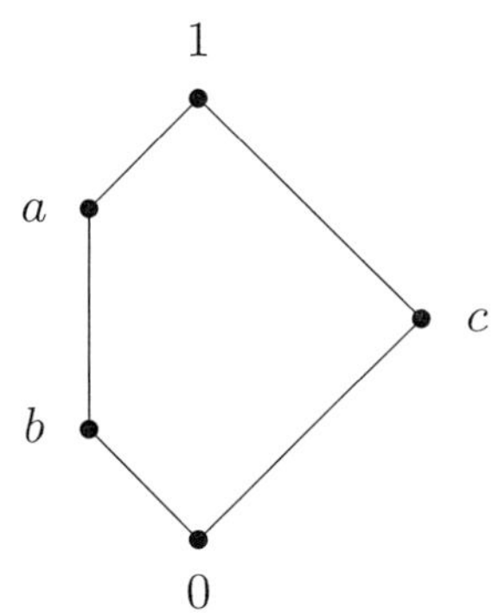

그림 53

최대원소 1과 최소원소 0이 있다. a와 b의 여원은 c이며, c의 여원은 a, b 두 개가 있다. 그러나 $a \wedge (b \vee c) = a \wedge 1 = a$이지만 $(a \wedge b) \vee (a \wedge c) = b \vee 0 = b$이므로 분배법칙이 성립하지 않는다. 따라서 분배격자가 아니며 부울대수도 아니다.

예 **8.86** 완전순서집합 $([0,1],\leq)$는 부울대수가 아니다. 나머지 조건은 모두 만족하지만 (L7)를 만족하지 않는다. 즉, $\frac{1}{2}$에 대해 $\frac{1}{2}\wedge x' = 0$, $\frac{1}{2}\vee x' = 1$이 되는 여원 x'이 존재하지 않기 때문이다.

정 의 **8.87** 임의의 부분집합에 대해 상한과 하한이 존재하는 순서집합을 완비격자(complete lattice)라 한다.

예 **8.88** 순서집합 $([0,1],\leq)$은 임의의 부분집합에 대해 반드시 상한과 하한이 존재하므로 완비격자이다. 그러나 $(\mathbb{R},\leq)$은 완비격자가 아니다. 왜냐하면 부분집합 $\mathbb{R}$에 대해 상한이 존재하지 않는다. 또한 $A = [0,1]\cap\mathbb{Q}$일 때, $(A,\leq)$는 완비격자가 아니다. 왜냐하면 부분집합 $\{x \in A \mid x^2 < \frac{1}{2}\}$이 상한을 갖지 않기 때문이다.

참 고 **8.89** 완비격자는 공집합이 아니면서 위로 유계인 부분집합들이 항상 상한을 가지므로 조건부완비가 된다.

정 리 **8.90** A가 순서집합일 때 다음 두 조건은 동치이다.

(1) A의 모든 부분집합에 대해 상한이 존재한다.

(2) A의 모든 부분집합에 대해 하한이 존재한다.

【증명】 (1) $\Rightarrow$ (2). 이제 A의 임의의 부분집합을 B라 하자. 만일 $B \neq \phi$이면 집합

$$C = \{a \in A \mid a \leq b, \forall b \in B\}$$

가 A의 부분집합이므로 (1)에 의해 $\sup C$가 존재한다. 정의에 의해 $\sup C$는 B의 하계 중에서 최대이므로 $\sup C = \inf B$이다. 따라서 B는 하한을 갖는다. 만일 $B = \phi$이면 $\inf B = \inf \phi$이고 이는 분명히 A의 최대원소이다. 그런데 A의 최대원소인 $\sup A$가 존재하므로 B의 하한이 존재한다. 결국 두 가지 경우 모두 B의 하한이 존재한다.

(2) ⇒ (1). 쌍대성에 의해 성립한다. □

참 고 **8.91** 위 정리에 의해 완비격자임을 보이려면 상한이나 하한 중 하나가 존재한다는 것을 보이면 된다.

예 **8.92** A를 임의의 집합이라 하고 $\mathcal{E}$를 포함관계에 의해 순서가 정해진 A에서의 모든 동치관계의 집합이라 하자. $\mathcal{E}$는 최소원소 I_A와 최대원소 $A \times A$를 갖는다. 더욱이 $\{G_i\}_{i\in I}$가 $\mathcal{E}$의 부분집합이면 $\bigcap_{i\in I} G_i$는 $\{G_i\}_{i\in I}$의 하한이다. 따라서 $\mathcal{E}$는 완비격자이다.

연습문제 8.4

1. A가 (L1) – (L4)를 만족시키는 두 연산 $\vee$과 $\wedge$를 갖는 집합일 경우, 다음을 증명하여라.

$$x \vee y = y \Leftrightarrow x \wedge y = x$$

2. 두 격자의 공통부분이 격자가 되지 않는 예를 들어라.

3. 부울대수가 아닌 격자의 예를 들어라.

4. 조건완비이지만 완비격자가 아닌 부분순서집합의 예를 들어라.

5. 참고 8.70의 그림 51에 주어진 격자가 부울격자인지 확인하여라.

6. 격자 A의 임의의 원소 x, y, u, v에 대해서 다음을 증명하여라. (정리 8.74 이용)

$x \le u,\ y \le v \Longrightarrow x \vee y \le u \vee v, \quad x \wedge y \le u \wedge v$

7. 격자 A의 임의의 원소 x, y, z에 대해서 다음 부등식을 증명하여라. (정리 8.74 이용)

   (a) $x \wedge (y \vee z) \ge (x \wedge y) \vee (x \wedge z)$

   (b) $x \vee (y \wedge z) \le (x \vee y) \wedge (x \vee z)$

8. 격자 A의 원소 x, y, z에 대해서 다음을 증명하여라.

   $x \le z \Longrightarrow x \vee (y \wedge z) \le (x \vee y) \wedge z$

9. 수직선상의 특정한 점 x를 포함하는 모든 개구간족 $\mathcal{F}$에 포함관계에 의해 순서를 정의하면 $\mathcal{F}$는 격자가 됨을 밝혀라.

10. 격자 $(A, \le)$의 두 원소 $a, b\ (a < b)$에 대해서 구간 $[a, b]$는

$$[a, b] = \{x \in A \mid a \le x \text{ 그리고 } x \le b\}$$

   와 같이 정의된다. 이 때 구간 $([a, b], \le)$는 A의 부분격자를 이룸을 증명하여라.

11. 자연수의 집합 $\mathbb{N}$에서 두 자연수 m, n에 대해서 m이 n의 약수일 때 $m \le n$으로 정의한다. 이 순서에 의해서 $\mathbb{N}$은 격자를 이룸을 밝혀라.

8.5 정렬집합

자연수 전체의 집합 $\mathbb{N}$은 보통의 크기 순서 $\leq$에 대해서 완전순서집합이 된다는 것을 앞에서 살펴본 바 있다. 공집합이 아닌 자연수의 어떤 부분집합도 항상 최소원소를 가진다. 이와 같은 성질을 가지는 집합에 대해 살펴 보자.

정 의 8.93 $(A, \leq)$를 순서집합이라 하자. 공집합이 아닌 임의의 부분집합 B가 항상 최소원소를 가지면 $(A, \leq)$를 정렬집합(well ordered set)이라 하고, 이 때 순서 "$\leq$"을 정렬순서(well order)라 부른다.

참 고 8.94 앞으로 정렬집합에서 순서를 특별히 언급하지 않을 경우 원소가 나열된 위치를 순서로 생각하거나, 실수에서의 크기를 순서로 생각하기로 하자.

예 제 8.95 다음 집합들이 정렬집합인지 알아 보아라.

(1) $(\mathbb{N}, \leq)$

(2) $(\{1, 2, 3, 4, 5\}, \leq)$

(3) $(\{2, 4, 6, \ldots; 1, 3, 5, \ldots\}$, 위치 순서$)$

(4) $(\mathbb{Z}, \leq)$

(5) $(\{0, 1, -1, 2, -2, 3, -3, \ldots\}$, 위치 순서$)$

(6) $(\{\ldots, 4, 3, 2, 1\}$, 위치 순서$)$

(7) $(\mathbb{Q}, \leq)$

(8) $(\mathbb{R}, \leq)$

(9) $\{0, \frac{1}{2}, \frac{3}{4}, \frac{7}{8}, \ldots; 1, 1+\frac{1}{2}, 1+\frac{3}{4}, 1+\frac{7}{8}, \ldots; 2, 2+\frac{1}{2}, 2+\frac{3}{4}, 2+\frac{7}{8}, \ldots\}$

【풀이】

(1) $(\mathbb{N}, \leq) = \{1, 2, 3, 4, \ldots\}$는 임의의 부분집합이 최소원소를 가지므로 정렬집합이다.

(2) $\{1, 2, 3, 4, 5\}$는 정렬집합이다.

(3) 모든 부분집합이 최소원소를 가지므로 정렬집합이다.

(4) $\mathbb{Z}$ 자신이 최소원소를 가지지 않은므로 정렬집합이 아니다.

(5) 모든 부분집합이 최소원소를 가지므로 정렬집합이다.

(6) 자신이 최소원소를 갖지 않으므로 정렬집합이 아니다.

(7) 자신이 최소원소를 갖지 않으므로 $(\mathbb{Q}, \leq)$은 정렬집합이 아니다.

(8) 자신이 최소원소를 갖지 않으므로 $(\mathbb{R}, \leq)$은 정렬집합이 아니다.

(9) 위치를 순서로 생각하므로, 모든 부분집합이 최소원소를 가지게 되어 정렬집합이다.

정 리 **8.96** 모든 정렬집합은 완전순서집합이다.

【증명】 $(A, \leq)$를 정렬집합이라 하자. A의 임의의 두 원소 x, y를 생각하면 $\{x, y\}$가 A의 부분집합이므로 최소원소 x나 y를 가진다. 따라서 $x \leq y$이거나 $y \leq x$이다. 그러므로 완전순서집합이다. □

예 **8.97** 위 정리의 역은 성립하지 않는다. 왜냐하면, $([0,1], \leq)$은 완전 순서집합이지만 부분집합인 구간 $(\frac{1}{3}, \frac{2}{3})$가 최소원소를 가지지 않기 때문에 정렬집합이 아니다.

참 고 **8.98** A가 정렬집합이면 A는 조건부완비이다. 왜냐하면 B가 A의 부분집합이고 위로 유계라 하면 B의 상계집합 $U(B)$는 공집합이 아닌 A의 부분집합이다. 따라서 정렬집합의 정의에 의하여 최소원소를 갖는다. 이것이 바로 B의 최소상계 $\sup B$가 된다.

정 의 **8.99** A가 순서집합이고 $a, b \in A$라 하자. $a < b$이고 $a < c < b$인 원소 c가 A에 존재하지 않을 때 b를 a의 바로 뒤 원소(immediate successor), a를 b의 바로 앞 원소(immediate predecessor)라 한다.

참 고 **8.100** 정렬집합에서 최대원소가 아니면 항상 바로 뒤 원소가 존재한다. 그러나 다음 예에서 볼 수 있듯이 바로 앞 원소의 존재성은 보장되지 않는다.

예 **8.101** 예제 8.95에서 (1), (2), (5) 등의 집합에서는 최소원소를 제외한 모든 원소는 바로 앞 원소를 가진다. 그러나 (3)에서는 1의 바로 앞 원소가 없다. 또한 (9)의 집합에서는 0, 1, 2의 바로 앞 원소가 없다.

참 고 **8.102** A를 공집합이 아닌 정렬집합이라 하면 A는 최소원소를 가지므로 이 최소원소를 x_1이라 하자. 만일 x_1이 최대원소가 아니면 바로 뒤 원소를 갖는다. 이 바로 뒤 원소를 x_2라 하자. x_2가 최대원소가 아니면 x_2는 다시 바로 뒤 원소 x_3를 가지며 이와 같은 과정을 계속할 수 있다.

정 의 8.103 $(A, \le)$를 순서집합이라 하자. A의 부분집합 B가

$$x \in B,\ y \le x \Longrightarrow y \in B$$

를 만족시키면 A의 절편(segment)이라 부른다. 특히 A의 원소 a에 대해, 집합

$$A_a = \{x \in A \mid x < a\}$$

는 절편이 되는데, 이를 A의 앞절편(initial segment)이라 한다. 진부분 집합이면서 절편일 경우 진절편(proper segment)이라 한다.

예 8.104 $(A, \le)$가 정렬집합일 때 A의 원소 a대해 ϕ, A, A_a는 모두 A의 절편이다.

예 8.105 $A = (\mathbb{R}, \le)$에서 $A_{\sqrt{3}} = \{x \in \mathbb{R} \mid x < \sqrt{3}\} = (-\infty, \sqrt{3})$.

예 8.106 $A = (\mathbb{N}, \le)$에서 $A_3 = \{x \in \mathbb{N} \mid x < 3\} = \{1, 2\}$, $A_1 = \phi$.

예 8.107 절편과 앞절편은 다를 수 있다. 예를 들어 완전순서집합 $(A, \le) = ([0, 2], \le)$에서 $B = [0, 1]$은 절편이 되지만

$$[0, 1] = A_a = \{x \in A \mid x < a\}$$

가 되는 a가 없으므로 앞절편이 될 수 없다.

정 리 8.108 A를 정렬집합이라 하자.
B가 A의 진절편 $\Longleftrightarrow$ B는 A의 앞절편이다.

【증명】 ($\Leftarrow$) B가 A의 앞절편이면 B는 A의 진절편이다.
($\Rightarrow$) B가 A의 진절편이라 가정하자. 그러면 $A - B \neq \phi$이다. A가 정렬집합이므로 $A - B$는 최소원소 m을 갖는다. 이제 $B = A_m$을 보이기로 하자.
(1) $A_m \subseteq B$이다.

> ($\because$) $x \in A_m \Longrightarrow x < m \Longrightarrow x \notin A - B$. ($\because m$: 최소원소)
> 따라서 $x \in B$이고, 결국 $A_m \subseteq B$이다.

(2) $B \subseteq A_m$이다.

> ($\because$) $x \in B$라 가정하자. A는 정렬집합이므로 완전순서이다. 따라서 $m \leq x$이거나 $m > x$이다. 만일 $m \leq x$이면, B가 절편이므로 $m \in B$이다. 그런데 m은 $A - B$의 원소이므로 $m \notin B$이다. 이것은 모순이다. 따라서 $x < m$이고 $x \in A_m$이다. 그러므로 $B \subseteq A_m$이다.

(1)과 (2)에 의해 $B = A_m$이다. 따라서 B는 A의 앞절편이다. □

참 고 **8.109** 예 8.107에서 진절편이면서 앞절편이 아닌 예를 보았는데, 여기서 A는 정렬집합이 아니라는 것을 기억하자.

참 고 **8.110** 나중에 10장에서 A와 B가 모두 정렬집합이면 A와 B는 동형이거나 둘 중 하나가 다른 하나의 앞절편과 동형이 된다는 것을 보인다.

예 **8.111** 두 정렬집합 $\mathbb{N} = \{1, 2, 3, \dots\}$과 $A = \{2, 4, 6, \dots; 1, 3, 5, \dots\}$를 생각할 때 $\mathbb{N}$은 A의 앞절편 A_1과 동형이다.

정 리 **8.112** [초한귀납법의 원리(Principle of Transfinite Induction)]
$(A, \leq)$가 정렬집합이고 $p(x)$가 A의 원소 x에 관한 명제일 때,

'모든 $y < x$에 대해 $p(y)$가 참이면 $p(x)$도 참이다'

라는 조건이 성립하면 $\forall x \in A,\ p(x)$가 참이 된다.

【증명】 명제 '$\forall x \in A,\ p(x)$가 참이다'가 성립하지 않는다고 가정하자. 그러면 $A' = \{a \in A \mid p(a)\text{가 거짓}\} \neq \phi$이고 A가 정렬집합이므로 A'에는 최소원소가 있다. 그 최소원소를 m이라 하면 최소원소의 정의에 의해 $p(m)$은 거짓이지만 $y < m$인 A의 모든 원소 y에 대해서 $p(y)$는 참이다. 따라서 조건으로부터 $p(m)$이 참이다. 이것은 모순이다. 따라서 A'은 공집합이다.
□

초한귀납법이 어떻게 사용되는가를 이해하기 위하여 다음 정리를 증명해 보기로 하자. 이 정리는 순서수의 비교에 이용된다.

정 리 **8.113** $(A, \leq)$와 $(B, \leq')$를 정렬집합이라 하자.
$f : A \to B$가 증가이고
$f(A)$가 B의 절편이며
$g : A \to B$가 순증가이면
모든 $x \in A$에 대해서 $f(x) \leq' g(x)$이다.

【증명】 각 $x \in A$에 대해서 $p(x)$를 명제 "$f(x) \leq' g(x)$"라 하자. 초한귀납법 정리의 조건이 만족되는 것을 보이기 위하여 모든 $x < a$에 대해서 $p(x)$가 성립하지만 $p(a)$는 거짓이 되는 원소 $a \in A$가 존재한다고 가정하자. 즉, 모든 $x < a$에 대해서 $f(x) \leq' g(x)$이지만 $g(a) <' f(a)$이라고 가정하자.

정렬집합이므로 임의의 원소 $x \in A$는 $x < a$이거나 $x \geq a$이다.

(1) $x < a$일 경우 :

g가 순증가함수라는 사실과 앞의 가정에 의해

$$f(x) \leq' g(x) <' g(a)$$

이다. 그러므로 $\forall x < a, \quad g(a) \neq f(x)$이다.

(2) $a \leq x$일 경우 :

f가 증가함수라는 사실과 앞의 가정에 의해

$$g(a) <' f(a) \leq' f(x)$$

이다. 그러므로 $\forall x \geq a, \quad g(a) \neq f(x)$이다.

위 두가지 경우 모두 $g(a) \neq f(x), \forall x \in A$이다. 따라서 $g(a) \notin f(A)$이다. 그런데 $g(a) <' f(a)$이므로 이것은 $f(A)$가 절편이라는 사실에 모순이다. 따라서 x가 A의 원소일 때, 모든 $y < x$에 대해서 $f(y) \leq' g(y)$가 성립하면 $f(x) \leq' g(x)$가 성립한다. 그러므로 초한귀납법의 원리에 의하여 모든 $x \in A$에 대해서 $f(x) \leq' g(x)$이다. □

연습문제 8.5

1. 실수의 집합은 크기 관계 "$\leq$"에 의해 정렬집합이 아님을 보여라.

2. 정렬집합의 각 부분집합은 원래 순서에 의한 정렬집합임을 보여라.

3. 집합 $\mathbb{N} \times \mathbb{N}$에 사전식 순서를 주면 정렬집합이 되는지 알아보아라.

4. 집합 $(\mathbb{N}, \leq)$의 모든 절편을 구하여라.

5. $(A, \leq)$가 정렬집합일 때 다음을 증명하여라.

   (a) A의 절편들의 교집합은 A의 절편이다.

(b) A의 절편들의 합집합은 A의 절편이다.

(c) 각 $x \in A$ 에 대하여 $A_x \cup \{x\}$는 A의 절편이다.

6. 초한귀납법의 원리를 직접증명법으로 증명하여라.

7. $(A, \leq)$, $(B, \leq')$가 각각 정렬집합이고 $f(A)$가 B의 절편이 되는 증가함수 $f : A \to B$가 있다고 하자. 그러면 A의 임의의 절편 X의 상 $f(X)$는 B의 절편이 됨을 증명하여라.

8. 정렬집합 $(A, \leq)$에서 위로 유계인 부분집합은 최소상계를 가짐을 보여라.

9. $(A, \leq)$가 정렬집합일 때, 각 $x \in A$에 대하여 x는 $A_{x'}$의 최소상계임을 보여라. 여기서 x'은 x의 바로 뒤 원소(immediate successor)이다.

10. A를 순서집합이라 하자. P가 A의 앞절편이고 Q가 P의 앞절편이면 Q가 A의 앞절편임을 증명하여라.

11. A가 정렬집합일 경우 $x \in A$에 대해 x의 바로 앞 원소와 바로 뒤 원소가 존재할 경우 이 원소들은 유일하다는 것을 증명하여라.

12. A가 완전순서집합일 경우 $B \subseteq A, m \in B$라 하자. 이 때 B가 최소원소를 갖기 위한 필요충분조건은 $S_m \cap B$가 최소원소를 가지는 것임을 증명하여라. (단, $S_m \cap B \neq \phi$)

13. A가 정렬집합일 경우 항등함수 I_A가 A로부터 A로 가는 유일한 동형사상임을 보여라. (힌트: 초한귀납법 사용)

14. A와 B를 정렬집합이라 하자. 이때 $f : A \to B$, $g : B \to A$가 동형사상이면 $g = f^{-1}$임을 증명하여라.

15. A와 B를 정렬집합이라 하자. 이때 동형사상 $f : A \to B$은 많아야 하나 존재함을 증명하여라.

16. A와 B를 정렬집합이라 하자. 이 때 A가 B의 부분집합과 동형이며 B가 A의 부분집합과 동형이면 A는 B와 동형임을 증명하여라.

Chapter 9

선택공리

어떤 집합에서 한 개의 원소를 선택하는 것은 쉬운 일이다. 그러나 무한개의 집합들을 원소를 가지는 집합족이 있을 때, 원소를 이루는 각 집합에서 한 개씩 그 속의 원소를 선택한다는 것은 간단한 일이 아니다. 이 개념에 관련된 공리가 선택공리이다. 선택공리는, 공리가 아니라 증명이 가능한 정리일지도 모른다는 생각으로 많은 수학자들이 이를 증명하려고 노력하였다. 이들의 노력에 의해 많은 동치인 결과들을 얻을 수 있었는데, 이 장에서는 이들 개념에 대해 알아보고, 이들 개념이 모두 동치라는 것을 증명하기로 한다.

- 선택공리
- 하우스도르프 극대원리
- 조른의 보조정리
- 정렬원리

9.1 선택공리

공리적 집합론에서 중요한 공리 중의 하나가 선택공리이다. 간단히 말하면 어떤 집합이든 항상 원소를 하나씩 선택할 수 있다는 것인데, 규칙이 없는 집합들이 무한히 많아지면 생각보다 복잡하게 된다. 이 경우에도 항상 원소를 하나씩 선택할 수 있다는 것을 보장해 주는 공리가 선택공리이다. 이 절에서는 선택공리에 대해 살펴 보기로 하자.

공 리 **9.1** [선택공리(axiom of choicc)]

공집합이 아닌 집합들의 집합족 $\mathcal{S}(\mathcal{S} \neq \phi)$에 대해 선택함수(choice function)가 존재한다. 즉,

$$\forall A \in \mathcal{S},\ f(A) \in A$$

인 함수

$$f : \mathcal{S} \to \bigcup_{A \in \mathcal{S}} A$$

가 존재한다.

예 **9.2** 유한집합족 $\mathcal{A} = \{\{1,2\},\{3,4\},\{5,6,7\}\}$에 대해서는 분명히 선택함수가 존재한다. 예를 들어

$$f(\{1,2\}) = 1,\ f(\{3,4\}) = 3,\ f(\{5,6,7\}) = 5$$

를 생각하면 이 함수는 선택함수이다.

예 **9.3** 위 예에서

$$h(\{1,2\}) = 2,\ h(\{3,4\}) = 4,\ h(\{5,6,7\}) = 6$$

를 생각하면 이 함수도 선택함수이다.

예 **9.4** 그러나

$$h(\{1,2\}) = 1,\ h(\{3,4\}) = 4,\ h(\{5,6,7\}) = 3$$

을 생각하면 이 함수는 선택함수가 아니다. 왜냐하면 $h(\{5,6,7\}) = 3 \notin \{5,6,7\}$이기 때문이다.

예 **9.5** 집합족 $\mathcal{F} = \{(\frac{1}{4n+1}, \frac{1}{4n-1}) \mid n \in \mathbb{N}\}$에 대해서 함수를 $f((\frac{1}{4n+1}, \frac{1}{4n-1})) = \frac{1}{4n}$로 정의하면 이 함수는 선택함수이다.

참 고 **9.6** 유한개 원소로 이루어진 집합족에 대해서는 항상 선택함수를 찾을 수 있으며, 일부 무한개 원소로 이루어진 집합족에 대해서도 선택함수를 찾을 수 있다. 그러나 임의의 집합족에 대해서 이와 같은 선택함수가 존재한다는 보장이 없는데, 이를 보장해 주는 것이 선택공리이다.

연습문제 9.1

1. 예 9.2의 집합족에 대해 선택함수는 모두 몇 개가 있는가? 이들 선택함수를 모두 구하여라.

2. 정리 5.73의 증명에서 선택공리가 사용된 곳을 찾아 보아라.

3. 함수 $f : A \to B$를 전사함수라 하자. A의 부분집합 C가 존재해서 C와 B가 대등이 됨을 보임으로써 $\text{card}\, A \geq \text{card}\, B$을 증명하여라.

4. 공집합이 아닌 두 집합 A에서 B로 가는 관계 R에 대하여 $\text{Dom}(R) = A$일 때, $f \subseteq R$인 함수 $f : A \to B$가 존재함을 보여라. (선택공리 사용)

5. $\mathcal{T}$가 공집합이 아닌 집합 X의 분할일 때, 집합 X의 부분집합 R 중에 각 $C \in \mathcal{T}$에 대하여 $C \cap R$이 한원소집합이 되는 것이 있음을 보여라. 이런 집합 R을 $\mathcal{T}$의 대표집합(representative set)이라 한다.(선택공리 사용)

6. 공집합이 아닌 A_γ들의 집합족 $\{A_\gamma \mid \gamma \in \Gamma\}$에 대하여

$$f : \Gamma \to \bigcup_{\gamma\in\Gamma} A_\gamma, \qquad \forall\gamma \in \Gamma,\ f(\gamma) \in A_\gamma$$

인 함수 전체의 집합을 이 족의 곱집합(product set)이라 하고 $\prod_{\gamma\in\Gamma} A_\gamma$로 나타낸다. $\Gamma \neq \phi$일 때 $\prod_{\gamma\in\Gamma} A_\gamma \neq \phi$임을 증명하여라. (선택공리 사용)

7. 위 문제의 곱집합 정의를 이용해서, $\Gamma = \{1, 2, ..., n\}$일 때 곱집합 $\prod_{\gamma\in\Gamma} A_\gamma$와 집합

$$\{(x_1, x_2, ..., x_n) \mid \forall i \in \Gamma,\ x_i \in A_i\}$$

사이에 일대일대응이 존재함을 보여라.

9.2 하우스도르프 극대원리

정리 **9.7** 공집합이 아닌 부분순서집합 $(A, \leq)$에 대하여 A의 임의의 사슬의 최소상계가 A에 존재하고, 함수 $f : A \to A$가 $\forall x \in A,\ x \leq f(x)$이라 하자. 그러면 $\exists p \in A,\ f(p) = p$이다.

【증명】 집합 A의 임의의 원소 a를 하나 선택하여 고정하자. A의 부분집합 B가 다음 세 가지 성질을 지닐 때 B를 허용가능(admissible)이라 하자.

(i) $a \in B$.

(ii) $x \in B \Longrightarrow f(x) \in B$.

(iii) E가 B의 사슬이면 $\sup E \in B$.

A의 모든 허용가능 부분집합의 집합족을 $\mathcal{B}$라 하면, A 자신이 허용가능이므로 $\mathcal{B} \neq \phi$. 또 허용가능 집합의 교집합은 허용가능이므로(연습문제) 순서집합 $(\mathcal{B}, \subseteq)$는 유일한 극소원소 $B_0 = \bigcap_{B \in \mathcal{B}} B$를 지닌다. 한편 집합 $\{x \in A \mid x \geq a\}$는 분명히 허용가능이므로(연습문제), $B_0 \subseteq \{x \in A \mid x \geq a\}$이다. 따라서

(iv) 모든 $x \in B_0$에 대하여 $a \leq x$.

이제 $C = \{x \in B_0 \mid y \in B_0 \text{ 그리고 } y < x \Longrightarrow f(y) \leq x\}$라고 놓고

(v) $x \in C, z \in B_0$일 때 $z \leq x$ 또는 $f(x) \leq z$

임을 증명하자. 먼저 $x \in C$를 고정시키고

$$D_x = \{z \in B_0 \mid z \le x \text{ 또는 } z \ge f(x)\}$$

로 놓자.

Claim 1) 집합 D_x는 허용가능이다.

(i) 조건 (iv)에 의해 $a \in D_x$.

(ii) $z \in D_x$라 하자. D_x의 정의에 의해 $z \le x$ 또는 $f(x) \le z$가 성립한다.
1) 만일 $f(x) \le z$이면 $f(x) \le z \le f(z)$, 따라서 $f(z) \in D_x$.
2) 만일 $z = x$이면 $f(z) = f(x)$이고 따라서 D_x의 정의에 의해 $f(z) \in D_x$.
3) 만일 $z < x$이면 $x \in C$이므로 $f(z) \le x$이고, 따라서 $f(z) \in D_x$.
결국 모든 경우 $f(z) \in D_x$이다.

(iii) E를 D_x의 사슬이라 하고 $m = \sup E$라 하자. 모든 $y \in D_x$는 정의에 의해 $y \le x$이거나 $f(x) \le y$이다.
1) 만일 어떤 $y \in E$에 대해 $y \ge f(x)$이면 $m \ge y$이므로 $m \ge f(x)$이다. 따라서 $m \in D_x$이다.
2) 만일 모든 $y \in E$에 대해 $y \le x$이면 x는 C의 상계가 되고 따라서 최소상계의 정의에 의해 $m \le x$이다. 따라서 $m \in D_x$이다.

위 (i),(ii),(iii)의 조건을 모두 만족시키므로 D_x는 허용가능이다.

그런데 B_0는 모든 허용가능 집합들의 교집합이므로 $B_0 \subseteq D_x$이고 D_x는 B_0의 원소들을 모아놓은 집합이므로 $D_x \subseteq B_0$이다. 결국 $D_x = B_0$이다. 따라서 $x \in C$이고 $z \in B_0 = D_x$이면, D_x의 정의에 의하여 $z \le x$이거나 $f(x) \le z$이다. 즉, (v)가 성립한다.

Claim 2) 집합 C는 허용가능이다.

(i) 위에서 얻은 결과 (iv)에 의해 $\forall y \in B_0,\ a \le y$이다. 따라서 명제 $[y \in B_0, y < a \Longrightarrow f(y) \le a]$는 가정이 거짓이므로 참이 된다. 따라서 C의 정의에 의해 $a \in C$이다.

(ii) $x \in C$라 하자. $f(x) \in C$임을 보이기 위해 $y \in B_0, y < f(x)$라 하고 $f(y) \le f(x)$임을 보이자. 그런데 (v)에 의하여 $y \le x$ 또는 $f(x) \le y$이다. 그런데 $y < f(x)$이므로 $y \le x$이 되어야 한다.
1) $y < x$일 경우 $x \in C$이므로, C의 정의에 의해 $f(y) \le x$이다. 따라서 $f(y) \le x \le f(x)$, 즉, $f(y) \le f(x)$이다.
2) $y = x$일 경우 당연히 $f(y) = f(x)$이다. 결국 모든 경우에 $f(y) \le f(x)$이다.

(iii) C의 사슬 G의 최소상계를 w라고 하자. $w \in C$임을 보이기 위해 $y \in B_0, y < w$라고 가정하자. 위에서 얻은 (v)에 의하여 모든 $x \in G$는 $y \le x$ 또는 $f(x) \le y$이다. 여기서 명제 $[\forall x \in G, y \ge f(x)]$는 참이 아니다. 왜냐하면 이것이 참일 경우 $x \le f(x) \le y$이고 따라서 w가 G의 최소상계라는 사실에서, $w \le y$가 되어 $y < w$에 모순이 되기 때문이다. 그러므로 적당한 $x \in G$가 존재해서 $y \le x$이다.
1) 만일 $y < x$이면, C의 정의에 의하여 $f(y) \le x \le w$이므로 $f(y) \le w$이다. 따라서 $w \in C$.
2) 만일 $y = x$이면, $y \in G$이고 $y < w = \sup G$이므로 적당한 $z \in G$가 존재해서 $y < z \le w$이다. 그러므로 C의 정의에 의하여 $f(y) \le z \le w$. 따라서 $f(y) \le w$이므로 $w \in C$이다.

위 (i), (ii), (iii)의 조건을 만족시키므로 집합 C는 허용가능이다.

C가 B_0의 허용가능 부분집합이므로 위에서와 마찬가지로 $C = B_0$이다. 따라서 (v)에 의하여 $x \in B_0 = C,\ z \in B_0$이면 $z \le x$이거나 $x \le f(x) \le z$이다. 즉, $x \in B_0,\ z \in B_0$이면 $z \le x$이거나 $x \le z$이다. B_0의 임의의 두 원소가 비교가능하므로 B_0는 완전순서집합이다. 지금 $p = \sup B_0$라 하자. 조건 (iii)에 의해 $p \in B_0$이다. 조건 (ii)에 의해 $f(p) \in B_0$인데, p

가 최소상계이므로 $f(p) \leq p$이다. 그런데 함수 f의 조건에 의해 $p \leq f(p)$이므로 $f(p) = p$이다. □

정리 **9.8** [하우스도르프 극대원리(Hausdorff Maximality Principle)]
$(A, \leq)$가 순서집합이라 하면, A는 극대사슬을 갖는다. 즉, A의 사슬 전체의 모임을 $\mathcal{B}$라 할 때, 순서집합 $(\mathcal{B}, \subseteq)$은 극대원소를 가진다.

【증명】 $\mathcal{B}$가 극대원소를 갖지 않는다고 가정하자. 모든 $T \in \mathcal{B}$가 극대원소가 아니므로 각 $T \in \mathcal{B}$에 대해 T를 진부분집합으로 포함하는 $\mathcal{B}$의 집합들의 모임

$$T^* = \{T' \in \mathcal{B} \mid T \subsetneqq T'\}$$

는 공집합이 아니다. 이런 집합들의 모임 $\{T^* \mid T \in \mathcal{B}\}$을 생각하면 선택공리에 의하여 $g(T^*) \in T^*$를 만족시키는 함수 g가 존재한다. 따라서 모든 $T \in \mathcal{B}$에 대해서 $f(T) = g(T^*) \supsetneqq T$로 정의되는 함수 $f : \mathcal{B} \to \mathcal{B}$가 존재한다. 따라서 $\mathcal{B}$의 임의의 사슬의 최소상계가 $\mathcal{B}$에 속하고(연습문제), 모든 $T \in \mathcal{B}$에 대해, $T \subseteq f(T)$이다. 즉, $f : \mathcal{B} \to \mathcal{B}$는 정리 9.7의 가정을 만족한다. 그러므로 정리 9.7에 의해 $f(S) = S$가 되는 원소 S가 $\mathcal{B}$에 존재한다. 이것은 $\forall T \in \mathcal{B}$, $T \subsetneqq f(T)$라는 사실에 모순된다. 따라서 $\mathcal{B}$는 극대원소를 가진다. □

예 **9.9** $A = \{a, b, c, d, e, f\}$를 아래 그림과 같이 주어진 순서집합이라 하자.

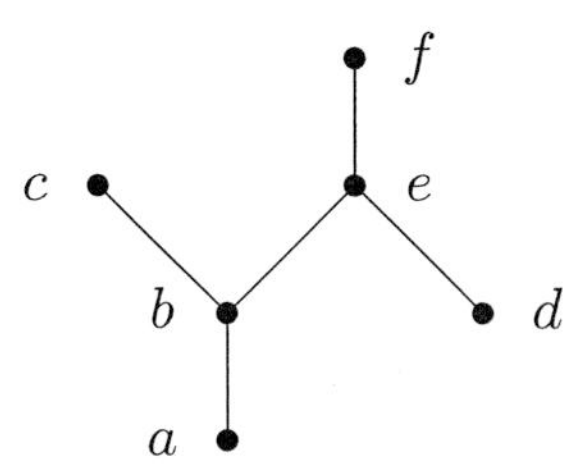

그림 54

$\{a, b, c\}$, $\{a, b, e, f\}$, $\{d, e, f\}$ 등은 극대 사슬(maximal chain)이다.

예 **9.10** 완전순서집합 $([0,1], \leq)$에서 전체 집합 $[0,1]$은 극대사슬이 된다.

예 **9.11** 완전순서집합 $(\mathbb{R}, \leq)$에서 전체 집합 $\mathbb{R}$은 극대사슬이 된다.

연습문제 9.2

1. 정리 9.8의 부분순서집합 $(\mathcal{B}, \subseteq)$에 대하여 $\mathcal{B}_0$를 $\mathcal{B}$의 완전순서 부분집합이라 할 때
$$T_0 = \bigcap\{T \in \mathcal{B} \mid \forall T' \in \mathcal{B}_0,\ T' \subseteq T\}$$
은 $\mathcal{B}_0$의 최소상계이다. 이것을 증명하여라.

2. 공집합이 아닌 부분순서집합 $(A, \leq)$에 대하여 A의 모든 사슬이 최대하계를 가진다고 한다. 함수 $f : A \to A$가 모든 $a \in A$에 대하여 $f(a) \leq a$이면 $f(q) = q$인 $q \in A$가 존재한다는 것을 증명하여라. (힌트: 정리 9.7을 사용하여라.)

3. 부분순서집합 $(A, \leq)$의 사슬 B가 있을 때, $B \subseteq C$인 A의 극대사슬 C가 존재함을 보여라. (하우스드로프 극대원리 사용)

4. 부분순서집합 $(A, \leq)$의 부분집합 B의 임의의 서로 다른 원소 x, y에 대하여, $x \leq y$와 $y \leq x$ 둘다 성립하지 않을 때 B를 반사슬(antichain)이라 한다. 모든 반사슬은, 포함관계 $\subseteq$에 관하여, 하나의 극대 반사슬에 포함된다. 이것을 증명하여라.

9.3 조른의 보조정리

정 리 **9.12** [조른의 보조정리(Zorn's Lemma)]
$(A, \leq)$가 순서집합이라 하자. A의 모든 사슬이 상계를 가지면 A는 극대원소를 가진다.

【증명】 하우스도르프 극대원리에 의해 $(A, \leq)$는 포함관계 $\subseteq$에 관하여 극대 사슬 B를 갖는다. 가정에 의하여 모든 사슬이 상계를 가지므로, u를 B의 상계라 하자. 이제 u가 A의 극대원소임을 보이기로 하자. 원소 $x \in A$가 $x \geq u$라고 가정하자. 그러면 $B \cup \{x\}$는 B를 포함하는 $(A, \leq)$의 완전순서부분집합, 즉 사슬을 이룬다. 그런데 B가 극대이므로 $B \cup \{x\} = B$이다. 따라서 $x \in B$이고, 따라서 $x \leq u$이다. 결국 $x = u$이다. 그러므로 u는 $(A, \leq)$의 극대원소이다. □

예 **9.13** $A = \{a, b, c, d, e, f\}$를 아래 그림 55와 같이 주어진 순서집합이라 하자.

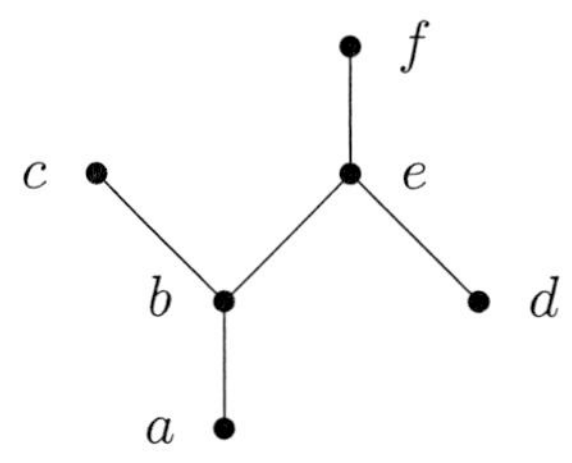

그림 55

사슬 $\{a, b\}$는 상계 b를 가진다.
사슬 $\{d, e\}$는 상계 e를 가진다.
극대사슬 $\{a, b, c\}$는 상계 c를 가진다.
극대사슬 $\{a, b, e, f\}$는 상계 f를 가진다.

극대사슬 $\{d, e, f\}$는 상계 f를 가진다.
여기서 극대사슬의 상계 c와 f는 A의 극대원소이다.

예 **9.14** 순서집합 $([0, 1], \leq)$은 모든 사슬이 상계를 가진다. 그러므로 극대원소를 갖는다. 실제로 이 집합의 극대원소는 1이다.

예 **9.15** 개구간 $((0, 1), \leq)$은 자기 자신이 상계를 갖지 않는다(실수의 부분집합이 아니고 개구간 (0,1)이 전체집합인 것을 기억하자). 또한 극대원소도 없다.

예 **9.16** 실수의 집합 $(\mathbb{R}, \leq)$은 자기 자신이 상계를 갖지 않으며, 극대원소도 없다.

정 리 **9.17** 집합 A와 B가 공집합이 아니면 A에서 B로 가는 단사함수 또는 B에서 A로 가는 단사함수가 존재한다.

【증명】 집합 A의 부분집합 A_α와 단사함수 $f_\alpha : A_\alpha \to B$들에 대해 순서쌍 (A_α, f_α)을 모두 모아놓은 집합을 $\mathcal{X}$라 하자. 이제 $\mathcal{X}$에 순서를 아래와 같이 정의하자.

$$(A_\alpha, f_\alpha) \leq (A_\beta, f_\beta) \iff A_\alpha \subseteq A_\beta \text{ and } f_\alpha \subseteq f_\beta.$$

위 관계는 분명히 부분순서이다.

이제 조른의 보조정리를 적용하기 위하여 집합 $\mathcal{X}$에서 임의의 완전순서 부분집합 $\{(A_\gamma, f_\gamma) \mid \gamma \in \Gamma\}$가 상계를 갖는지 조사하자. $A_1 = \bigcup_{\gamma\in\Gamma} A_\gamma$이라 하고 $f_1 = \bigcup_{\gamma\in\Gamma} f_\gamma$라 하자. 즉, $(A_\gamma, f_\gamma) \in \mathcal{X}$이고 $x \in A_\gamma$이면

$$f_1 : A_1 \to B, \ f_1(x) = f_\gamma(x)$$

으로 정의된다.

먼저 함수 $f_1 : A_1 \to B$이 잘 정의된 함수임을 보이기 위해 $x \in A_\delta, \delta \in \Gamma$에도 포함된다고 하자. 완전순서집합의 성질에 의해 $(A_\gamma, f_\gamma) \le (A_\delta, f_\delta)$이거나 $(A_\delta, f_\delta) \le (A_\gamma, f_\gamma)$이다. 어느 경우든지 $f_\delta(x) = f_\gamma(x)$이다. 따라서 함수 $f_1 : A_1 \to B$은 잘 정의된 함수이다.

이제 함수 $f_1 : A_1 \to B$이 단사함수임을 보이자. $f_1(x) = f_1(y)$라 하면 적당한 $\mathcal{X}$의 원소 (A_γ, f_γ)과 (A_δ, f_δ)에 대해 $x \in A_\gamma, y \in A_\delta$가 된다. 결국 $(A_\gamma, f_\gamma) \le (A_\delta, f_\delta)$이거나 $(A_\delta, f_\delta) \le (A_\gamma, f_\gamma)$이다. 일반성일 잃지 않고 첫번째 경우에 대해서만 증명해도 되므로 첫번째 경우를 생각하자. 이 경우 $f_\delta(x) = f_\delta(y)$이고, f_δ가 단사함수이므로 $x = y$이다. 결국 $f_1 : A_1 \to B$이 단사함수가 된다.

따라서 모든 $\gamma \in \Gamma$에 대해 $(A_1, f_1) \ge (A_\gamma, f_\gamma)$이다. 즉, $\{(A_\gamma, f_\gamma) \mid \gamma \in \Gamma\}$는 상계 (A_1, f_1)를 갖는다.

결국 $(\mathcal{X}, \le)$는 조른의 보조정리 가정을 만족한다. 따라서 $\mathcal{X}$는 극대원소를 갖게된다. 이를 $(\tilde{A}, \tilde{f})$라 하자. 이제 두가지 경우를 생각할 수 있다.

(1) $\tilde{A} = A$일 경우. 이 경우 $\tilde{f} : A \to B$가 단사함수이므로 정리가 성립한다.

(2) $\tilde{A} \neq A$일 경우. 이 경우 $x_0 \in A - \tilde{A}$가 존재한다. 정의에 의해 $\tilde{f} : \tilde{A} \to B$는 단사함수이다. 이제 $\tilde{f} : \tilde{A} \to B$가 전사임을 보이기로 하자. 만일 $\tilde{f} : \tilde{A} \to B$가 전사가 아니라면 $y_0 \in B - \tilde{f}(\tilde{A})$이다. 이제 함수 $\tilde{\tilde{f}} : \tilde{A} \cup \{x_0\} \to B$를

$$\tilde{\tilde{f}}(x) = \begin{cases} y_0 & (x = x_0\text{일 때}) \\ \tilde{f}(x) & (x \in \tilde{A}\text{ 일 때}) \end{cases}$$

와 같이 정의하면 분명히 단사함수이다. $(\tilde{A} \cup \{x_0\}, \tilde{\tilde{f}}) > (\tilde{A}, \tilde{f})$이고 이는 $(\tilde{A}, \tilde{f})$가 극대원소라는데 모순이다. 따라서 함수 $\tilde{f} : \tilde{A} \to B$는 전사이다. 결국 $\tilde{f} : \tilde{A} \to B$는 전단사이다. 따라서 역함수 $\tilde{f}^{-1} : B \to \tilde{A}$는 B에서 A의 부분집합 $\tilde{A}$로 가는 전단사 함수이다. 공역을 확장하면 함수 $\tilde{f}^{-1} : B \to A$는 단사함수가 되어 증명이 끝난다. □

위 정리로 부터 아래 따름정리를 바로 얻을 수 있다.

따름정리 **9.18** 집합 A와 B가 집합일 때, $\operatorname{card} A \leq \operatorname{card} B$ 또는 $\operatorname{card} B \leq \operatorname{card} A$이다.

참 고 **9.19** 정의 7.4에서 정의한 기수의 순서는 정리 7.7과 따름 정리 7.10과 9.18에 의해 완전순서임을 알수 있다.

연습문제 9.3

1. 부분순서집합 $(A, \leq)$의 모든 사슬이 하계를 가지면 A의 극소원소가 존재함을 보여라.

2. 조른의 보조정리는 하우스도르프 극대원리를 함의한다. 이것을 증명하여라.

3. 항등원을 갖는 모든 환(ring)에는 진부분 극대 아이디얼(proper maximal ideal)이 존재함을 증명하여라.

4. 모든 벡터공간은 기저(base)를 가짐을 증명하여라.

5. 부분순서집합 $(A, \leq)$의 모든 사슬이 상계를 가지고 $a \in A$이라 하면, $u \geq a$인 A의 극대원소 u가 존재함을 보여라.

6. 두 개 이상의 원소를 포함하는 집합 A에 대하여, $\forall x \in A,\ f(x) \neq x$가 되는 전단사함수 $f : A \to A$가 존재함을 보여라.

9.4 정렬원리

정 리 9.20 [정렬원리(Well-Ordering Principle)]
모든 집합은 정렬가능하다. 즉, 적당한 순서를 주어서 정렬집합으로 만들 수 있다.

【증명】 A를 임의의 집합이라 하자. $A_0 \subseteq A$인 모든 정렬집합 $(A_0, \leq_0)$들의 집합족을 $\mathcal{A}$라 하자. 집합족 $\mathcal{A}$에서 세 가지 조건

(i) $A_0 \subseteq A_1$

(ii) $x, y \in A_0$이고 $x \leq_0 y$이면 $x \leq_1 y$

(iii) $x \in A_1 - A_0$이면 모든 $y \in A_0$에 대해서 $y \leq_1 x$

을 만족할 때 순서를

$$(A_0, \leq_0) \leq^* (A_1, \leq_1)$$

이라 정의하자. 그러면 순서관계 $\leq^*$는 $\mathcal{A}$의 부분순서이다(연습문제). 따라서 $\mathcal{A}$는 부분순서집합이다. 조른의 보조정리를 적용하기 위하여 $(\mathcal{A}, \leq^*)$의 임의의 사슬 $\mathcal{C}$가 상계를 가짐을 보이자.

Claim) $(\bigcup_{A\in\mathcal{C}} A, \leq')$은 $\mathcal{C}$의 상계이다. 여기서, $x \leq' y$는 x와 y가 어떤 $(A_0, \leq_0) \in \mathcal{C}$에 동시에 속하면서 $x \leq_0 y$가 되는 것이다.

($\because$) 만일 $(\bigcup_{A\in\mathcal{C}} A, \leq')$가 $\mathcal{A}$에 속할 경우, $(\bigcup_{A\in\mathcal{C}} A, \leq')$는 분명히 $\mathcal{C}$에 대한 상계이므로 $(\bigcup_{A\in\mathcal{C}} A, \leq')$가 정렬집합이 되어서 $\mathcal{A}$에 속한다는 것을 밝히기로 하자. 분명히 순서 $\leq'$가 $\bigcup_{A\in\mathcal{C}} A$에서 완전순서이다(연습문제). 이제 S를 $\bigcup_{A\in\mathcal{C}} A$의 공집합이 아닌 부분집합이라 하자. 그러면 S가 만나는 $(A_0, \leq_0) \in \mathcal{C}$가

존재한다. 그런데 $(A_0, \leq_0)$는 정렬집합이므로 $S \cap A_0$는 유일한 최소원소 $x_0 \in S \cap A_0$를 포함한다. 따라서 임의의 $y \in S$에 대해서 $(A_0, \leq_0) \leq^* (A_1, \leq_1)$이고 $x_0, y \in A_1$을 만족시키는 $(A_1, \leq_1) \in \mathcal{C}$가 존재한다. 따라서 $x_0 \leq_1 y$이고 $x_0 \leq' y$이다. 즉, x_0는 관계 $\leq'$에서 S에 대한 최소원소이므로, $(\bigcup_{A\in\mathcal{C}} A, \leq')$는 정렬집합이다. 따라서 $(\bigcup_{A\in\mathcal{C}} A, \leq')$은 $\mathcal{A}$에 속하고 그러므로 $\mathcal{C}$의 상계이다.

모든 사슬이 상계를 가지므로 조른의 보조정리의 조건이 만족된다. 그러므로 조른의 보조정리에 의하여 $(\mathcal{A}, \leq^*)$는 극대원소를 가지는데 이를 $(A_1, \leq_1)$라 하자. 만일 $A_1 \neq A$이라 하면, $y \in A - A_1$을 택하자. 모든 $x \in A_1$에 대해서 $x \leq_1 y$이라고 정의하면 관계 $\leq_1$을 $A_1 \cup \{y\}$으로 확장할 수 있고, 그러면 $(A_1 \cup \{y\}, \leq_1)$은 $(A_1, \leq_1)$보다 크게 되고 이것은 $(A_1, \leq_1)$의 극대성에 모순된다. 따라서 $A_1 = A$이고 $(A, \leq_1)$은 정렬집합이다. □

예 **9.21** 보통의 크기를 순서로 주면 정렬집합이 되기 때문에 유한집합 $\{1, 2, 3\}$은 정렬가능하다.

예 **9.22** 보통의 크기를 순서로 주면 정렬집합이 되기 때문에 자연수의 집합 $\mathbb{N}$은 정렬가능하다.

예 **9.23** 정수의 집합 $\mathbb{Z}$는 정렬가능하다. 왜냐하면

$$\{0, 1, -1, 2, -2, 3, -3, \dots\}$$

와 같이 나열한 위치로 순서를 정의하면 정렬집합이 되기 때문이다.

참 고 **9.24** 정렬원리에 의하면 실수의 집합 $\mathbb{R}$도 정렬가능하다. 그러나 어떤 순서를 주었을 때 정렬집합이 되는지는 알려지지 않았다.

정 리 **9.25** 아래 명제는 모두 동치이다.

(1) 선택공리

(2) 하우스도르프 극대원리

(3) 조른의 보조정리

(4) 정렬원리

【증명】 앞에서 다룬 정리를 종합할 때 (4) $\Rightarrow$ (1)을 보이면 된다. $\mathcal{S}$를 공집합이 아닌 집합들의 집합족이라 하자. 정렬원리에 의하여 $(\bigcup_{A\in\mathcal{S}} A, \leq)$가 정렬집합이 되는 순서 $\leq$가 존재한다. 따라서 모든 집합 $A \in \mathcal{S}$는 $A \subseteq \bigcup_{A\in\mathcal{S}} A$로서, 정렬집합의 부분집합이므로, 최소원소를 포함한다. 이제 함수 f를

$$f : \mathcal{S} \to \bigcup_{A\in\mathcal{S}} A, \quad f(A) = \text{집합 } A\text{의 최소원소}$$

와 같이 정의하면 $f(A) \in A$이므로 이 함수는 잘 정의된 선택함수이다.
따라서 선택공리가 성립한다. □

연습문제 9.4

1. 정수의 집합을 정렬집합으로 만든 예를 3가지 들어라.

2. 정렬원리를 사용하지 말고 유리수의 집합이 정렬가능하다는 것을 증명하여라.

3. 부분순서집합 $(A, \leq)$의 각 부분집합 $B(B \neq \phi)$가 최소원소를 가질 때, $(A, \leq)$는 완전순서집합이다. 이것을 증명하여라.

4. 정리 9.20의 증명에서, 순서관계 $\leq^*$는 $\mathcal{A}$의 부분순서임을 증명하여라.

5. 정리 9.20의 증명에서, 순서관계 $\leq'$는 $\bigcup A$에서 완전순서임을 증명하여라.

Chapter 10

순서수와 연산

자연수는 두 가지 기능을 가지고 있다. 하나는 하나, 둘, 셋, ... 등과 같이 개수를 세는 데 사용하며, 다른 하나는 첫째, 둘째, 셋째, ... 등과 같이 순서를 나타내는 데 사용한다. 개수를 세는 자연수의 개념을 확장한 것이 바로 기수이다. 이 장에서는 순서를 나타내는 자연수의 개념을 확장하여 순서수라는 개념을 정의하고, 이들 순서수 사이에 합과 곱 등의 연산을 정의하며, 마지막으로 순서수의 개념이 기수의 개념을 포함하는 광범위한 개념이라는 것을 알아본다.

- 순서수의 개념
- 순서수의 순서
- 순서수의 합과 곱
- 순서수와 기수

10.1 순서수의 개념

이제 순서를 나타내는 자연수의 개념을 확장하여 순서수의 개념을 도입하기로 하자.

정 의 10.1 순서수(ordinal number)란 다음과 같은 4가지 공리를 만족시키는 개념이다.

(O1) 모든 정렬집합 $(A, \leq)$에 대하여 순서수 $\mathrm{ord}(A, \leq)$가 존재하고, 모든 순서수 α에 대하여 $\mathrm{ord}(A, \leq) = \alpha$인 정렬집합 $(A, \leq)$가 존재한다.

(O2) $(A, \leq) \approx (B, \leq') \iff \mathrm{ord}(A, \leq) = \mathrm{ord}(B, \leq')$.

(O3) $A = \phi \iff \mathrm{ord}(A, \leq) = 0$.

(O4) $A \approx \{1, 2, 3, \ldots, k\} \iff \mathrm{ord}(A, \leq) = k$.

유한 정렬집합의 순서수를 유한순서수(finite ordinal), 무한 정렬집합의 순서수를 무한순서수(infinite ordinal) 또는 초한순서수(transfinite ordinal)라 한다.

정 의 10.2 크기를 순서로 하는 정렬집합인 자연수 집합 $\mathbb{N}$의 순서수를 그리스 문자 ω(omega)로 나타낸다. 즉,

$$\mathrm{ord}(\mathbb{N}, \leq) = \omega.$$

예 제 10.3 하나의 집합에 대해 기수는 단 하나만 존재한다. 그러나 하나의 집합에 대해 순서수는 정렬에 따라 여러 가지 있을 수 있다. 예를 들어 이를 밝혀라.

【풀이】 자연수 집합에 정의된 두 정렬집합 $(\mathbb{N}, \leq) = \{1, 2, 3, \ldots\}$와 $(\mathbb{N}, \leq') = \{1, 3, 5, \ldots, 2, 4, 6, \ldots\}$을 생각하면 이들은 동형이 아니다. 실제로 $\mathrm{ord}(\mathbb{N}, \leq) = \omega$이지만 $\mathrm{ord}(\mathbb{N}, \leq') \neq \omega$이다.

연습문제 10.1

1. 유한정렬집합 $(A, \leq)$, $(B, \leq')$에 대하여 A와 B가 대등하면 $(A, \leq)$와 $(B, \leq')$는 동형이다. 이를 증명하여라.

2. 완전순서집합 $(A, \leq)$가 있을 때 그 부분집합 B와 C의 합집합이 다시 A가 된다고 하자. 또한 B와 C가 각각 A의 완전순서 $\leq$에 의해 정렬집합이 될 때 $(A, \leq)$도 정렬집합이다. 이것을 증명하여라.

3. 두 정렬집합 $(\mathbb{N}, \leq) = \{1, 2, 3, ...\}, (\mathbb{N}, \leq') = \{1, 3, 5, ..., 2, 4, 6, ...\}$에 대하여 $(\mathbb{N}, \leq)$와 $(\mathbb{N}, \leq')$은 동형이 아니다. 이것을 증명하여라.

4. 위 문제의 $(\mathbb{N}, \leq')$은 실제로 정렬집합임을 증명하여라.

10.2 순서수의 순서

공리 (O2)는 어느 때에 순서수가 같고, 어느 때에 같지 않은가를 말해주고 있다. 두 순서수가 같지 않을 때 이들 사이에 순서를 주기로 하자.

정 의 10.4 순서수 α, β와 $\alpha = \text{ord}(A, \leq)$, $\beta = \text{ord}(B, \leq')$인 정렬집합 $(A, \leq), (B, \leq')$에 대하여 $(A, \leq)$가 $(B, \leq')$의 절편과 동형이면, α는 β보다 작거나 같다(less than or equal to)라고 하며, $\alpha \preccurlyeq \beta$로 나타낸다. 또한 $\alpha \preccurlyeq \beta$이고 $\alpha \neq \beta$일때 α는 β보다 작다(less than)라고 하며, $\alpha \prec \beta$로 나타낸다.

참 고 10.5 위 정의는 정렬집합 $(A, \leq), (B, \leq')$의 선택에 대해 독립적이다(연습문제).

예 10.6 (1) $\text{ord}(\{1, 2, 3\}) \preccurlyeq \text{ord}(\{1, 2, 3, 4\})$이다. 또한 $3 \neq 4$이므로 $3 \prec 4$이다.

(2) $\text{ord}(\{1, 2, 3, \ldots\}) \preccurlyeq \text{ord}(\{1, 3, 5, \ldots; 2, 4, 6, \ldots\})$이다. 왜냐하면 $\{1, 2, 3, \ldots\} \sim \{1, 3, 5, \ldots\} \subseteq \{1, 3, 5, \ldots; 2, 4, 6, \ldots\}$이기 때문이다.

예 10.7 (1) 순서수의 관계 "$\preccurlyeq$"은 반사법칙을 만족한다. 즉, $\alpha \preccurlyeq \alpha$이다. 왜냐하면 $\alpha = \text{ord}(A, \leq)$일 때 $A \approx A$이기 때문이다.

(2) 순서수의 관계 "$\preccurlyeq$"은 추이법칙을 만족한다.
즉 $\alpha \preccurlyeq \beta, \beta \preccurlyeq \gamma \Longrightarrow \alpha \preccurlyeq \gamma$이다.

정 리 **10.8** 임의의 정렬집합 $(A, \leq)$에 대하여, A에서 A의 절편으로 가는 전사 동형사상은 항등함수 I_A 뿐이다.

【증명】 정리 8.108에서 정렬집합의 절편은 자신과 앞절편 뿐이라는 것을 보였으므로, 앞절편과 자신으로 가는 동형사상만을 생각하면 된다. 먼저 A의 적당한 앞절편 A_a에 대하여 동형사상 $f : A \to A_a$가 존재한다고 가정하자. $f(a) \in A_a$이므로 $f(a) < a$가 되어 $B = \{x \in A \mid f(x) < x\}$는 공집합이 아니다. B의 최소원소를 b라고 하면 $f(b) < b$이다. 그런데 동형사상은 순증가함수이므로 $f(f(b)) < f(b)$이다. 따라서 $f(b) \in B$이다. 이것은 b가 B의 최소원소라는데 모순이다. 따라서 정렬집합에서 자신의 앞절편으로 가는 동형사상은 존재하지 않는다. 분명히 항등함수 $I_A : A \to A$는 동형사상이다. 이제 A에서 A로 가는 동형사상이 항등함수 $I_A : A \to A$ 뿐임을 보이기로 하자. $g : A \to A$를 동형사상이라 하면 $g : A \to A$와 항등함수 $I_A : A \to A$는 모두 순증가이고, $g(A) = A$와 $I_A(A) = A$ 모두 A의 절편이다. 그러므로 정리 8.113을 사용하면 모든 $x \in A$에 대하여 $I_A(x) \leq g(x) \leq I_A(x)$이다. 따라서 모든 $x \in A$에 대하여 $I_A(x) = g(x)$이다. 그러므로 $g = I_A$이다. □

정 리 **10.9** 임의의 순서수 α, β에 대하여
$\alpha \preccurlyeq \beta,\ \beta \preccurlyeq \alpha \Longrightarrow \alpha = \beta.$

【증명】 $\alpha = \operatorname{ord}(A, \leq)$, $\beta = \operatorname{ord}(B, \leq')$라 하면 $\alpha \preccurlyeq \beta$와 $\beta \preccurlyeq \alpha$에 의하여 두 동형사상 $f : A \to D$, $g : B \to C$가 존재한다. 여기서 C, D는 각각 A, B의 절편이다.

$$A \xrightarrow{f} D \subseteq B \xrightarrow{g} C$$

그러므로 $h : A \to C$, $h(x) = g(f(x))$로 정의된 함수는 A에서 C의 적당한 절편 E로 가는 동형사상이다. 그런데 C는 A의 절편이므로 E도 A의 절편이다(연습문제). 따라서 $h : A \to E$는 A에서 A의 절편 E로 가는 전사 동형사상이다. 그러므로 정리 10.8에 의해 $h = I_A$이고, 따라서 $E = A$이다. 결국 $C = A$가 되고, 동형사상 $g : B \to A$에 의하여 $\alpha = \beta$이다. □

따름정리 **10.10** 순서수에 대한 관계 "$\preccurlyeq$"는 반사법칙, 반대칭법칙, 추이법칙을 만족시키므로 부분순서이다.

참 고 **10.11** 따라서 순서수들의 집합을 Ord라 하면 $(\text{Ord}, \preccurlyeq)$도 다시 순서집합이 된다.

정 리 **10.12** 순서수에 대한 관계 "$\preccurlyeq$"는 완전순서이다. 즉, 임의의 순서수 α, β에 대하여 $\alpha \preccurlyeq \beta$이거나 $\alpha \succcurlyeq \beta$이다.

【증명】 정렬집합 $(A, \leq), (B, \leq')$에 대하여 $\text{ord}(A, \leq) = \alpha$, $\text{ord}(B, \leq') = \beta$라고 할 때 A가 B의 절편과 동형이거나 B가 A의 절편과 동형인 것을 증명하면 된다. 절편 A_a가 적당한 B의 절편 B_b와 동형이면, 원소 a를 허용가능(admissible)이라 하자. A의 모든 허용가능한 원소의 집합을 M이라 하면 임의의 허용가능 원소 a에 대하여 $A_a \approx B_b$인 원소 $b \in B$가 유일하다.

> $(\because)$ 만일 $A_a \approx B_b$, $A_a \approx B_c$이라 하면, $B_b \approx B_c$이므로 동형사상 $f : B_b \to B_c$가 존재한다. 정리 10.8에 의하여 $B_b = B_c$가 되며 $b = c$이다.

그러므로 $A_a \approx B_b$일 때 $f(a) = b$로 정의하면 함수 $f : M \to B$를 얻을 수 있다. 또한 정리 10.8에 의해 함수 f는 단사이다.

$(\because)$ $f(a) = f(c) = b \Longrightarrow A_a \approx B_b,\ A_c \approx B_b \Longrightarrow A_a \approx B_b \approx A_c \Longrightarrow A_a \approx A_c$. 따라서 $A_a = A_c$이고 결국 $a = c$이므로 단사이다.

또한 $f : M \to B$는 순증가이고 $f(M) = N$은 B의 절편이다(연습문제). 이제 A는 B의 절편과 동형이 아니고 B도 A의 절편과 동형이 아니라 가정하면 $A - M$과 $B - N$은 모두 공집합이 아니다. 따라서 $A - M, B - N$의 최소원소를 각각 p, q라 하면 $f : M \approx N$이므로 $A_p = M \approx N = B_q$이다. 따라서 p는 허용가능이다. 즉 $p \in M$. 그런데 $p \in A - M$, 즉, $p \notin M$이므로 모순이다. 따라서 A가 B의 절편과 동형이거나 B가 A의 절편과 동형이다. □

참 고 **10.13** 따라서 $(\mathrm{Ord}, \preccurlyeq)$은 완전순서집합이 된다.

정 리 **10.14** $(A, \leq), (B, \leq')$가 정렬집합일 때,
$\mathrm{ord}(A, \leq) \prec \mathrm{ord}(B, \leq')$이기 위한 필요충분조건은 A가 B의 진절편과 동형이 되는 것이다.

【증명】 $\mathrm{ord}(A, \leq) \prec \mathrm{ord}(B, \leq')$

$\Longleftrightarrow$ $\mathrm{ord}(A, \leq) \preccurlyeq \mathrm{ord}(B, \leq')$이고 $\mathrm{ord}(A, \leq) \neq \mathrm{ord}(B, \leq')$

$\Longleftrightarrow$ $\exists S : B$의 절편, $A \approx S$이고 $A \not\approx B$

$\Longleftrightarrow$ $\exists S : B$의 진절편, $A \approx S$ □

이 절에서 얻은 정리를 종합하여 다음 정리를 얻을 수 있다.

정 리 **10.15** [삼분법(trichotomy)]
임의의 두 순서수 α, β에 대하여 다음 세 가지 중 하나가 성립한다.
(1) $\alpha \prec \beta$

(2) $\alpha = \beta$
(3) $\alpha \succ \beta$

연습문제 10.2

1. $\text{ord}\{1, 3, 5, ..., 2, 4, 6, ...\} \succ \text{ord}\{1, 2, 3, 4, 5, ...\}$ 임을 보여라.

2. 순서집합에서 A가 B의 절편이고 B가 C의 절편이면, A는 C의 절편임을 보여라.

3. 정리 10.12의 증명에서 각 허용가능 원소 a에 대하여 $A_a \approx B_b$인 원소 $b \in B$가 유일하다는 것을 증명하여라.

4. 정리 10.12의 증명에서 허용가능 원소의 집합 M은 A의 절편이다. 이것을 증명하여라.

5. 정리 10.12에 나타난 함수 $f : M \to B$를 $A_a \approx B_b$일 때 $f(a) = b$와 같이 정의하면, 이 함수는 단사이고 순증가이다. 그리고 $f(M)$은 B의 절편이다. 이것을 증명하여라.

6. 임의의 자연수 k에 대하여 다음을 증명하여라.

   (a) $\text{ord}\{k, k+1, k+2, ...\} = w$

   (b) $\text{ord}\{k, k+1, k+2, ..., 0, 1, 2, 3, ..., k-1\} \succ w$

7. 가장 작은 무한순서수를 구하여라.

10.3 순서수의 합

순서수에 대해서도 합을 정의할 수 있다.

정 의 10.16 $(A, \leq), (B, \leq')$가 서로 소인 두 정렬집합일 때 $A \cup B$ 위에 순서(order) $\leq^*$를 다음과 같이 정의한다.

(1) $a, b \in A$일 때 $a \leq b \iff a \leq^* b$.

(2) $a, b \in B$일 때 $a \leq' b \iff a \leq^* b$.

(3) $a \in A$이고 $b \in B$이면 $a \leq^* b$.

참 고 10.17 실제로 순서집합 $(A \cup B, \leq^*)$는 정렬집합이다(연습문제). 앞으로 합집합의 순서에 대해 특별한 언급이 없으면 위 순서를 생각하기로 하자.

정 의 10.18 순서수 α, β에 대하여 순서수의 합(ordinal sum) $\alpha + \beta$를 다음과 같이 정의한다.

$$\alpha + \beta = \mathrm{ord}(A \cup B, \leq^*)$$

단, 순서집합 $(A, \leq)$와 $(B, \leq')$은 서로소이고 $\alpha = \mathrm{ord}(A, \leq)$, $\beta = \mathrm{ord}(B, \leq')$이다.

예 제 10.19 두 정렬집합 A와 B가 서로 소가 아닌 경우에 이와 각각 동형이면서 서로소인 집합이 존재한다. 이를 증명하여라.

【풀이】 두 정렬집합 $(A, \leq)$ 와 $(B, \leq')$를 생각하자. 곱집합 $A \times \{0\}$에 순서 $\leq_0$을

$$a \leq b \iff (a, 0) \leq_0 (b, 0)$$

로 정의하자. 마찬가지로 $B \times \{1\}$에 순서 $\leq_1$을

$$c \leq' d \iff (c, 1) \leq_1 (d, 1)$$

로 정의하면 $A \times \{0\}$과 $B \times \{1\}$은 서로소이고 $(A \times \{0\}, \leq_0) \approx (A, \leq)$이며 $(B \times \{1\}, \leq_1) \approx (B, \leq')$이다.

참 고 **10.20** 순서수에 대한 합의 정의는 정렬집합의 대표를 선택하는 것과는 독립적이다(연습문제).

참 고 **10.21** α 와 β가 유한순서수이면 순서수의 합 $\alpha + \beta$는 두 정수의 합과 일치한다.

예 제 **10.22** 두 유한순서수 5와 4의 순서수의 합 5+4를 구하여라.

【풀이】 $5 = \text{ord}\{0, 1, 2, 3, 4\}$, $4 = \text{ord}\{5, 6, 7, 8\}$ 이므로,
$5 + 4 = \text{ord}\{0, 1, 2, \ldots, 8\} = 9$. 따라서 $5 + 4 = 9$.

예 제 **10.23** 순서수의 합에 대하여 교환 법칙이 성립하지 않는다. 예를 들어, 0이 아닌 임의의 유한순서수 k에 대하여 $k + \omega = \omega$ 이지만 $\omega + k \neq \omega$ 이 됨을 보여라.

【풀이】 $k = \text{ord}\{0, 1, 2, \ldots, k-1\}, \omega = \text{ord}\{k, k+1, k+2, \ldots\}$ 이므로 $k + \omega = \text{ord}\{0, 1, 2, \ldots, k-1, k, k+1, \ldots\} = \omega$. 그러나 $\omega + k = \text{ord}\{k, k+1, k+2, \ldots; 0, 1, 2, \ldots, k-1\} \succ \omega$. 따라서 $\omega + k \neq \omega$.

정 리 **10.24** 임의의 순서수 α, β, γ에 대하여 다음 사실이 성립한다.

(1) 결합법칙(associative law)
$(\alpha+\beta)+\gamma = \alpha+(\beta+\gamma)$

(2) $\beta \prec \gamma \Rightarrow \alpha+\beta \prec \alpha+\gamma$

(3) 좌소거법칙(left cancellation law)
$\alpha+\beta = \alpha+\gamma \Rightarrow \beta = \gamma$

【증명】 (1) 연습문제.

(2) 정렬집합 $(A, \leq), (B, \leq'), (C, \leq'')$에 대하여

$$\mathrm{ord}(A, \leq) = \alpha,\ \mathrm{ord}(B, \leq') = \beta,\ \mathrm{ord}(C, \leq'') = \gamma,$$

$$A \cap B = \phi,\ A \cap C = \phi$$

라고 하면 $\beta \prec \gamma$이므로 정리 10.14에 의하여 B는 C의 적당한 진절편 C_z와 동형이다. 이 동형사상을 $g : B \to C_z$로 나타내자. 지금 서로소인 집합의 합집합 $A \cup B, A \cup C$에 앞에서 정의한 순서 $\leq^*$를 각각 부여하자. 그러면

$$f(x) = \begin{cases} x, & x \in A \\ g(x), & x \in B \end{cases}$$

로 정의된 함수 $f : A \cup B \to A \cup C$는 $A \cup B$에서 $A \cup C$의 진절편 $A \cup C_z$으로 가는 동형사상이다. 그러므로 정리 10.14에 의하여 $\alpha+\beta \prec \alpha+\gamma$이다.

(3) 결론을 부정하여 순서수 α, β, γ가 존재해서 $\alpha+\beta = \alpha+\gamma$이지만 $\beta \neq \gamma$라 가정하자. 그러면 삼분법에 의하여 $\beta \prec \gamma$이거나 $\gamma \prec \beta$이다. 이제 $\beta \prec \gamma$라 하자(나머지 경우도 같은 방법으로 증명된다). 그러면 (2)에 의하여 $\alpha+\beta \prec \alpha+\gamma$. 이것은 가정 $\alpha+\beta = \alpha+\gamma$에 모순이다. 따라서

(3)이 성립한다. □

예 **10.25** (1) $(3 + 4) + 2 = 9$
$3 + (4 + 2) = 9$

(2) $3 \prec 4 \Longrightarrow 2 + 3 \prec 2 + 4$
또한 $3 \prec 4 \Longrightarrow \omega + 3 \prec \omega + 4$
실제로 $\{1, 2, \ldots, a, b, c\} \prec \{1, 2, \ldots, a, b, c, d\}$

예 **10.26** $\beta \prec \gamma \not\Longrightarrow \beta + \alpha \prec \gamma + \alpha$이다.
왜냐하면, $3 \prec 4$이지만 $3 + \omega = \omega = 4 + \omega$이다.

예 **10.27** 순서수의 합에 있어서 우소거법칙은 성립하지 않는다. 즉,

$$\beta + \alpha = \gamma + \alpha \not\Longrightarrow \beta = \gamma$$

이다. 왜냐하면, $3 + \omega = \omega = 4 + \omega$이지만 $3 \neq 4$이다.

연습문제 10.3

1. 정의 10.16의 순서 $\leq^*$가 실제로 정렬순서임을 보여라.

2. 정렬집합 $(A_1, \leq_1), (A_2, \leq_2), (B_1, \leq_1')(B_2, \leq_2')$에 대하여
$A_1 \approx A_2, B_1 \approx B_2, A_1 \cap B_1 = \phi, A_2 \cap B_2 = \phi$ 이면
$(A_1 \cup B_1, \leq_1^*) \approx (A_2 \cup B_2, \leq_2^*)$이다. 이것을 증명하여라.

3. 임의의 순서수 α에 대하여 $\alpha + 0 = \alpha = 0 + \alpha$임을 보여라.

4. 순서수의 합에 있어서 결합법칙이 성립한다. 즉 임의의 순서수 α, β, γ에 대하여 $(\alpha + \beta) + \gamma = \alpha + (\beta + \gamma)$. 이것을 증명하여라.

5. 다음은 정리 10.24를 완화한 것이다. 이것을 증명하여라.

   순서수 β, γ에 대하여 $\beta \prec \gamma$이면 임의의 순서수 α에 대하여 $\beta + \alpha \preccurlyeq \gamma + \alpha$

6. 위 문제에서 $\beta \prec \gamma$는 $\beta + \alpha \prec \gamma + \alpha$를 함의하지는 않음을 보여라.

7. 임의의 순서수 α, β에 대하여 $\alpha + 1 \preccurlyeq \beta$일 때에만 $\alpha \prec \beta$이다. 이것을 증명하여라.

8. 정리 10.24의 역 $\alpha + \beta \prec \alpha + \gamma \Longrightarrow \beta \prec \gamma$를 증명하여라.

9. 순서수 α, γ에 대하여 $\alpha \preccurlyeq \gamma$이면, $\alpha + \beta = \gamma$인 순서수 β가 유일하게 존재한다. 이것을 증명하여라.

10. 임의의 순서수 α에 대하여 $\alpha + 1 \succ \alpha$임을 증명하여라.

11. 모든 순서수들보다 큰 순서수가 존재하는가?

10.4 순서수의 곱

앞에서 기수 card A와 card B의 곱을 card $(A \times B)$로서 정의한 바 있다. 여기서는 두 순서수 ord$(A, \leq)$와 ord$(B, \leq')$의 "곱"을 정의하려고 한다. 8.1절에서 정의한 사전식순서를 다시 써보면 다음과 같다.

정 의 10.28 정렬집합 $(A, \leq), (B, \leq')$에 대하여 곱집합 $A \times B$ 위의 사전식순서(dictionary order) $\leq^*$를 다음과 같이 정의한다.

(1) $a < x$이면 $(a, b) \leq^* (x, y)$

(2) $a = x$이고 $b \leq' y$이면 $(a, b) \leq^* (x, y)$

정 리 10.29 정렬집합 $(A, \leq), (B, \leq')$에 대하여 $A \times B$ 위의 사전식순서는 정렬순서이다.

【증명】 순서 $\leq^*$가 $A \times B$ 위의 완전순서인 것은 분명하다. 이 완전순서 $\leq^*$가 정렬순서임을 보이기 위하여 $A \times B$의 임의의 공집합이 아닌 부분집합 S에 최소원소가 존재함을 증명하기로 하자. 먼저 집합

$$p_A(S) = \{x \in A \mid \text{어떤 } y \in B\text{에 대하여 } (x, y) \in S\}$$

는 정렬집합 A의 공집합이 아닌 부분집합인 것을 알 수 있다. 그러므로 집합 p_A에는 최소원소 a가 존재한다. 이제 집합

$$\{y \in B \mid (a, y) \in S\}$$

를 생각하면 이것은 정렬집합 B의 공집합이 아닌 부분집합이므로 최소원소 b를 가진다. 여기서 (a, b)는 S의 최소원소임이 분명하다. 그러므로 $(A \times B, \leq^*)$는 정렬집합이다. □

참 고 **10.30** 앞으로 특별한 언급이 없으면 곱집합의 순서는 사전식순서를 생각하기로 하자.

정 리 **10.31** 정렬집합 $(A_1, \leq_1)$, $(A_2, \leq_2)$, $(B_1, \leq_1')$, $(B_2, \leq_2')$에 대하여

$$(A_1, \leq_1) \approx (A_2, \leq_2), \ (B_1, \leq_1') \approx (B_2, \leq_2')$$

이면 $(A_1 \times B_1, \leq_1^*) \approx (A_2 \times B_2, \leq_2^*)$이다.

【증명】 함수 $f : A_1 \to A_2$, $g : B_1 \to B_2$를 각각 동형사상이라 할 때 임의의 $(x, y) \in A_1 \times B_1$에 대하여

$$(f \times g)(x, y) = (f(x), g(y))$$

로 정의된 함수

$$f \times g : A_1 \times B_1 \to A_2 \times B_2$$

는 동형사상이다(연습문제). 그러므로 $(A_1 \times B_1, \leq_1^*) \approx (A_2 \times B_2, \leq_2^*)$이다. □

이제 위 두 정리를 사용하여 순서수의 곱을 정의할 수 있다.

정 의 **10.32** α와 β가 순서수일 때 두 순서수의 곱(ordinal product) $\beta\alpha$를 다음과 같이 정의한다.

$$\beta\alpha = \mathrm{ord}(A \times B, \leq^*)$$

단, $\mathrm{ord}(A, \leq) = \alpha$, $\mathrm{ord}(B, \leq') = \beta$인 정렬집합이고 $\leq^*$은 $A \times B$ 위의 사전식순서이다.

참 고 **10.33** 순서수의 곱 $\mathrm{ord}(A \times B, \leq^*)$는 $\beta\alpha$이지만 $\alpha\beta$와는 같지 않다는 사실에 주의하라.

예 제 **10.34** $2 \cdot 3 = 6$임을 보여라.

【풀이】 $2 = \mathrm{ord}(\{1, 2\}, \leq)$이고, $3 = \mathrm{ord}(\{1, 2, 3\}, \leq')$이므로

$$\begin{aligned} 2 \cdot 3 &= \mathrm{ord}(\{1, 2, 3\} \times \{1, 2\}, \leq^*) \\ &= \mathrm{ord}(\{(1,1), (1,2), (2,1), (2,2), (3,1), (3,2)\}, \leq^*) \\ &= 6 \end{aligned}$$

예 제 **10.35** 순서수의 곱 2ω와 $\omega 2$를 비교하여라.

【풀이】 먼저

$$\begin{aligned} \omega \cdot 2 &= \mathrm{ord}(\{1, 2\} \times \{1, 2, 3, \ldots\}, \leq^*) \\ &= \mathrm{ord}(\{(1,1), (1,2), (1,3), \ldots, (2,1), (2,2), \ldots\}, \leq^*) \\ &= \omega + \omega \\ &\succ \omega \end{aligned}$$

그런데

$$\begin{aligned} 2\cdot\omega &= \mathrm{ord}(\{1,2,3,\dots\}\times\{1,2\},\leq^*) \\ &= \mathrm{ord}(\{(1,1),(1,2),(2,1),(2,2),(3,1),(3,2),\dots\},\leq^*) \\ &= \omega \end{aligned}$$

그러므로 $2\cdot\omega\neq\omega\cdot 2$.

정 리 **10.36** 임의의 순서수 α,β,γ에 대하여 다음 사실이 성립한다.

(1) 결합법칙(associative law)
$(\gamma\beta)\alpha=\gamma(\beta\alpha)$

(2) 좌분배법칙(left distributive law)
$\gamma(\alpha+\beta)=\gamma\alpha+\gamma\beta$

【증명】 연습문제. □

참 고 **10.37** 순서수의 곱셈에 있어서 우분배법칙은 성립하지는 않는다(연습문제).

정 리 **10.38** α,β,γ가 순서수이고, $\gamma\succ 0$일 때 다음 사실이 성립한다.

(1) $\alpha\prec\beta\Longrightarrow\gamma\alpha\prec\gamma\beta$

(2) 좌소거법칙(left cancellation law)
$\gamma\alpha=\gamma\beta\Longrightarrow\alpha=\beta$

【증명】 (1) 정렬집합 $(A, \leq), (B, \leq'), (C, \leq'')$에 대하여

$$\mathrm{ord}(A, \leq) = \alpha,\ \mathrm{ord}(B, \leq') = \beta,\ \mathrm{ord}(C, \leq'') = \gamma,\ \alpha \prec \beta$$

라고 놓자. $\alpha \prec \beta$이므로 원소 $p \in B$가 존재해서 $A \approx B_p$이다. $A \times C$와 $B \times C$에 각각 사전식순서를 부여하면 $B \times C$의 순서를 준 $B_p \times C$와 $A \times C$는 동형이다. C의 최소원소를 q라 하면 $B_p \times C$는 $B \times C$의 절편

$$(B \times C)_{(p,q)} = \{(x, y) \in B \times C \mid (x, y) <^* (p, q)\}$$

와 같다(연습문제). 따라서 $\gamma\alpha \prec \gamma\beta$이다.

(2) 결론을 부정하여, 순서수 α, β, γ $(\gamma \succ 0)$가 존재해서

$$\gamma\alpha = \gamma\beta \text{이고 } \alpha \neq \beta$$

라 가정하자. 삼분법에 의해 $\alpha \prec \beta$이거나 $\beta \prec \alpha$이다. 지금 $\alpha \prec \beta$라고 가정하면 (1)에 의하여 $\gamma\alpha \prec \gamma\beta$. 이것은 가정 $\gamma\alpha = \gamma\beta$에 모순이다. $\beta \prec \alpha$인 경우도 마찬가지로 증명된다. 그러므로 (2)가 성립한다. □

예 **10.39** 순서수의 곱셈에 있어서 우소거법칙은 성립하지 않는다. 즉,

$$\alpha\gamma = \beta\gamma \not\Longrightarrow \alpha = \beta.$$

왜냐하면 $2\omega = 3\omega$이지만 $2 \neq 3$이다. 이 예는 또한 $\alpha \prec \beta \not\Longrightarrow \alpha\gamma \prec \beta\gamma$라는 사실도 보여준다.

연습문제 10.4

1. 정리 10.31의 증명에서 $f \times g : A_1 \times B_1 \to A_2 \times B_2$가 동형사상임을 보여라.

2. 정리 10.38의 증명 중

$$B_p \times C = (B \times C)_{(p,q)}$$

을 보여라.

3. 순서수의 곱에 있어서 결합법칙이 성립한다. 즉 임의의 순서수 α, β, γ에 대하여 $(\gamma\beta)\alpha = \gamma(\beta\alpha)$. 이것을 증명하여라.

4. 순서수의 곱에 있어서 좌분배법칙이 성립한다. 즉 임의의 순서수 α, β, γ에 대하여 $\gamma(\alpha+\beta) = \gamma\alpha + \gamma\beta$. 이것을 증명하여라.

5. 다음 사실이 성립함을 보여라.

   (a) 임의의 순서수 α에 대하여 $0\alpha = 0 = \alpha 0$, $1\alpha = \alpha = \alpha 1$

   (b) $\alpha = 0$ 또는 $\beta = 0 \iff \alpha\beta = 0$

6. 다음 사실이 성립함을 보여라.

   (a) $w2 = w + w$

   (b) 임의의 유한순서수 $k(k \neq 0)$에 대하여 $kw = w$

7. 순서수의 곱에 있어서 우분배법칙은 성립하지 않는다. 즉 임의의 순서수 α, β, γ에 대하여 $(\beta+\gamma)\alpha = \beta\alpha + \gamma\alpha$가 반드시 참은 아니다. 이것을 보이기 위한 반례를 하나 들어라.

8. 순서수의 곱에 있어서 우소거법칙이 성립하지 않는다. 즉 순서수 $\alpha, \beta, \gamma(\gamma \succ 0)$가 존재함으로써 $\alpha\gamma = \beta\gamma$이지만 $\alpha \neq \beta$인 경우가 있다. 이러한 반례를 하나 들어라.

9. 다음은 정리 10.38을 완화한 것이다. 이것을 증명하여라.

   순서수 α, β, γ에 대하여 $\alpha \prec \beta$이고 $\gamma \succ 0$이면 $\gamma\alpha \preccurlyeq \gamma\beta$

10. 위 문제에서 $\alpha \prec \beta$이고 $\gamma \succ 0$ 이면 $\alpha\gamma \prec \beta\gamma$를 함의하지는 않는다. 이것을 보여라.

11. 다음은 정리 10.38의 역이다. 이것을 증명하여라.

    순서수 α, β, γ에 대하여 $\gamma\alpha \prec \gamma\beta,\ \gamma \succ 0 \Longrightarrow \alpha \prec \beta$.

10.5 결 론

순서수의 지수에 대해서는 너무 복잡하므로 여기서는 다루지 않겠다. 이제 마지막으로 기수도 순서수의 특수한 경우로 생각할 수 있다는 것을 보이겠다. 즉, 순서수의 개념은 기수를 포함하는 광범위한 개념이다.

정 리 10.40 α가 임의의 순서수일 때

(1) $\{\beta \mid \beta \prec \alpha,\ \beta$는 순서수$\}$는 정렬집합이다.

(2) $\mathrm{ord}(\{\beta \mid \beta \prec \alpha,\ \beta$는 순서수$\}, \leq) = \alpha$.

【증명】 먼저 $\alpha = \mathrm{ord}(A, \leq)$라 하자. 이제 $\beta \prec \alpha$인 임의의 순서수 β에 대하여 $\mathrm{ord}(B, \leq') = \beta$인 임의의 정렬집합을 $(B, \leq')$이라고 하면 A의 어떤 원소 b에 대해 B와 A_b는 동형이다. 그런데 정리 10.14로부터 원소 $b \in A$는 순서수 β에 의하여 유일하게 정해진다. 이제 함수

$$f : \{\beta \mid \beta\text{는 } \beta \prec \alpha\text{인 순서수}\} \to A$$

를 $f(\beta) = b$로 정의하자. 단, $\beta = \mathrm{ord}(B, \leq')$이고 $B \approx A_b$이다. 그러면 이 함수는 잘 정의된 함수이다. 또한 이 함수 f는 동형사상이다(연습문제). 그러므로 집합 $\{\beta \mid \beta$는 $\beta \prec \alpha$인 순서수$\}$는 정렬집합이고 $\mathrm{ord}(\{\beta \mid \beta \prec \alpha\}, \leq) = \mathrm{ord}(A, \leq) = \alpha$이다. □

예 10.41 순서수가 0, 1, 2, 3, ... 등이므로

(1) $\mathrm{ord}(\{\beta \mid \beta \prec 2\}) = \mathrm{ord}\{0, 1\} = 2$

(2) $\mathrm{ord}(\{\beta \mid \beta \prec 100\}) = \mathrm{ord}\{0, 1, 2, \ldots, 99\} = 100$

(3) $\mathrm{ord}(\{\beta \mid \beta \prec \omega\}) = \mathrm{ord}\{0, 1, 2, \ldots, \} = \omega$

참 고 **10.42** 위 정리에 의하여 순서수 α를 집합 $\{\beta \mid \beta \prec \alpha\}$와 동일시함으로써 각 순서수를 (순서수의) 정렬집합으로 간주할 수 있다. 즉, $\alpha = \mathrm{ord}(\{\beta \mid \beta \prec \alpha\})$이므로 $\alpha \iff \{\beta \mid \beta \prec \alpha\}$와 같이 생각할 수 있다.

$0 \equiv \phi$

$1 \equiv \{\beta \mid \beta \prec 1\} = \{0\}$

$2 \equiv \{\beta \mid \beta \prec 2\} = \{0, 1\}$

$3 \equiv \{\beta \mid \beta \prec 3\} = \{0, 1, 2\}$

$\vdots$

$\omega \equiv \{0, 1, 2, \ldots\}$

$\omega + 1 \equiv \{0, 1, 2, \ldots, \omega\}$

$\omega + 2 = \{0, 1, 2, \ldots, \omega, \omega + 1\}$

$\vdots$

$\omega + \omega = \{0, 1, 2, \ldots, \omega, \omega + 1, \omega + 2, \ldots\} = \omega \cdot 2$

$\omega \cdot 2 + 1 = \{0, 1, 2, \ldots, \omega, \omega + 1, \ldots, \omega \cdot 2\}$

$\vdots$

$\omega \cdot 3$

$\omega \cdot 3 + 1$

$\vdots$

$\omega \cdot 3 + \omega = \omega \cdot 4$

$\vdots$

$\omega \cdot \omega = \omega^2$

$\omega^2 + 1$

$\omega^2 + \omega$

$\omega^2 + \omega \cdot 2$

$\vdots$

$\omega^2 + \omega^2 = \omega^2 \cdot 2$

$\vdots$

ω^3

ω^4

ω^ω

$\vdots$

$\omega^{(\omega^\omega)}$

$\vdots$

정 리 **10.43** 순서수의 집합은 모두 정렬집합이다.

【증명】 정렬집합이 아닌 순서수의 집합 A가 존재한다고 가정하자. 그러면 A의 어떤 부분집합 B는 최소원소를 갖지 않는다. 따라서 B는 순감소하는 순서수의 무한수열

$$\alpha_1 \succ \alpha_2 \succ \alpha_3 \succ \dots$$

를 포함한다. 그러면 집합 $\{\alpha_2, \alpha_3, \dots\}$은 집합 $\{\beta \mid \beta \prec \alpha_1\}$의 부분집합이 되지만 최소원소를 갖지 않으므로 $\{\beta \mid \beta \prec \alpha_1\}$은 정렬집합이 아니다. 이것은 위 정리에 모순이 된다. 따라서 증명이 끝난다. □

참 고 **10.44** 순서수를 집합으로 간주할 경우, 자연수의 집합 $\mathbb{N}$과 대등한 모든 순서수 α (α 자신도 집합이다)의 집합 $\mathcal{N}$에는 다음과 같은 원소들이 있다.

$$\omega, \omega+1, \dots, \omega2, \omega2+1, \dots, \omega3, \dots, \omega4, \dots,$$

$$\omega^2, \dots, \omega^3, \dots, \omega^\omega, \cdots, \omega^{\omega^\omega}, \dots$$

정리 10.43에 따르면 집합 $\mathcal{N}$은 정렬집합이다. 그러므로 $\mathbb{N}$과 대등한 가장 작은 순서수가 유일하게 존재한다. 이 순서수를 집합 $\mathbb{N}$의 초기순서수(initial ordinal)라고 한다. 실제로 이 초기순서수는 ω이다.

일반적으로 정렬원리와 정리 10.43에 의하여 각 집합 X는 유일한 초기순서수를 지닌다. 초기순서수는 기수에 대한 규칙 (C1)–(C4)를 모두 만족시

킨다. 이러한 사실은 기수를 순서수의 관점에서 다룰 수 있음을 암시해준다.

정리 10.43에서 "모든 순서수의 집합"이란 표현을 사용하지 않았는데 그 이유는, 러셀의 패러독스와 같이, 그러한 집합의 존재성을 가정하면 부랄리-포르티 패러독스(Burali-Forti paradox)로 알려진 모순이 생기기 때문이다.

정 리 **10.45** 모든 순서수의 집합은 존재하지 않는다.

【증명】 만일 모든 순서수의 집합 S가 존재한다고 가정하면 위 정리에 의하여 S는 정렬집합이다. S의 순서수를 σ로 나타내면, σ는 다시 S의 원소이어야 한다. 따라서 정리 10.40과 정리 10.14에 의하여 다음을 얻는다.

$$\sigma = \text{ord}\{\beta \in S \mid \beta \prec \sigma\} = \text{ord}S_\sigma \prec \text{ord}S = \sigma$$

그러므로 $\sigma \prec \sigma$. 이것은 모순이다. 따라서 모든 순서수의 집합은 존재하지 않는다. □

연습문제 10.5

1. ω^2의 순서수를 가지는 집합의 예를 들어라.

2. ω^3의 순서수를 가지는 집합의 예를 들어라.

3. 정리 10.40의 증명에서 주어진 함수 $f : \{\beta \mid \beta \prec \alpha\} \to A$는 적당 한 정렬집합 $(B, \leq')$ 에 대하여 $\beta = \text{ord}(B, \leq')$이고 $B \approx A_b$일 때, $f(\beta) = b$이면 동형이다. 이것을 증명하여라.

4. 집합 $\mathbb{N}$의 초기순서수는 ω임을 증명하여라.

5. 모든 집합의 초기순서수는 유일하다. 이것을 증명하여라.

6. 두 집합 X와 Y의 초기순서수가 같기 위한 필요충분조건은 $X \sim Y$이다. 이것을 증명하여라.

7. 집합 X, Y 에 대하여 X 의 초기순서수가 Y 의 초기순서수보다 작기 위한 필요충분조건은 $\operatorname{card} X < \operatorname{card} Y$ 이다. 이것을 증명하여라.

참고도서

1. 김광수, 논리와 비판적 사고, 철학과 현실사, 서울, 1993.
2. 노야 시게키 지음, 서혜영 옮김, 논리 트레이닝, 일빛, 서울, 2002.
3. 대한수학회, 표준수학용어집, 청문각, 서울, 2006.
4. 벤슨 메이츠 지음, 김영정, 선우환 옮김, 기호논리학, 문예출판사, 서울, 1995.
5. 이석종, 이공계 학생을 위한 벡터와 행렬, 교우사, 서울, 2020.
6. 이석종, 이승온, 위상수학의 기초, 제6판, 교우사, 서울, 2022.
7. 이장우, 현대집합론의 원리, 경문사, 서울, 1993.
8. 이흥천, 집합론, 경문사, 서울, 1997.
9. 임정대, 집합론의 기초, 청문각, 서울, 1992.
10. 임정대, 현대집합론, 경문사, 서울, 1987.
11. 정대현 외 29인, 논리교실 필로지아, 오란디프, 서울, 2007.
12. M. L. Bittinger, *Logic, Proof, and Sets*, Addison-Wesley, Reading, Massachusetts, 1982.
13. J. Dugundgi, *Topology*, Allyn and Bacon, Boston, 1965.
14. A.G. Hamilton, *Numbers, Sets and Axioms: The Apparatus of Mathematics*, Cambridge University Press, London, 1982.
15. K. Hrbacek and T. Jech, *Introduction to Set Theory*, 2nd edition, Marcel Dekker Inc., New York, 1984.
16. S. Y. T. Lin and Y. F. Lin, *Set Theory: An Intuitive Approach*, Houghton Miffin Co., Boston, 1974.
17. C. Pinter, *Set Theory*, Addison-Wesley, Reading, Massachusetts, 1971.
18. J.W. Robbin, *Mathematical Logic: A First Course*, W.A. Benjamin Inc., New York, 1969.
19. L. E. Sigler, *Exercises in Set Theory*, Springer-Verlag, Berlin, 1976.
20. R. M. Smullyan, *First-Order Logic*, Dover Publications, New York, 1995.
21. R. L. Vaught, *Set Theory*, Birkhauser Boston Inc., Boston, 1985.

찾아보기

이 석 종

- 충북대학교 자연과학대학 수학과 교수
- 전 한국지능시스템학회 회장
- 전 대한수학회 부회장
- 전 충청수학회 회장

–1990 연세대학교 수학과 이학박사
–1994 Purdue University 교환교수
–1995–1996 Carleton University Post–Doc
–2003–2004 Wayne State University 교환교수
–2007–2008 National Taiwan University 방문교수
–FUZZ–IEEE 2009 Organizing Committee Chair

집합과 논리 제4판

초판발행 2023년 8월 10일

지은이 이석종
펴낸이 오판근
펴낸곳 (주) 교우
주 소 서울시 동대문구 약령시로 8 교우빌딩 2층 (주)교우
전 화 02-925-2861 / **팩 스** 070-7966-8610, **편집부** 02-925-2825
홈페이지&북스토어 www.kyowoo.co.kr / **이메일** kyowoo@kyowoo.co.kr

등 록 1994년 3월 24일 제1994-000013호
ISBN 979-11-251-0376-9 (93410)

Published by Kyowoo Co., Ltd. Printed in Korea

값 28,000원

교우미디어는 (주) 교우의 Imprint 사입니다.
수학정원·과학정원은 (주) 교우의 새로운 브랜드명입니다.

잘못된 책은 구입하신 서점에서 교환해 드립니다.